U0896847

从设计看中国工业化的崛起

Creations of a Great Nation: The Rise of Chinese Industrialization Through the Lens of Design

物

沈榆 魏劭农——著

广西师范大学出版社
·桂林·

图书在版编目(CIP)数据

大国造物：从设计看中国工业化的崛起 / 沈榆，魏劭农著. -- 桂林：广西师范大学出版社，2024. 10.

ISBN 978-7-5598-7059-9

Ⅰ. TB47-092

中国国家版本馆 CIP 数据核字第 2024DV6924 号

大国造物：从设计看中国工业化的崛起

DAGUO ZAOWU：CONG SHEJI KAN ZHONGGUO GONGYEHUA DE JUEQI

出 品 人：刘广汉

责任编辑：马竹音

装帧设计：马韵蕾

广西师范大学出版社出版发行

(广西桂林市五里店路 9 号　　邮政编码：541004
网址：http://www.bbtpress.com)

出版人：黄轩庄

全国新华书店经销

销售热线：021-65200318　021-31260822-898

山东临沂新华印刷物流集团有限责任公司印刷

(临沂高新技术产业开发区新华路 1 号 邮政编码：276017)

开本：720 mm×1 000 mm　1/16

印张：18.25　　字数：350 千

2024 年 10 月第 1 版　　2024 年 10 月第 1 次印刷

定价：88.00 元

序

1949 年，中华人民共和国成立。中国人民在中国共产党的领导下走上了建设社会主义现代化强国的新征程。彼时的中国是一个积贫积弱的国家，在建设上面临的是名副其实的百废待兴的局面。工业和工业化是一个现代化国家建设的重要基础，而当时中国的工业基础却极为薄弱，然而，就是在极端艰难的条件下，不到十年，中国就生产出了自己的汽车，二十年后发射了第一颗人造地球卫星……在工业建设和工业化发展的进程中，中国人民在中国共产党的领导和组织下，创造了一个又一个奇迹，并留下了以"独立自主、自力更生"和"为人民服务"思想为代表的宝贵的精神财富。工业建设和工业化进程离不开设计，中国的设计之路同样体现了中国人民在中国共产党的领导下所迸发的无限的创造力和在工业化发展道路上的勇敢担当。回顾这段历史，对于我们思考今天和未来国家的工业化和现代化建设道路具有重要的意义和深刻的思想启迪。

始于 18 世纪的第一次产业革命很快席卷了整个西方世界，产业革命带来的技术进步和生产力的飞跃式提升造就了欧美列强。亚洲的日本在明治维新后也迅速步入了工业化发展的轨道，从而跻身强国的行列之中。而同时期的中国却仍然停留在传统的农业社会之中，这使得中国在经历了 19 世纪中叶的鸦片战争之后，在长达近一个世纪的历史进程中饱受来自东西方列强的欺凌和压迫。19 世纪 60 年代到 90 年代的洋务运动以"中体西用"为思想指导，稍后随着民族资产阶级兴起的中国民族工业，采用了"拿来主义"，但未能真正建立起中国工业和工业化的发展体系，无法改变中国工业基础薄弱的状况，更无力推动中国从农业社会向现代化工业社会的转型。这一时期的中国设计主要是模仿和照搬工业发达国家，受德国和日本影响最深，其次是英国、法国及美国，可以说基本上谈不上有真正属于我们自己的设计风格和体系，这与当时中国的工业基础和发展水平是相对应的。

中华人民共和国成立后，大力发展工业，优先发展重工业，并以此作为从根本上改变中国落后面貌的重要基础，这也成为中国共产党制定基本国策和国家发展计划的重中之重。然而，在发展初期，中国的工业建设面临着难以想象的巨大困难，不仅需要面对工业底子极度薄弱的严酷现实，同时还要面对来自发达资本主义国家在经济上和技术上的严密封锁。在极端困难和残酷的环境下，中国共产党依靠翻身做了主人的中国工人阶级、广大人民群众及爱国知识分子和工商界人士的力量，使中国的工业建设走上了一条独立自主、自力更生的全世界独一无二的发展道路。在经历了短暂的由手工业制造向现代工业制造的转型过渡时期后，中国充分借鉴苏联工业化建设的技术和经验，结合自身的实际情况，迅速进入了现代化工业改造和发展的轨道。在经历了几个五年计划之后，中国的工业彻底摆脱了传统手工业制造的局限，为中国后来的现代化工业建设奠定了坚实的基础。除了技术的发展和进步，现代化工业生产的组织和运行机制也发生了巨大的变化，轰轰烈烈的技术改造运动与公私合营和社会主义改造运动，大大提升了中国工业的技术和制造能力，更重要的是对劳动力的解放和生产力飞跃式的提升。

受当时国际和国内的形势所迫，中国的工业建设选择了先重工后轻工的发展路径，中国的工业生产不仅满足了关系着国家安危的国防建设和国家重大工程建设的需求，而且在资源和物资条件极为匮乏的情况下，满足了人民群众的日常生活需要。中国工业和工业化的建设成就，不仅极大地提升了国家经济建设能力、改善了人民生活的物质基础，而且对国家的政治稳定、社会和文化的发展也起到了重要的支撑作用。

中华人民共和国成立前，中国的工业大都集中在东北和以上海为典型的少数几个沿海城市，造成了中国工业发展地域性的不平衡，这也是造成中国地域经济和社会文化发展的不平衡的原因之一。从 20 世纪 60 年代到 70 年代，由于国防建设安全的需要，中国进行了由“小三线”和“大三线”构成的著名的“三线建设”，这一举措客观上改变了中国工业生产和建设的地域和空间的格局。

伴随着中国工业化建设的发展脚步，中国设计就此起步，并在工业建设进程中担当起了自己光荣的角色。在传统的中国社会中并没有独立的职业设计师这个行当，也没有专门培养设计师的学校和专业。中华人民共和国成立后，中国的第一代设计师应运而生，他们有的是工厂中的技术革新能手，有的是工厂的技术人员，有的是海外留学归国人员。在中国共产党广泛的社会动员下，他们积极响应党的号召，为中国的工业建设贡献自己的力量和聪明才智，成了他们共同的愿望和理想。这一时期的设计更多地体现了一种共同的社会理想和集体的创造意识，很多设计从创意到制作再到成果都是和工厂的工人及技术人员共同探讨和研发的结果。因此，这一时期中国的设计同工厂的制造工艺和生产水平结合得特别紧密，也更加贴近人民群众的生活，研发设计的效率也特别高。实用、耐用、高效和节约成了这一时期设计所要解决的主要问题，这对正处于手工制作到批量生产的机械化工业生产转型发展起步阶段的中国工业来说至关重要。令人惊奇的是，面对发达资本主义国家的全面封锁，中国的设计并没有完全处于自我封闭的状况之中，而是以一种开放学习和赶超世界先进水平的精神和志气，勇敢地面对现实的挑战。除了前期主要学习和引进苏联的技术和经验外，中国设计也充分学习和吸取了世界各工业发达国家的先进技术和经验，不仅在重工业和军事装备领域如此，在轻工业和民用产品领域也同样如此。但是，由于工业基础过于薄弱等客观条件的限制，当时中国的建设和设计注定无法完全照搬外来的经验和发展模式，必须走出一条属于自己的发展道路。中国共产党提出了著名的“独立自主、自力更生”的建设发展道路和方针，我们的工业建设和工业设计正是沿着这条道路开拓奋进，才取得一个又一个举世瞩目的辉煌成就。中国共产党提出的“独立自主、自力更生”的建设方针是有其深刻的历史渊源的，延安时期的南泥湾精神以及八路军创办军工厂就是这种精神的充分体现。中国的工业建设和设计师在这样的思想和精神的指引下，成就了一部完全不同于世界上其他任何一个国家的现代化工业和设计的发展史，使之成为现代世界设计史中独立而辉煌的篇章。

“为人民服务”是中国工业建设和设计的另一个重要的精神支柱。毛泽东主席在延安中央警备团战士张思德追悼会上发表了题为《为人民服务》的著名演讲，阐明了中国共产党立党为中国人民谋幸福的基本宗旨。在党的为人民服务的思想和精神的指引下，中国早期的工业建设和工业设计承担起了在极端困难和有限的物资条件下，满足广大人民群众生活需要的重任。中华人民共和国成立后，由于经济和社会的发展，人口迅速增长，如何在数量上和质量上满足人民群众日益增长的生活需要，是一道巨大的难题。在党的为人民服务的思想和精神的感召下，广大的工业建设和设计工作者们群策群力，因地制宜，在民用产品的设计和生产上，在新材料、新工艺、新结构、新设计的创新以及节约生产、高效生产的组织等方面创造了一个又一个奇迹，交出了一份令人信服的答卷。

改革开放令中国的工业建设和设计实现了跨越式的发展。中国共产党的十一届三中全会确立了改革开放的方向和政策，中国的建设从此翻开了新的一页。对中国工业和设计产生了直接影响的，首先，是国家工业化发展道路的战略性调整，即在确保国防工业和国家重大基础建设的前提下，优先发展轻工业。这项重大的战略调整为中国走上全面发展的现代工业化道路奠定了基础。其次，是市场竞争机制的引入以及作为国有经济补充的民营企业的快速成长等，大大激发了生产和市场的活力。中外合资等一系列对外开放的政策的实施，还使中国的工业和设计走上了国际舞台。中国加入了世界贸易组织（WTO）后，更使中国制造在短短几年中就占据了世界各主要贸易和消费市场。大量先进技术的引进和使用、金融市场的改革等也为中国工业和工业化建设注入了强劲的发展动力和活力，中国因此一跃成为全世界瞩目的制造业大国，更是在全球技术集成能力方面，以及信息化、数字化市场等领域占据了领先地位。与此同时，随着国内产业转型和升级发展战略的调整，中国再一次抓住了制造业向内陆地区迁移的机会，使中国制造业的发展进一步获得了区域性的平衡。

改革开放为中国设计带来了前所未有的发展机遇，中国真正的独立设计师群体正是从改革开放才开始走上历史舞台的。伴随着改革开放以来中国工业化建设的脚步，中国的设计师们走过了从学习、模仿到自主创新，再到以中国设计师的身份在国际上崭露头角的逐步成长和成熟的发展道路。也正是从改革开放开始，中国才有了专门培养设计师的艺术院校和学科专业，为中国的设计领域培养了一大批专业人才。

进入新时代，在习近平总书记建设中国特色社会主义理论和治国理政思想的指引下，中国共产党制定了以创新驱动发展的国家战略，为中国的工业化和工业设计的进程描绘了新的发展蓝图。从《关于促进工业设计发展的若干指导意见》到《中国制造2025》，再到“供给侧结构性改革”和习近平总书记亲自倡导的“创新、协调、绿色、开放、共享”的发展理念，中国的工业化建设和设计将担当起新的历史使命，并拥有更加辉煌灿烂的前程。

展望未来，中国的工业化进程和设计面临着更为复杂的形势，同时也面临着一系列崭新的课题和难题：设计品质和产品品质的提升；自主创新体系的建立和供给侧改革的推进；双循环背景下的市场模式和自主品牌创新；大数据和人工智能的运用；技术创新和中国传统文化的结合；三产融合发展和工业反哺农业与城乡一体建设背景下的乡村振兴；可持续发展设计与服务设计和体验设计；工业化进程与社会发展进步的关系；设计教育改革和新工业蓝领工人尤其是技术工人教育培养体系的关系。中国未来的工业化建设和设计同样需要我们与前辈一样，有勇于担当和奋斗的精神，去完成党和人民交给我们的光荣使命。

回顾历史是为了更好地展望前程，中国的工业建设和工业化发展的历史是中国共产党领导中国人民进行波澜壮阔的中国特色社会主义建设事业的一个组成部分，从“独立自主、自力更生”到改革开放，再到创新驱动发展，中国的工业建设和工业化发展道路始终拥有一条主线，那就是“为人民服务”。从中国共产党第一代领导核心毛泽东主席到习近平总书记，党的几代领导人始终将“人民性”放在立党立国宗旨的首位。为人民的幸福而奋斗，是中国共产党人始终不渝的初心，而坚定信念、艰苦奋斗、实事求是、民主集中，是中国共产党始终秉持的精神和工作作风，这是一笔宝贵的精神财富。中国工业建设和设计的发展历史从一个微观的侧面，充分地展现了中国共产党在艰苦的环境和历史条件下，为人民的幸福而奋斗的历史事实。从人拉肩扛到人工智能，从中国制造到中国智造，从制造大国到制造强国，中国工业和工业化的发展道路和奋斗历史再次证明了只有在中国共产党的领导下，才能将十几亿中国人民团结起来，为了一个共同的目标而奋斗，也只有在中国共产党的领导下，才能真正实现中国工业的现代化。

对中国设计发展历史的系统性研究在过去很长一段时间中一直是一个空白的领域，在现已出版的大量世界现代设计史著作中，中国现代设计史同样也很少被提及，这在客观上主要是因为研究资料的零散和缺乏。十多年前，华东师范大学设计学院开始系统地收集中国近现代设计历史的原始资料，包括文献、实物和人物采访及影像等资料。2018 年，学院成立了中国近现代设计文献研究中心，并相继出版、发表了一批填补国内外学术研究领域空白的高质量专著和论文，在全球同行中产生了较大的影响。本书并不是一部完整的中国现代设计史，而是选取了中国现代工业建设和设计进程中的几个重要的历史性发展的节点和典型的案例，来讲述中国共产党领导下的中国工业建设和设计发展的历史过程和事实。谨以此书献给党以及所有在党的领导下为中国现代工业的崛起和中国人民的幸福而奋斗的人。

魏劭农

2023 年 12 月

Contents 目录

总论 Introduction

开拓与奋进

1 中国工业化道路与设计

19 世纪以来，工业化一直是各国竞逐富强的必由之路。工业化是世界各国经济发展的普遍规律，是发展中国家迈向现代化的一个重要历史阶段。一般认为，工业化是指从以传统农业为主导的经济体系向以现代工业为主导的经济体系转变的过程。工业化的基本特征可以概括为以下几个方面：在技术进步上主要表现为由手工劳动向机器生产转变，再由机器生产向自动化、信息化转变；在经济结构上主要表现为由以农业为主向以工业为主转变，就业人口中农业比重下降而工业比重上升；在生产组织形式上主要表现为社会分工专业化、细化程度不断提高，以及社会生产由以家庭为单位向以企业为基础的社会化生产转变；在社会状态上主要表现为由贫穷落后的农业社会文明向先进发达的工业社会文明转变，是社会经济制度、科学技术、文化教育不断发展的结果。工业化战略是指一个国家或地区工业化要实现的目标以及实现目标的路径，工业化是近二三百年以来世界经济和社会发展的主题，没有哪个国家（地区）特别是大国可以不走工业化道路就实现经济和社会现代化。世界工业化进程表明，发达国家工业化是一种面向市场的自然演进，即先发展农业和轻工业，从中积累资金，再发展重工业，然后再反过来以重工业改造并支援轻工业与农业的发展。众所周知，工业化主要是以国家为单位推进的，因此在世界范围内，工业化的推进必然伴随着资源配置向先行工业化的国家倾斜，从而导致落后的传统经济国家和地区处于被动的底端，利润流向新兴工业国家。从历史上看，这种流动主要有两种方式，一是依靠战争、不平等条约等强制手段，直接或间接地掠夺殖民地、半殖民地以及经济落后的国家（即看得见的手）；二是通过投资、贸易等经济手段（即看不见的手），依靠资本、技术和垄断来完成。在第二次世界大战结束之前，工业化国家的竞争主要表现为第一种方式，这就是马克思所概括的资本主义原始积累和对外扩张，列宁所概括的帝国主义战争。

而发展中国家（地区）的工业化则在很大程度上表现为一系列经济发展战略安排，这些战略安排对许多发展中国家（地区）的工业化进程产生了重大影响。一是进口替代工业化战略，又称封闭型经济发展战略，这种战略实行严格的贸易保护主义政策，本国工业生产的产品主要面向受到保护的国内市场。20 世纪中期，巴西、阿根廷、墨西哥、印度、巴基斯坦、土耳其等很多国家的工业化进程被进口替代工业化战略支配，进口替代工业化战略对这些国家的工业化发展起到了巨大的推动作用。二是出口导向工业化战略，又称开放型经济发展战略，这种战略对商品进口的限制相对较少，允许物资、人才、资本和信息完全自由地流动，把本地区的一切生产都纳入世界竞争体系，以国际市场的需求来推动本地工业化进程。国民经济发展的关键因素是出口增长，新加坡、韩国、泰国以及中国的港台地区都实施过出口导向工业化战略。三是梯度推移工业化战略，这种战略认为工业各部门甚至各种工业产品都处在不同的生命循环阶段，在发展中经历创新、发展、成熟、衰老四个阶段，并且在不同阶段将由新兴产业部门转变为停滞产业部门，最后成为衰退产业部门，在区域布局上新兴产业总是首先在经济发达地区出现，然后依次向中等发达、欠发达区域逐次推进和扩散。梯度推移工业化战略在我国得到广泛的应用，我国改革开放的总体思路是均衡逐次推进的。[1]

1949 年之前，中国的工业发展基本上走的是一条重工业发展滞后、轻工业发展较快的道路。虽已经过近 100 年的发展，但从当时中国的工业结构来看，重工业也属于技术落后、资源短缺的瓶颈部门。这主要是因为，无论清政府的洋务运动还是后来南京国民政府的“节制私人资本”政策，都将重工业纳入国家发展范畴，而私人则多热衷于投资少、建设周期短、投资回报快的轻工业。于是轻工业在当时的中国工业中比重就很大，据对 1936 年我国主要工业部门资料进行的统计，重工业仅占全部工业总产值的 17.3%，而轻工业中仅纺织和食品两个部门就占了总产值的 63%。[2] 而重工业中又有半数是国外资本。在这样的情况下，中国的重工业产品的设计不可能有所作为，纺织、食品、化妆品以及其他轻工业虽然也有一些终端产品的设计，但主要是通过绘画和图案设计做简单的包装，设计能级比较低下。

上述这种与大国地位极不相称的经济落后状况，是导致后来中国选择优先发展重工业的赶超战略的基本原因。在 1949—2005 年中国工业化进程中，“轻”“重”关系发生了三次大的转变：在 1949—1978 年的求强阶段，工业化的“轻”“重”关系表现为“重重轻轻”，即重视重工业、轻视轻工业；在 1979—1997 年的求富阶段，工业化的“轻”“重”关系表现为“农”“轻”“重”同步发展；在 1998—2005 年探索新型工业化道路阶段，工业化的“轻”“重”关系表现为政府和企业都在通过结构调整寻找新的经济增长点，以实现快速发展。第三阶段的政策一直被延续，并且通过出台产业政策来促进关键行业的发展。自 2006 年 1 月 1 日起，我国正式废止了《中华人民共和国农业税条例》，之后根据 2020 年全面建成小康社会的奋斗目标，以工业化基本实现、综合国力显著增强为核心，强调“市场对资源配置的决定性作用”与“正确发挥政府作用”的有机结合，统筹推进了各项经济建设。

20 世纪 50 年代，中国工业化道路的形成以第一个五年计划（1953—1957）为标志。这个经济发展战略可简单概括为：主要依靠国内积累建设资金，从建立和优先发展重工业入手，高速发展国民经济；实施“进口替代”政策，通过出口一部分农产品、矿产品等初级产品和轻工业产品换回发展重工业所需的生产资料，并用国内生产的生产资料逐步代替进口；改善过去的工业生产布局极端不合理和区域经济发展极端不平衡的畸形状态。随着重工业的建立和优先发展，用重工业生产的生产资料逐步装备农业、轻工业和其他产业部门，随着重工业、轻工业和农业以及其他产业部门的发展，逐步建立独立完整的工业体系和国民经济体系，逐步改善人民生活。这种工业化道路具有以下几个特点：

（1）以高速度发展为首要目标；

（2）优先发展重工业；

（3）以外延型的经济发展为主（外延型的发展是指实现经济增长的主要途径是靠增加生产要素的投入）；

（4）从备战和效益出发，加快内陆地区发展，改善生产力布局；

（5）以建立独立的工业体系为目标，实行进口替代。

第二次世界大战结束以后，世界格局发生了根本性的变化，一方面出现了与帝国主义阵营相抗衡的强大的社会主义阵营；另一方面在国家独立和民族解放浪潮中形成了一大批不容忽视的发展中国家。但是战争的阴霾并没有散去，冷战格局的形成和朝鲜战争、越南战争等都对中国的国家安全和统一构成了威胁，当时的国际环境也是促成中国选择优先发展重工业道路的重要因素。

在这一时期，中国的装备制造业处于优先发展的地位。所谓的装备制造业是指“为国民经济各部门进行简单再生产和扩大再生产提供生产工具的制造部门的总称”，与国际上机械工业的含义是相同的。之所以要创造这一新术语，是为了区别于一般“加工制造业”，如电视机、自行车等制造的行业。也就是说，装备制造是机械工业中技术较为复杂的高端部分，如工程机械、机床、海洋工程装备、核电装备、重型机械等。在机械工业中，具有战略性的部分也是装备制造业。1950 年 2 月，重工业部在当时的中共中央书记处书记陈云的指示下，以“化万能为专能，集专能为万能”为目标，对我国的机械工业企业进行了初步划分。

装备制造是集设计、材料、工程，以及机、电、光技术于一体的复杂系统，对技术性能的要求从几十到几百项，其设计是以当代科学技术研究为基础，在满足技术性能要求的基础上，创造性地应用多方面技术来处理矛盾，确定技术文件和工程图纸的过程。装备的设计不但要进行总体布置，使各种性能之间和部件之间结构协调，还要解决使用和生产之间，即产品性能的先进性和生产的可能性之间的矛盾，既要使产品的综合性能达到较高水平，又要经济地制造出来。只有这样，研制出的设备才能成批地装备和有效地使用，并在各种复杂的使用环境中很好地完成任务。

装备的技术综合性和结构复杂性决定了其研制是一个研究、创新的过程。对研发一种新装备来讲，达到产品设计定型和生产定型所需要的时间通常为 3 ~ 5 年，而达到现代高技术水平所需要的时间更长，约为 10 年。对已有装备进行改进或利用基准装备设计变型装备，研制周期就会短一些。以上设计研制工作通常需要几百名技术人员参加。

装备制造业的设计体现了“工程技术”和“技术集成”的特征，这是指以某一设想的目标为依据，应用相关的科学知识和技术手段，通过有组织的一群人将某种设想转化为有预期使用价值的人造产品的过程。中华人民共和国成立以后，装备方面的国际技术、终端产品向中国的转移一直没有停止过，只是由整体转向分散，来自全球不同国家和地区的先进的工业技术在中国被集成、应用，而通过国际采购大量优质工业原材料、重大装备乃至轻工业制造装备，都在更新中国现代设计观念的同时催生了大量优秀的设计。在引进优质装备以后，中国的工程技术人员则以“优化”“改进”为目标进行产品的拓展。从理论上讲，只要工业产品使用地区发生变化，其设计就一定要有所改进，以适合该地区的自然环境以及使用者的需求。

1978 年，中共十一届三中全会以后，我国的工业化进入了一个新的阶段。过去长期实行的高积累政策、优先发展重工业、“关起门来搞建设”，以及政府独自推进工业化的方式，逐步被改善人民生活、工业全面发展、对外开放和多种经济成分共同发展的工业化方式所取代。在之后的 20 年里，我国补上了外国资本主义工业化早期那种先发展轻工业和充分利用世界市场的课程。由此，中国工业化爆发出令全世界震惊的活力：1979—1997 年是工业化快速推进阶段，工业企业的数量由 1978 年的 34.8 万个发展到 1997 年的 972.3 万个，产值则由 4 237 亿元增加到 113 733 亿元，增长了 25.8 倍。其中轻工业由 1 826 亿元增加到 55 701 亿元，增加了 29.5 倍，而重工业由 2 411 亿元增加到 58 032 亿元，增加了 23.1 倍。在不到 20 年里，伴随着经济体制的转轨，我国的经济总量翻了两番，三次产业结构比例关系由 1978 年的 28.1 ∶ 48.2 ∶ 23.7 变为 19.7 ∶ 49.0 ∶ 31.3，居民消费水平由 1978 年的人均 184 元增加到 1995 年的 2 311 元，这是令全世界赞叹的经济成就。

这一时期，轻工业产品的设计被置于优先的位置，除了引进大量的先进轻工业生产设备来改善技术基础之外，国家以轻工业部为重点，派出留学生相继到德国、日本等国家学习工业设计，邀请国外专家来华传授设计经验。中国的设计师开始反思过去的设计工作，逐步走出了依靠单一“美化”理念和手段进行轻工业产品设计的传统，正视消费者新型生活方式的需求，学习借鉴国外轻工业产品设计的流程和品牌概念，尝试新产品的设计。此外，中国南方地区的“三来一补”（“来料加工”“来件装配”“来样加工”“补偿贸易”的简称）的经济形态使得我们能够更加直观地看到国外轻工业产品，特别是电子工业产品设计的价值，这些产品的设计体现了 20 世纪 70 年代中期以电子、微电子技术为代表的第三次产业革命以后的产品设计理念。这些设计充分激发了消费者使用新产品的欲望，有效地提升了人的生活品质，在产品设计、品牌塑造、消费者利益点传播方面具有独特的建树，因而成为中国设计追赶的目标。而通过兴办生产小轿车的中外合资企业，中国设计师看到了大型机械产品设计中的奥秘，特别是体会到了如何利用造型、色彩、材料来表现技术特征和产品价值的经验。但是，此时我们主要侧重于制造系统的升级，以及通过国产化进程来带动中国的零部件配套制造企业的成长，在设计方面与发达国家还存在着极大的差距。

从 1997 年开始，中国市场结束了 1949 年以来一直存在的“短缺经济”和“卖方市场”情况，低水平和重复建设的外延型经济扩张因此失去了需求的支持。但是，这种生产能力和产品的相对“过剩”是结构性的，科技含量高的新产品和新产业的发展空间仍然很大，而简单的、科技含量低的轻工业日用消费品市场则已经饱和，出现过度竞争，国家为此进行了大规模产业结构调整。1998 年以来，我国产业结构调整和工业发展表现出向重工业倾斜的趋势，主要来自以下三个驱动力：

（1）工业本身发展的需要，因为要建立具有国际竞争力的制造业体系，就必须发展重工业；

（2）城市化、基础设施和能源建设的需要；

（3）电子、能源、汽车、建材等行业已经成了工业经济增长的支柱产业。[3]

在这个时期，“工程技术”和“技术集成”的概念更多是指比单一产品更大、更复杂的产品，这些产品不再是结构、功能单一的东西，而是各种各样的“人造系统”。中国设计的理念与国际进一步接轨。在这个时期，中国曾经展开了一场具有历史意义的设计观念大讨论，无论是试图建立一个完整的设计思想形式模型的努力，抑或竭力类比国外成功设计案例的尝试，还是对传统设计思想资源进行再开发的主张，都体现了中国对于新的设计知识的探求和对于设计未来工业转型发展的思考。

改革开放以来，中国工业化发展模式相继经历了以制度创新和对外开放、以推进信息化和可持续发展为主要内容的两次创新，成功地探寻到了顺应世界潮流的中国特色工业化道路。这两次探索的飞跃，不仅源于中国共产党对中国基本国情的深刻认识，还源于党以全球战略眼光和全球战略意识，将当代中国工业化的发展置于世界工业化进程中进行考察，对经济全球化时代中国工业化与世界工业化关系所做的辩证思考。这个时期，从海外留学归来的设计师带回了世界各地的设计思想，使得中国设计能够进一步吸收国际先进的经验和理论，而中国制造业规模的扩大和水平的提高，也为中国设计师的设计实践提供了巨大的空间，使海归和本土的设计师都能够得到迅速的成长，并且努力地通过设计实践服务于制造产业能级的提升。

进入 21 世纪以后，中国设计师在日益扩大的设计领域中融合各种思想体系，积累的实践智慧日益显示出知识的力量。在这个时期，中国政府出台了一系列政策，强化中国设计发展要素的配套，促进了中国设计在供给侧改革中发挥更大的作用。国家在这个时期发布了促进中国工业设计发展的指导性意见，结合相关的配套措施，使中国设计迅速进入了创新设计的快车道。之后，尽管“设计”“工业设计”“创新设计”“艺术设计”等词语在不同的设计领域和设计实践活动中被表达和阐述，但是都包含了这样一种意义，即综合运用科技成果和工学、美学、心理学、经济学等知识，对产品的功能、结构、形态及包装等进行整合优化的创新活动，而在表述工业产品、界面与使用者的关系的时候强调“工业设计”的概念，因为“工业设计的核心是产品设计，广泛应用于轻工、纺织、机械、电子信息等行业。工业设计产业是生产性服务业的重要组成部分，其发展水平是工业竞争力的重要标志之一。进一步强调大力发展工业设计，是丰富产品品种、提升产品附加值的重要手段；是创建自主品牌，提升工业竞争力的有效途径；是转变经济发展方式，扩大消费需求的客观要求”。[4]

纵观中国设计的发展历程，无论是在社会主义“立国建制”的探索时期、“兴国改制”的改革开放时期，还是在“强国定制”的时期，在中国共产党领导国家工业化的进程中，设计自始至终发挥着重要的作用，回应着国家安全和人民福祉的需求。由于中国工业化中的设计主要表现为一种经济现象，因此，不少学者主要从经济或者市场角度对其进行了分析。但是工业化进程中的设计并非单纯的经济现象，其政治维度决定了它不但是一个功能性存在，更是工业化的一个基本组成要素，因而对于政治具有直接的影响力。因此，本书的写作宗旨是基于中国工业化进程的历史事实，通过对大量史料的搜集、梳理和研究，展示在中国共产党领导下的工业化进程中设计的发展历程。而历史的精彩和厚重，往往在于其复杂性。中国设计的发展并非一帆风顺，其间经历了许多艰难曲折，但不可否认的是，每一个时期的中国设计都有自己的历史高度。历史是最好的教科书，溯源中国设计的历史不是怀旧，是期待未来的超越。

2 设计聚焦“1 + 3”的任务

基于中国工业化进程的路径，中国设计形成了“1 + 3”的任务。其中的“1”是围绕引进、消化、吸收国际先进的重工业技术这一个核心任务，展开针对技术、设计、工艺的学习和移植，使之在中国落地，形成规模生产体系，发展配套体系，培养适应现代化工厂工作的工人，同时生产出国家急需的重工业产品，适时引进轻工业关键技术和制造装备，促进产品更新换代。“3”是指以设计塑造国家形象，以设计促进国际贸易，以设计保障人民生活三大任务。这就是要利用引进的国际先进技术和制造装备，改造现有的技术、工艺、工厂、工人，集中力量攻关创新设计能够体现社会主义工业化成就的创新工业产品；利用为数不多的产品、品牌遗产进行新的设计，淡化意识形态问题，从而生产出能够让国际市场接受的中国产品。以上这两类产品积蓄的技术和工艺成果经过适当的设计改变以后，可以更新、补充人民生活需要的产品，在保障人民生活所需的基础上逐步提升其生活品质。诚然，“1 + 3”的任务并不是泾渭分明的，而是互为因果、互相融合、互相促进的关系，而且在不同的历史时期也有不同的表现特征。

（1）设计在技术消化吸收中发挥作用

20 世纪 60 年代以前，我们首要的任务是消化吸收苏联及东欧国家的技术。当时，引进的终端产品以大型装备为主，这些来自苏联及东欧国家的装备产品一般外形笨重但结实耐用，无论是作战武器还是远洋货轮、载重货车、拖拉机等产品，其设计一般都强调具体的实用功能。这些国家在援助中国建设项目时提供了详细的工程图纸和制造设备，同时导入了设计、工艺、制造管理体系，建立了“总工程师、总工艺师、总会计师”的“三师”制度，培训了各个岗位的专业人员，在较短的时间里建立了设计和制造体系。苏联专家常驻中国各受援工厂，一些关键的工厂还由来自这些国家的专家担任总工程师、总工艺师。1956 年，捷克斯洛伐克汽车设计师奥尔德日赫·梅杜纳应邀来中国工作，并于工作之余到中国各高校举办讲座。他为长春市公交车设计了前脸造型，还帮助改进了苏联生产的发动机，使中国拖拉机功能更加完美，这在一定程度上也是对过于强调实用功能的苏联设计的一种补充。这样的引进和消化，为早年留学欧美和后来留学苏联及东欧各国的中国工程师改进、发展大型工业装备产品奠定了扎实的基础。而这些国家在以各类大型机床为代表的工作母机方面提供的技术对于中国自行设计、制造工业产品产生了更加深远的影响。

在后来的几个发展阶段中，中国用不同的方式从法国、英国、德国、奥地利等西方国家引进了重工业装备技术和少量的终端产品，通过中国工程师对这些来自不同技术体系的设计进行集成，形成了国家急需的大型工业装备产品，同时也通过对技术原理和工程设计的追溯解决了中国工业制造的迫切需求。改革开放以后，中国从自身工业发展战略的角度，系统地从全球引进了先进的制造装备和终端产品，同时大幅度地引进新型的轻工业、电子工业制造技术体系和产品，来满足国内市场的需求，并希望以此来完成传统轻工业制造体系的升级换代。当时的轻工业部率先派出了下属院校的教师赴德国、日本学习工业设计，这些教师回国后广泛地传播了第三次产业革命以后在西方形成的设计思想，特别是国外企业运用设计手段提升工业产品的价值、打造企业产品品牌乃至提升国家经济竞争力的案例，深深地震动了中国的制造业和政府相关主管部门。在国家实施市场经济的背景下，中国设计迅速跨越了引进国际先进制造技术、设计观念和理论、设计教育方法的阶段，进入研究和借鉴设计政策的阶段。以工业和信息化部等 11 个部委发布的《关于促进工业设计发展的若干指导意见》（工信部联产业〔2010〕390 号）为标志，中国的设计迎来了历史性的机遇。

（2）以设计塑造国家形象

最能表达中国社会主义建设成就的载体无疑就是工业产品。在国庆节、国际博览会、商品交易会、国际贸易活动、友好国家首脑礼物赠送中出现的产品都拥有这层含义。这些产品都拥有“中国第一次自主设计、自主制造”的背景，包括高级轿车、高级照相机、高级手表、电视机等。其中，红旗牌 CA72 型高级轿车参加了德国莱比锡国际博览会以后被《世界汽车年鉴》收录；上海牌 58-2 型旁轴取景高级照相机上市时，国外摄影设备杂志给予了极高的评价，北京、上海的著名百货公司都围绕这款照相机设计橱窗展示。在接下来的中国工业展览中，万吨水压机、万吨远洋货轮、特种超级载重汽车，甚至地标性的南京长江大桥等都被广泛宣传。拥有全面技术体系的南京无线电厂在 20 世纪五六十年代设计制造的组合音响曾作为礼物赠送给友好国家首脑，80 年代天津自行车厂的飞鸽牌自行车曾被赠送给时任美国总统乔治·布什，而露美牌高级化妆品套装则是改革开放以后，为了适应“首脑夫人外交”而设计开发的新产品，还有自“建国瓷”诞生后在国宴及在中国举办的各种重要国际会议上使用的餐具也是体现国家形象的载体……直到今天，很多知名品牌的工业产品仍然在中国与世界各国的友好交往中发挥着重要作用。

实际上，上述产品也并非纯粹为“献礼”而设计、制造的产品，而是国家推动自身工业制造发展的成果，是整合中国设计、制造力量、各方资源后，互相协作、奋力攻关的结果，其中凝聚了全国各个行业专家、工人的智慧和心血，因而也是中国工业化道路上的里程碑之作。

(3) 以设计促进对外贸易

由于中国缺少完整的出口工业产品体系，以及缺少附加值高的出口农业产品，而国家工业建设、国防建设又急需外汇，因此出口换汇成为令中央经济管理部门头疼的问题，当时中国、苏联及东欧社会主义国家大都采用了“以货易货”的贸易方式，对换取外汇贡献不大，因此设计不自觉地承担起了提升产品品质、优化产品形象、开拓国际市场、为国家换取外汇的重任。

首先，从更新传统的轻工业品牌和包装设计开始，以美加净牙膏的包装改进为例。1961 年以前，中国化学工业社出口的牙膏主要是铅锡管肥皂型牙膏，产品质量不稳定，相继有 18 个国家、地区对铅锡管肥皂型牙膏表示不满，这不但使国家在经济上遭到很大的损失，同时在政治上也受到不良影响。

当时，外贸部为了挽回我国牙膏在境外市场的信誉，郑重向中国化学工业社提出用铝管泡沫型牙膏替代铅锡管肥皂型牙膏的要求。经过广泛的研究讨论，中国化学工业社确定要开发出“争气”牙膏。这一决策得到了轻工业部的支持和其拨发的创制资金。经过近一年的试制工作，又特别确定了“美加净”这个品牌名称，铝管洗涤剂型高档出口牙膏——“美加净”牙膏在 1962 年 4 月正式投产，并于当年以 MAXAM 为出口品牌名，开始销售至香港和东南亚地区，第一年出口量就达到几十万支，成为“高露洁”牙膏在这些地区的有力竞争对手。从此以后，美加净牙膏的出口量逐年增加，出口地区不断扩大。[5] 这是中国创始品牌开发市场并取得成功的经典案例。

海鸥 4 型系列照相机是经过反复设计和工艺优化的产品。《上海轻工业志》记载：从 1964 年至 1985 年通过直接产品出口、为国外品牌贴牌生产共计出口了 44 万台海鸥 4 型照相机，为国家换回了宝贵的外汇。其他诸如自行车、缝纫机、搪瓷器皿、玻璃器皿乃至钢琴等产品也基本承担了这种使命，国家则在全国布局、确立出口产品生产基地供给生产原料和能源方面予以保障。

中国在传统手工艺产品生产领域具有一定的优势，但其个人生产、个人销售的形态对日用产品来讲显得不合适，当传统手工艺产品需要批量制作时，其设计思想及生产组织方式均须进行比较大的改进，尤其日用陶瓷产品设计及生产组织所面临的问题在以景德镇为代表的陶瓷产地中显得非常突出。首先，产品有“外销瓷”与“内销瓷”之分，前者设计从器形、装饰上都会考虑到西方人生活的需要，对于像苏联、东欧地区的比较特殊的餐饮方式也有特殊的产品做支撑，这种“外销瓷”产品装饰得较满，即留白的地方少，装饰釉料质量上乘，还原性好。设计人员除了接受过传统工艺及技巧训练外，还接受过现代设计方面的训练，由他们设计的杯、盘、壶、匙、碗在配套方面堪称天衣无缝，有很强的系列感，深受国际市场的欢迎。当时，景德镇外贸部门有一个统计口径，即平均单件瓷器创汇 0.5 美元，可见市场对其的重视程度。在生产组织方面，一方面积极购买好的制造设备替代手工制作，另一方面在装饰上采用量产法和手工法结合的方法加快生产速度，同时又保证手工品质。历经了“建国瓷”的设计和制造，景德镇陶瓷业提升了设计水平，在一定程度上完善了制造体系，组建了专业化的工厂，后来又购买了联邦德国的生产设备和釉料，提高了日用瓷器产品的成品率。

在科研支撑方面，作为设计核心单位的轻工业部景德镇陶瓷研究所（以下简称“陶研所”）具有“设计服务外包”的工作特征，陶研所设计的器形可以提供给各大陶瓷厂，各厂则根据自己的工艺再设计，最终形成青花、青花玲珑、粉彩等产品。特别值得注意的是，为了适合外贸市场的需求，了解竞争对手的情况，陶研所将竞争对手产品的品质、工艺与中国产品的加以对比，找到差距，提出改进措施，研究新釉料配方及设计方案，以提升产品竞争力。当然，由于当时的经济体制所限，陶研所与各大瓷厂均没有设立市场部门专门研究国外市场情况，然而从现实情况看，不论是陶研所、瓷厂还是陶瓷进出口公司都尽可能以设计的思想来改良、开发新产品。当发现日用陶瓷耗费原材料较多，无法再降低生产成本时，景德镇人将目光转向了“陈设瓷”的批量生产。所谓陈设瓷，顾名思义，是一种摆设，并无实用功能，尤其是以飞禽走兽为题材的大众型雕塑陈设瓷海外市场前景广阔，而其耗费的原材料只有同体积产品的1/3。从实际情况看，雕塑陈设瓷对艺术工人素质要求高，耗时长，但因为当时的劳动力成本低，所以只要降低了原材料成本，产品成本就大大降低，因而陈设瓷迅速成为出口创汇的主打产品。

（4）以设计满足人民生活需要

如果说以工业化批量生产的产品满足人民生活需要是工业设计的本质任务的话，那么到了20世纪60年代，中国工业设计已义不容辞地承担了这个任务。尤其是大量与人民日常生活相关的轻工产品，特别需要以工业设计的思想来优化整个产品的品质，不管是形态、材料、肌理、色彩还是功能，均需要工业设计的统筹。当时虽然是一个物资短缺的时代，但人民群众仍希望拥有让人感动的产品。

各地艺术家参与产品设计已是常态，无论“美化”产品的要素有多少，都已表明产品设计中以形态、色彩、肌理为代表的感性要素被高度重视。1963年，鲁迅美术学院玻璃美术专业筹备组成立，以留学捷克斯洛伐克学习玻璃美术的王学东为主导，在上海玻璃器皿一厂和二厂设计了一批产品，其中大切块花瓶都属于首次生产。至20世纪60年代末，上海美协组织热水瓶（保温瓶）装饰征稿，张雪父、钱震之设计的几何图案中标，更丰富了产品花式。[6]

从技术支撑角度看，为了实现设计预想的目标，造就更加完美的产品，生产企业在生产设备、技术引进及改进方面下了很大的功夫，并将此作为一项长期的任务来完成。如上海永久自行车公司在设计永久牌自行车时，为使表面油漆更加乌黑发亮及电镀件表面更加平整、光亮，并能够在日晒雨淋的情况下不发生锈蚀，工厂专门改进了喷漆工艺，并组成攻关小组对电镀设备进行了改进，保证表面加工达到设计预想的效果，增加产品的美观度。在制作车身贴花时也有专门的协作厂配合，为了提高金色贴花的色彩饱和度和光亮度而改进了工艺。类似这样的改进在以后的产品设计中一直是设计的重要内容之一。

从市场拓展角度看，当时是计划经济，处于需求大于供给的物资短缺状态，但当时从事设计、技术的人员都明白“产品设计”不等同“美术创作”，后者可以完全依据自身的认知进行个性化创作，无须考虑买方的心理，而前者则需要考虑消费者的想法。随着生产组织的进一步改善，在轻工业日用产品领域逐步形成了“驻厂员”制度，即由当时最主要的流通渠道——中国百货公司派出一名熟悉该类产品销售的人员常驻工厂，每当有新产品设计方案提出时，驻厂员都会认真参加讨论，提出建议，小批量试产后，会跟踪其销售情况，给予反馈，以便设计人员加以改进，正式批量生产后的市场反映也会通过驻厂员及时反馈。[7] 其实，驻厂员还有一个身份是“计划经济”的代表，其重要任务是监督厂方完成采购任务，保证厂方产品全部进入中国百货公司销售渠道。

改革开放以后，数中国广东的设计最有活力，在改革传统设计体制的同时，出现了服务于制造企业的专业化工业设计公司，它们成为中国设计发展的先驱。广州美术学院艺术设计教育的“产学研一体化”，引领并推动了本土设计教育与设计服务间的连接，开拓并建构了设计与制造企业间的采购机制，最早开创了由创新拉动技术、资本及市场的全产业链机制。作为一种“南方设计现象”，广东设计为中国设计的发展提供了一种可以借鉴的模式，而青岛海尔集团与日本 GK 设计公司成立的合资设计公司则进一步引领了中国设计的发展。两者都在支持企业制造消费者需要的优质产品方面做出了杰出的贡献。

3 创新设计与制造强国

2013 年，中国工程院在十一届全国人大常委会副委员长路甬祥的主持下启动了“创新设计发展战略研究”重大咨询项目。2015 年，国务院印发《中国制造 2025》，其中将提高创新设计能力作为提高国家制造业创新能力的重要对策，创新设计正式成为国家创新驱动发展战略的重要组成部分。

路甬祥认为，《中国制造 2025》明确了我国建设制造强国的目标，实现这一目标，必须高度重视创新设计。好的设计不但可以提升产品和服务的品质，提升绿色智能水平，赢得市场竞争优势，还可以创造新需求、开创新业态、开拓新市场，甚至会引发产业变革。因此，创新设计是引领中国创造的先导和关键环节。在新形势下，我们要深刻认识创新设计的价值，不断提升创新设计能力。加强创新设计需要从多方面入手。

首先，要更新设计理念。充分认识创新设计对产品、工艺、经营、服务的引领作用，将创新设计作为加快从跟踪模仿向自主创新转变的关键环节，作为建设世界科技强国、世界制造强国的重要抓手。以新发展理念为指导，把握网络时代设计的新特征——绿色低碳、网络智能、开放融合、共创分享，引导中国设计面向世界、面向未来，走向高品质、迈向中高端。尊重设计规律，把握创新设计能力要素，解放思想，求真务实，加快实现由中国制造向中国创造跃升。其次，要优化设计环境。在创新设计被纳入《中国制造 2025》的基础上，制定出台制造业创新设计发展行动纲要，进一步明确其发展目标、重大举措和路线图。完善政策法规环境，发挥研究机构、行业协会的引导、促进作用，优化以企业为主体、产学研用金协同、军民深度融合的创新环境。再次，要强化设计基础。在持续增加对基础研究和前沿研究投入、为自主创新夯实知识与技术基础的同时，国家、地方和企业应加强对创新设计的投入，建立创新设计基金，加大对设计方面创新创业的支持力度。着力培养引进设计人才，注重提升人才能力，强化创新设计人才基础。建设一批国家、区域、行业创新设计研究院，创新设计园区，面向中小企业的创新设计技术服务中心等，强化以市场为导向的创新设计基础技术支撑体系与产业集聚平台。积极主动参与制定和采信国际先进工业标准，加快提升中国设计的质量、安全水平和绿色化、国际化水平。最后，特别强调的是，需要改革设计教育。理念创意是创新设计的灵魂。设计教育的首要任务是引导学生确立先进理念和科学价值观，培育创新创业精神和工匠精神。网络时代的创新设计需要设计人员对科学技术、经济社会、人文艺术、生态环境等新知识进行综合运用，需要设计人员理解大数据的数学方法和计算能力。这就要求培育善于跨界融合的人才，构建共创分享的设计平台网络。从更大的范围说，创新设计需要有全球视野，融汇国际先进设计理念、知识、技术与文化。因此，设计教育需要运用好全球创新设计资源，创造国际化的教育环境。

与此同时，设计文化的培育也迫在眉睫，设计文化决定创新设计的特质和品格。在工业化、现代化进程中，发达国家形成了各具特色的设计文化。美国尊重和鼓励自由探索、创新创造，形成了以创新为引领的设计文化。德国是后起的制造强国，在全球市场竞争中依靠富有特色的自然科学和工程技术、先进的工业标准以及职业教育，形成了优质、诚信的设计文化。法国、意大利文学艺术底蕴深厚，孕育了优雅、华丽的设计文化。日本的国情和传统使其形成了精致、实用的设计文化。以创新设计引领中国创造，需要培育具有中国特色、符合时代要求、尊重创新创造、追求精益求精、恪守诚信合作、崇尚共创分享的先进设计文化。由此可见，《创新设计战略研究综合报告》是中国创新设计发展的战略性指导文件。[8]

从设计自身发展的角度来看，改革开放以来，尽管我国在“产品级创新”方面取得了长足的发展，但“服务级创新”一直进展缓慢，其根本在于创新思维范式的局限。要升级创新范式，服务设计应该就是这个时代的一种新的设计思维方式。与早期简单强调的批量化生产设计的技术基础有所不同，服务设计的技术基础是互联网和信息，在这种背景下产生的设计观念、方法与前者有较大的变化，也需要面对和解决更多的问题。21 世纪以来，随着计算机技术和网络技术的发展与应用趋于成熟，新技术为复杂问题的解决、新的服务设想的实现提供了更大的可能。特别是一些关键应用技术的突破，如存储和触屏技术、传感器技术、RFID（射频识别）技术引发了“技术激活服务”的可能，使得产品与人的交互方式发生了革命性的改变。

此外，从企业发展战略的角度来看，完成从产品设计向服务设计的转变，从单纯依赖技术和造型价值营销到服务价值的挖掘，应该提升三项能力：一是市场业态和发展趋势研究能力，包括用户研究、行业政策研究、新技术动态以及行业相关软硬件技术和资源的研究能力；二是服务价值系统分析能力，包括产业价值网络中利益相关人的网络梳理和搭建，以及价值网络中利益相关者介入平台的融合能力；三是服务创新设计和服务模型建构能力，包括服务创新概念的创造和验证，服务体验的设计和验证，涉及服务质量提升、服务的可介入性和服务的效能。[9] 服务设计的实践对于落实党的十九大报告中提出的“必须坚持质量第一、效率优先，以供给侧结构性改革为主线，推动经济发展质量变革、效率变革、动力变革，提高全要素生产率”的要求具有积极的意义。中国的企业、设计机构、设计师和高校积极研究中国当下的生活形态和需要的工业产品，同时在与制造企业合作的过程中放眼未来，积极研究、构想未来的设计趋势，努力为提高中国人民生活品质创新设计产品。在中国航空、航天、深海探测器、高速铁路车辆等重工业尖端产品的设计中，创新设计为极端条件下的“人机交互”操作提供了解决方案，实现了重工业装备产品中操作者空间、界面的升级换代；在应对突发的新型冠状病毒感染疫情的时候，中国设计师以高度的社会责任感与相关权威机构合作，为抗疫工作设计了急需的医疗诊断产品，提高了工作的效率；更多的设计师秉持绿色、环保的理念将中国可持续发展的战略落实在农村脱贫致富和新农村建设的设计中。近年来，中国创新设计的成功实践不仅赢得了许多国际上的权威奖项，也赢得了国际同行的尊敬。伴随着中国人民前进的脚步，创新设计在中华民族伟大复兴的进程中将进一步承担起历史的责任。

第一章 Chapter 1

新生中国与工业蓝图

1 第一个五年计划的奠基作用

1945 年，毛泽东在中国共产党第七次代表大会上指出："中国工人阶级的任务，不但是为着建立新民主主义的国家而斗争，而且是为着中国的工业化和农业近代化而斗争。"[10] 1949 年元旦，《人民日报》发表了毛泽东于 1948 年 12 月 30 日为新华社撰写的 1949 年新年献词《将革命进行到底》，再一次阐述了这项任务：1949 年中国共产党领导的人民解放军与国民党军队的战争进入尾声，摆在共产党面前的任务是"在全国范围内建立无产阶级领导的以工农联盟为主体的人民民主专政的共和国"，"使中华民族来一个大翻身，由半殖民地变为真正的独立国，使中国人民来一个大解放，将自己头上的封建的压迫和官僚资本（即中国的垄断资本）的压迫一起掀掉，并由此造成统一的民主的和平局面，造成由农业国变为工业国的先决条件，造成由人剥削人的社会向着社会主义社会发展的可能性"。

1949 年 1 月 30 日，苏方共产党中央政治局委员米高扬与苏联铁道部部长柯瓦廖夫应中共中央邀请，前往西柏坡与中共中央领导人会谈。会谈讨论了苏联在中国军事工业以及其他工业发展中的作用问题。中方参加者为朱德和任弼时。任弼时强调，在制订国民经济计划时，中国尤其重视东北的重要作用，争取把它变成中国的国防基地。东北应该能够生产汽车、飞机、坦克和其他武器。任弼时指出，中国希望苏联帮助东北的工业开发，并列举了提供帮助的几种方式：

（1）苏中经济联合体；

（2）苏联贷款；

（3）由苏联办租让企业。

任弼时说，开采沈阳、锦州和热河省（旧省名，后分别并入河北、辽宁及内蒙古自治区）的稀有矿藏，如铀、镁、钼和铝，需要苏联的帮助。过去，日本从中国掠夺了 1 吨铀矿。如果苏联对这些矿藏感兴趣，可以考虑合作开发或请苏联来办专门的租让企业。他还指出，东北的工业开发需要高水平的专家，当时，鞍山钢铁公司不得不聘用日本专家，因此，请求苏联向中国派遣不少于 500 名国民经济各领域的专家来支援中国。

1949 年 6 月 21 日，刘少奇率中共中央代表团离开北平（旧市名，现北京）赴苏联访问。代表团成员有高岗、王稼祥。在 6 月下旬至 7 月上旬的初步会谈中，为了获得苏联 3 亿美元的贷款，中方同意斯大林提出的条件，包括中国向苏联提供其所需要的茶叶、桐油、大米、钨砂、猪鬃及植物油等，并感谢苏联对中国的帮助。[11] 7月11日，刘少奇列席苏方共产党中央政治局会议。双方商定组织一个借款条约共同起草委员会，成员是米高扬、柯瓦廖夫、刘少奇、高岗、王稼祥。7月25日，毛泽东复电刘少奇等，赞同其对借款协定原则上同意、具体文字待译好后再谈的态度和做法。7月30日，刘少奇和马林科夫分别代表中国和苏联签订贷款协定。8月4日，毛泽东复电刘少奇等，表示同意苏中两方组织共同委员会来把借款和订货等问题具体化；但是由于当时国内正在建立统一管理经济的机关，解放的地区正在不断扩大，而且缺乏专家与资料，一时无法向苏联提出全部货单，所以商请苏方共产党中央同意将共同委员会设在中国，由柯瓦廖夫先带主要专家来华与我国共同商定全部或主要部分货单，并提出：如斯大林同意先派人来华组织共同委员会，最好先带铁路、电力、钢铁、煤矿、煤油矿、军事等方面的专家同来。苏方共产党中央同意了这个提议。8月14日，刘少奇与来华苏联专家的负责人柯瓦廖夫及苏联专家220人一起离开莫斯科回国。此后，中苏两国专家共同研究苏联帮助中国建设的具体项目。

中华人民共和国的建立为中国快速走向工业化、现代化的道路创造了新的条件，而中国共产党在20世纪50年代初就逐步明确地提出了工业化、现代化的战略目标和任务。在党中央的直接领导下，由周恩来、陈云主持，从1951年开始编制第一个五年计划（1953—1957）（以下简称“一五”计划），到1955年7月经全国人大一届二次会议审议通过，历时4年完成总体规划，其间学习了苏联国家经济建设的模式，并且依靠苏联援助的156项工业建设项目来奠定中国的工业化的初步基础。

1950年2月14日，中苏两国正式签订《中华人民共和国中央人民政府、苏维埃社会主义共和国联盟政府关于贷款给中华人民共和国的协定》。关于工业建设的具体项目，中央决定先同苏联政府谈判设计合同，在设计制图的基础上，“提出准确而需要的订货单”。在聘请专家的问题上，周恩来致电代表团，提出：“必须请好的、必要的，一改过去多请、滥请而又想讨便宜的作风；同时，也逼得请专家的部门赶快在一两年内向专家学好本事，免得专家走了仍然不能自立。”[12]

在苏联帮助建设的项目当中，重工业占了很大比重，因为当时考虑如果没有重工业，就不可能为轻工业提供燃料、原料和材料，也不可能为农业提供农业机械和化肥。另外，当时中国正遭受着西方帝国主义的封锁，急需发展重工业来加强国防力量。从“一五”计划开始，中国把优先发展重工业和国防工业纳入计划经济体制的发展轨道中。1952年8月，周恩来在《三年来中国国内主要情况的报告》中，明确提出发展重工业是“一五”计划的“中心环节”：“五年建设的中心环节是重工业，特别是钢铁、煤、电力、石油、机器制造、飞机、坦克、拖拉机、船舶、车辆制造、军事工业、有色金属、基本化学工业。”

同年12月，中共中央在《关于编制1953年计划及长期计划纲要若干问题的指示》

中，明确提出重工业和国防工业在工业建设中的优先地位："首先保证重工业和国防工业的基本建设，特别是确保那些对国家起决定作用的、能迅速增强国家工业基础和国防力量的主要工程的完成。"

根据这样的要求，首先主要集中第一机械工业部（以下简称"一机部"）重型机器管理局（即第三局）等行业管理机构，统一行业技术标准、建立新的技术工作制度等方式，中国初步建立了计划经济体制下的重机技术体系与管理体系。这一系列体系和制度为行业的建立与发展，以及技术力量的统一与协调提供了有效的组织保障和制度保障。项目的初步确立经历了一年左右，其间做了大量的调查研究工作。为了适应大规模经济建设的需要，特别是从苏联引进技术设备的需要，1951 年 8 月，中国还派遣了 370 名学生和 88 名干部赴苏联进行管理、操作和设计的学习。

中苏双方以 1952 年中央财经委员会拟出的关于"一五"计划中重要的工业建设项目草案为依据进行商谈，并于 1953 年 5 月 15 日由李富春和米高扬分别代表两国政府签订《关于苏维埃社会主义共和国联盟政府援助中华人民共和国中央人民政府发展中国国民经济的协定》（以下简称"协定"），"一五"计划随后开始紧锣密鼓地展开。《人民日报》1953 年元旦社论以《迎接一九五三年的伟大任务》为题指出："国家建设包括经济建设、国防建设和文化建设，而以经济建设为基础。经济建设的总任务就是要使中国由落后的农业国逐步变为强大的工业国，而要达到这个目的，就必须首先着重发展冶金、燃料、电力、机械制造、化学等重工业项目，因为正如斯大林同志在《第一个五年计划的总结》中所说，'只有重工业才能既改造并推进整个工业，又改造并推进运输业，又改造并推进农业'。工业化——这是我国人民百年来梦寐以求的理想，这是我国人民不再受帝国主义欺侮、不再过穷困生活的基本保证，因此这是全国人民的最高利益。全国人民必须同心同德，为这个最高利益而积极奋斗。"

协定内容包括在 1953 年至 1959 年，苏联要援助中国建设与改建 91 个企业。协定内的 91 个企业，加上 1953 年 1—4 月以及 1950—1952 年这 3 年中陆续委托苏联设计，并经苏方同意援助我国建设与改建的 50 个企业，共 141 个企业。对于这些企业的建设与改建，由苏方完成各项设计工作、设备供应，在施工过程中给予技术援助，帮助培养这些企业所需的中国干部，并提交组织生产所需的制造特许权及资料。中国政府则在现有企业中组织生产一部分配套用的和辅助性的半制品、成品和材料。此种半制品、成品和材料的清单及其技术规格，以及有关安排其生产的建议由苏联提出。苏联协助中国建立工业企业设计部门，并协助这些部门完成其所承担的上述企业的技术设计与施工图 20% ~ 30% 的设计工作。苏联提供上述企业所需的按价值计 50% ~ 70% 的设备，其余设备由中国设计制造，为此苏联派专家来中国提交技术资料，并对组织生产提出建议。在以上内容中，产品制造特许权为苏联无偿提供，其余部分总值为 30 亿 ~ 35 亿卢布，这一特许权使得中国工科背景的设计师获得了生平第一次在系统工程的框架下进行设计的宝贵经验，通过将苏联的技术培训与中国的实际环境进行磨合调整，在未来漫长的实践中逐渐建立起一套适合中国的工程设计方法（图 1-1）。

此外，苏联派遣专家来中国帮助解决总体利用黄河、汉水的水利和水力资源的规划勘测工作；派遣包括管理、质检与设计的专家组帮助中国政府制订电气化、发展黑色冶金与有色冶金、机器制造工业、造船业的远景计划；增派 50 名地质专家帮助组织地质勘探工作和地质人员的训练；在选择连挂用的农业机器型号方面提供设计建议和技术资料；对由中国设计部门所完成的长江大桥的设计进行鉴定；帮助中国进行内蒙古、东北、西南林区的森林航测（图 1-2）。[13]

按照预测，在 1953—1959 年的 7 年间，上述 141 个企业建成后，我国的工业生产能力将大大增长，尤其在黑色冶金方面、有色金属方面及煤炭、电力、石油方面，机器制造工业方面、动力机械制造方面、化学工业方面，将原有生产能力提升了一倍以上；中国将建成自己的全套汽车工业和拖拉机工业；机械方面和国防工业方面将有许多新的产品出现。到 1959 年，中国钢铁、煤炭、电力、石油等主要重工业产品，大约达到苏联第一个五年计划时期的水平，接近或超过日本全面发动侵略中国战争前（1937 年）的水平，即钢产量超过 500 万吨，煤产量达到 1 亿吨，电力在 200 亿度以上，石油在 250 万吨左右。上述主要产品的生产状况是国家工业水平的主要标志。这些企业建设完成后，中国将成为一个拥有自己独立工业体系的国家，中国的工业化将有一个稳固的基础。

141 个企业项目在 1953—1959 年期间分别开工，其中包括了在建设和改建国防工业企业方面援助中国建设的 35 个苏联国防工业企业。苏方保证完成这些企业的各项设计工作、设备供应，并给予其他各种技术援助。此外，苏方同意完成军舰制造厂的设计工作，提供鞍山钢铁厂生产坦克用甲板的设计和补充设备等额外支援。

1953 年，苏联将前 50 项中的沈阳飞机修理厂、洛阳航空发动机修理厂、南昌飞机修理厂、株洲航空发动机修理厂等 4 个项目合并入后 91 项；停止牙克石纸厂、营城子银矿山八号竖井等两个项目的设计，将兴安台选煤厂自兴安台一号竖井的项目中分出，

■ 图 1-1
正在对中国设计人员进行计算机操作培训的苏联专家

■ 图 1-2
中国工程设计人员正在向建设组专家介绍项目选址

如此，141项变成了136项。1954年8月，在其备忘录等文件中又取消了91项中的武汉电站，将避雷器车间并入西安高压电瓷厂内，将抚顺镁厂并入抚顺铝厂，并新增了11项。经过这次变动，形成144个建设项目。

1954年10月12日，中苏两国政府又达成《对于1953年5月15日关于苏联政府援助中华人民共和国中央人民政府发展中国国民经济的协定的议定书》（以下简称《议定书》）。其中，苏联政府同意援助中华人民共和国政府新建12个企业和改建1个滚珠轴承工厂。这13个企业包括上述前10个企业和1个选煤厂、2个煤井。对于苏联所供应的设备和所给予的技术援助的偿付，按照当时实行的中苏贸易协定进行。前述144项，加此次新增的3项，共形成147项。《议定书》的备忘录中又新增了15项，以上项目共计162项，其中35项为国防项目。这些项目在实施的过程中有的被取消了，有的被分成两期实施，即被视为两个项目。[14]

1954年年底，确定为156项建设项目，这些项目被确立为中国“一五”计划的核心工作。这些项目确定以后，随着形势和认识的发展变化有所调整，但“156项工程”一直作为一个标志而未被改动。中国的设计也开始在系统工程的羽翼下开始成长。虽然此时的设计内涵和外延与后来的不尽相同，但是已经具备了相关的要素，对设计人员的知识和技能的要求也逐步明确了。

这一阶段的设计作为对国家制造业能力具有象征意义的学科，在中国改革开放前大多依附于各单位的工程部门。以铁道部为例，其设计人员分布于下属的西北、西南、华北和中南四个大区的工业建筑设计院中，设计师们在各院中往往也不是在单独设立的设计部门中工作，而是分布于勘察、工程、规划与质检各部门。第一批设计师虽然学科背景复杂且多为半路出家，但通过与多学科专业的合作，他们依然为中国设计出了大冶特殊钢厂、寿王坟铜矿、淮南谢家集二号矿井等项目中的众多工件与厂房，其质量与美观度得到了苏联援华专家的认可，均接近或达到了156项工程的技术水平。

1956年，全国基本建设会议以后，中国的设计机构开始广泛采用两阶段设计、标准设计和重复使用图纸的方法，这极大地节省了人力和行政资源，提高了设计效率。至1957年，各设计部门在施工图中采用标准设计和重复使用图纸的比例已达40.7%，在新设计的项目中采用两阶段设计的占60%，解决了因反复设计所带来的设计人工消耗问题。在此基础上，中国的设计师们养成了与工业部门保持密切沟通的习惯，以在煤炭工业体系工作的设计师团队为例，设计部门每年要召开设计技术研究工作会议，会议由煤炭工业高层领导主持。在1957年的会议上，设计师们提出：要在设计系统内部开展技术研究工作，必须密切结合本行业务，从设计工作出发，并为设计工作服务。[15]同时，在现场其他部门的建议下将未来一段时间的工作重点放在研究现有生产技术经济指标、提高设计质量方面。针对这场设计会议，“国家建设委员会及煤炭工业部都曾派人到会指导，总局各专业的苏联专家亦给予了很多具体的帮助”。

在“一五”计划时期，各部门的设计部门坚持贯彻了“勤俭建国”的方针。在从经费紧缺到设计人员紧缺的背景下，1954年，国家批判了不重视经济适用的原则、单纯追求美观的复古主义和形式主义思想，降低了非生产性建设的标准。1957年，又根据实际情况对安全系数、建筑标准、技术经济定额等进行了修改，使建设项目的投资有所降低。1957年，各部门根据全国设计会议的精神对超过限额的项目的设计文件进行了重点复查，节约了资金。1958年，反浪费反保守运动开展以后，在设计方法上采取了简化设计程序、精简图纸等措施，使新的设计项目与过去设计同等规模的项目相比，可节约一半左右的投资。而为了解决设计人员紧缺的问题，各设计部门采取了“广纳社会英才，不问英雄出处”的办法，煤炭工业部曾长期在其系统刊物《煤矿设计》上刊登招聘广告，并对应聘人员提出具体的技能要求。

随着以156项工程为中心的各工业项目全面落地，我国工业技术水平有了初步提高，主要表现在以下五个方面。第一，成套苏联项目的引进，为中国建立了一大批骨干企业，工业的机械化程度逐步提高。第二，在引进成套设备的同时引进了设计和工艺等新技术。1949—1960年，苏联先后派来专家18 000多人，其中在1954—1958年的156项工程主要建设时期援华的专家占60%以上，为中国培养了大批专业技术人员，工业设备和工人技术装备水平得以提高。第三，技术与经济定额的制定和实施逐渐改进。第四，先进生产经验普遍推广。第五，工业产品种类增多。在几个重工业部门中，国民经济恢复时期共试制新产品860种，在第一个五年计划头三年共试制新产品2 933种。[16]

回顾156项工程的推进周期，整个设计行业中发展最快的是建筑设计。“一五”期间，为适应大规模经济建设的需要，国营建筑单位的设计水平迅速发展，且由于156项工程多落地于东北、西北与华北地区，复杂的环境与气候条件充分锤炼了中国设计师在功能、成本、意识形态与审美上的统一意识。建筑行业最早的挑战来自鞍山钢铁联合企业的改建、扩建工程，接着是于1953年开工的长春第一汽车制造厂，以后在富拉尔基、兰州、洛阳、包头、武汉、太原、西安、沈阳等地，设计师均以较快的速度和较高的质量，顺利地完成了飞机、汽车、拖拉机、坦克、大炮、仪表、新式机床、电工、化工、冶金、电站和重型机械设备制造等各种新型厂矿企业的设计任务。至1957年，“一五”计划超额完成了规定的任务，实现了国民经济的快速增长，并为我国的工业化奠定了初步基础。第一个五年计划的制订与实施标志着系统建设社会主义工业化的开始。

2 苏联技术向中国转移中的“设计摸透”

从苏联引进大型工业产品的制造工厂，对于提升中国工业制造的整体水平无疑具有战略性的意义。这是因为这些产品是高度集成了设计、技术、工艺、材料、配套体系的系统工程，同时还需要辅之以一套行之有效的技术管理体系和制度，以及国家战略的支持，这些都是当时中国发展工业化迫切需要借鉴的经验。从设计的角度来看，最大的挑战莫过于要在制造产品的过程中一边熟悉和规范工艺流程及质量管理方法，一边理解产品的设计原理、逻辑和基本的方法，这些被称为“设计摸透”。只有通过这个过程，才能逐步过渡到以后的自主设计阶段。

载重汽车是日常工业与经贸活动中最重要的工具，中央人民政府重工业部成立了以郭力为主任，孟少农、胡云方为副主任的汽车工业筹备组，在以苏联斯大林汽车厂总设计师斯莫林为组长的苏联专家的协助下，开始了厂址选择、勘探设计等紧张的筹备工作。1951 年年初，遵照周恩来的指示，确定了年产 3 万辆载重汽车的生产要求，同年 3 月 19 日，政务院财政经济委员会审查批准，长春第一汽车制造厂（以下简称“一汽”）定址在长春孟家屯车站西北侧地区。毛泽东为该厂奠基题词“第一汽车制造厂奠基纪念”。[17] 1953 年 7 月 15 日，长春第一汽车制造厂正式开工兴建（图 1-3）。

项目从规划到第一辆汽车下线历经 3 年。1956 年 7 月 13 日，第一批 10 辆国产解放牌汽车在一汽诞生，从此结束了中国不能生产汽车的历史。该车是一种通用型的中级载重汽车，载重量为 4 吨，装有 90 马力（马力为旧时功率单位，1 马力约合 0.735 千瓦）六缸汽油发动机，最大时速 65 千米（图 1-4）。7 月 17 日开始行车试验。8 月 23 日，国产解放牌载货汽车被运到北京，首次行驶在天安门广场上，受到广大群众热烈欢迎。第一批下线的解放牌载重汽车还参加了 1956 年的国庆阅兵式。随后，一部分汽车在天安门展出，无数群众争相目睹国产汽车的风采（图 1-5）。

在 3 年建厂的过程中，建设者们为了开创中国的汽车工业，不畏困难，发扬了英勇献身的精神。一些汽车行业的专家，为了实现多年来制造国产汽车的夙愿，放弃了舒适的生活，从国外、从祖国南方大城市前往东北参加建设，贡献自己的技术和专长；参加革命多年的老干部，放下自己熟悉的工作转业到工厂，为了摘掉不懂业务的“白帽子”，刻苦学习文化技术，负担起领导工业建设的重任；一大批刚出校门的大学生，以能参加第一个汽车工业基地建设而感到自豪，满腔热忱地投身建设者的行列，贡献自己的青春。

■ 图 1-3
建设中的第一汽车制造厂工地

■ 图 1-4
解放牌 CA10 型载重汽车

■ 图 1-5
解放牌 CA10 型载重汽车参加了 1956 年的阅兵式后在天安门广场展览

一汽的建成，是全国人民大力支援的结果。在人力上，全国 28 个省市的上千个企业和机关、学校都为一汽输送优秀干部、专家和有经验的技术工人，培训了大批青年工人；在物力上，在中央有关部门的统筹下，全国 100 多个厂矿为一汽承担建筑材料、机械设备、协作产品的生产任务。在最繁忙的日子里，每天都有两三百个火车皮将全国各地的物资源源不断地运到工地上。可以说，一汽是中国首次采用现代化的建设手段，动用国家所有工业部门，动员社会所有力量来实现一个事关国家前途的超级工程。一汽的成功投产为此后各个所处环境恶劣、建设地形复杂的大型项目提供了宝贵的经验。[18]

苏联对一汽的建设和投产予以了全方位的援助，他们不但承担了一汽的全面设计任务，还帮助制造了各种复杂设备，为一汽培训了包括 40 名设计师在内的 500 名实习生。在土建和安装调试过程中，苏联先后派来近 200 名专家指导土建施工和安装调试设备，提供了较完整的“生产组织设计”方案，包括机构设置、干部定员、职责分工，以及工作方法、工作条例等，使一汽一开始投产，企业管理各方面就进入正常运行的轨道。

作为中国公路交通运输前 30 年的拳头产品，一汽的解放牌 CA10 型载重汽车是以苏联斯大林汽车厂出产的吉斯 -150 型载重汽车为蓝本制造的。1943 年，苏联接受美国技术转让，斯大林汽车厂以美军万国 KR-11 为原型推出了替代吉斯 -5 型军用卡车的新车型，即吉斯 -150 型载重汽车。作为苏联生产多年的产品，该车型结构比较简单，坚固耐用，使用维修方便，对燃料、原材料、外协配套要求相对较低，比较适合当时中国道路状况不佳、使用条件较差、维修技术水平不高等客观条件，且在中国已有较好的使用经验。

从造型风格来看，CA10 型车头的整体造型明显带有“流线型”风格特征，这样的设计能保持较低的风阻系数。这种风格在美国曾一度被广泛应用在轿车、载重汽车、机车，甚至一些家用电器上，成为当时象征“速度与未来”的大众风格。

从正面的造型来看，CA10 型车头从左至右是“两个轮罩 + 发动机舱”的结构，形成一个对称的形态，发动机舱前宽大的进气栅顺着弧形外壳，形成汽车的“前脸”，其中进气栅的设计由原来苏联产品的纵向造型改为横向造型。这主要是因为苏联的产品在其国内纬度较高的地方使用，为了防止冰凌挂在进气栅上影响发动机工作，必须将其设计成为纵向造型，整体也给人过多的严肃感，在中国，该产品可以不必拘泥于此，因此改为横向造型以后，产品展现出了一种朴实、欢快的感觉。这样的改进设计使得中华人民共和国第一辆载重汽车更具魅力，这也充分说明，工程师尽可能地在产品功能充分得到保障的基础上发挥了想象力，使之更加符合使用者的审美趣味。同样出于上述原因，苏联所有的车都不会考虑在驾驶室使用空调，CA10 型载重汽车是通过开启前挡风玻璃来解决车内高温的问题的。为此，中国特别在海南热带地区建立了试车场，全面测试汽车的性能。这说明工程师们在设计时时刻保持着“本土化”的意识，尽最大努力来完善产品的功能。

CA10 型载重汽车的发动机舱需要两侧向上托举才能打开，在设计时已经考虑了军、民两用的需求，其发动机的关键零部件均设计在发动机的两侧，特别便于在战场上利用车身隐蔽维修。载货车厢是一个具有实用功能的部分，以直线为走向，追求装载最大化，实用性非常强。载货车厢采用栏板式。载货车厢的防护架也是栏板式车厢的组成部分，它与车厢板固定在一起，防止货物在运输中前移而威胁到驾驶室安全。

CA10 型载重汽车发动机上宽大的进气栅依附着弧形外壳，向中心集中的地方是解放牌的品牌标识。标识中间是毛泽东亲笔书写的“解放”二字。这两个字是先前毛泽东为《解放日报》题字中“解放”二字的手写体，在色彩搭配上选用了中国经典的金色与红色，大红的底色将金色的“解放”二字衬托得熠熠生辉。“解放”二字的上方为一大四小的五角星，象征中国，两侧是象征速度的“风云”造型。

中国的兵器工业于 1952 年秋起步，组建了基本建设管理、勘测、设计和施工等专业机构，有步骤地开展各项建设工作，“一五”计划时期为兵器工业打下了坚实的基础。到 20 世纪 60 年代初期，我国兵器工业已能独立生产半自动步枪、冲锋枪、前膛炮等轻型武器，而且开始具备生产大口径地面火炮、高炮、中型坦克、大口径炮弹等一整套重型武器装备的生产能力，不仅为陆军提供了武器弹药，还为空军、海军提供了部分机载武器和水中武器装备。这填补了中国常规兵器工业生产的空白，从根本上改变了兵器工业支离破碎、只修不造的局面。在地区布局上，在华北、西北形成了新的兵器工业基地，兵器工业的重点也逐步由沿海移至西北地区。“一五”计划期间将国防工业建设放在比较突出的位置，对于迅速奠定我国国防工业的基础具有决定性的作用。在 1959 年国庆十周年的盛大阅兵典礼中，受阅军队全部用国产的新式武器装备。从此，中国军队的武器装备走进立足国内制造的新阶段。[19]

根据 1953 年 5 月中苏两国签订的协定，经过后续一系列调整，至 1954 年年底，苏联援助建设156项工程。其中，兵器工业建设为16个项目。1956年4月，中苏两国政府在北京又签订了补充援建协定，其中兵器工业有6个项目。这些项目既有新兴行业，也有补缺配套的工程，其中包括坦克、高射武器、航空武器、水中兵器以及配套的弹药、引信、火炸药和军用光学仪器等。这批项目工程规模大，技术水平高，建设投资额多，任务十分艰巨。

新厂建设大致分为三个阶段：1953—1954年为建设前期工作阶段；1955—1959年为全面施工阶段；1960—1963年为工程收尾阶段。“一五”计划期间，兵器工业的骨干工程建设全面展开。这次大规模建设，是在第二机械工业部（以下简称“二机部”）统一领导下严格按照基本建设程序进行的。

在编制计划任务书、选择厂址过程中，严格按照国家有关规定，尊重科学，实事求是。对每一个项目都根据产品纲领、生产组织或工艺特点，以及原材料和能源流向、交通运输等因素，精打细算，核实占地面积、投资总额、建设期限和经济效益，进行了认真分析，制订了最佳方案。选择厂址从战略布局、地质、水文、地震、交通运输和通信条件、水源和电源及半成品供应网络、排污排水、地方建筑材料、劳动力来源以及职工物质文化生活条件等，进行全面衡量对比，最后确定厂址。为了确定厂址，选址人员跋山涉水，逐点勘察，甚至跨越几个省，十分艰辛。如坦克制造工厂的厂址选择，起初把主机与发动机两个具有相互依存性的工厂定点在原材料丰富、能源充足、交通方便的包头。但经过进一步考察，发现该地区常年风沙较大，不适合发动机生产。经过多方比较，把发动机厂转到相距不远、交通方便的山西省大同地区，在选址过程中三易其地。

水文、地质、气象资料，是工厂设计的重要依据。筹建组会同勘测人员顶着烈日，沿河道步行百余里，勘察地形和古建筑，走访老人，了解水文、气象等第一手资料。选址往往要耗时一年，对厂区及其周围做了全面的勘测，广泛地收集了气象、水文、矿产、土壤、交通、工业、建筑材料、地震等方面资料，总计百余份。严谨的地质和矿藏勘测工作带来了意想不到的收获。

20世纪60年代，中苏关系出现裂痕，苏联从中国撤走专家，带走设计图纸，其中尤以撕毁了供应厚装甲板和镍铬材料的合同为关键，使得中国坦克制造短期内陷入困境。受制于外汇与关键材料镍在国际上的进出口管制，中国人只有在自己的土地上寻找出路，要单独仿制这样一款凝结了众多精华的高技术装备绝非易事。

由于之前地质人员在内蒙古包头地区做了充分的调研和地质采集，当地的稀土被认为能够作为替代原料。生产坦克的617厂科技人员根据以往见到的国外报道的稀土钢资料，建议用稀土代替镍铬，研制稀土厚装甲板和无镍铬炮塔钢。在进行了初步实验后，这项建议得到了装甲兵司令部和第五机械工业部（以下简称“五机部”）领导的大力支持，国防科工委主任聂荣臻元帅知道后很快下达指示：先做30台送到福建前线进行抗弹试验。装甲兵司令部也表示准备购买样车进行试验，这使科技人员受到很大鼓舞。后来，五机部52所和鞍钢分别展开了稀土炮钢和稀土厚装甲板的研制工作，经过不懈的努力，终于研究成功了无镍铬炮塔钢（601型铸造装甲钢）和稀土厚装甲板（605型轧制装甲钢板）。

工程设计则严格按照初步设计、技术设计和施工图设计三个阶段进行。中苏两国政府的协议规定：苏方承担技术设计和初步工程设计；中方除了为苏方工程设计提供必要的资料，还负担厂区施工图设计以及厂前区、生活区和室外工程的设计。兵器工业的工程设计队伍是一支年轻的专业技术力量，在“百年大计，质量第一”的方针指引下，一面学习一面工作，满足了工程施工的需要。

这批骨干项目大部分建在西北大孔性土壤地区，地表具有遇水湿陷的特性，勘测设计人员认真研究后，找出了处理方法。大孔性土壤经过处理后，不但保证了工程质量，而且为国家建委自主编制第一部《湿陷性黄土地区建筑规范》提供了翔实的第一手资料。二机部勘测公司在太原市兰村水厂的勘测定点，不但为新建企业用水提供了保证，而且为太原地区找到了一个可靠的主水源，获得了山西省人民的好评。

在建设兵工新厂的同时，国务院狠抓了相关的交通、能源、原材料以及城市公用事业的建设，与新厂统筹规划、配套建设、同步施工，使这些新厂在建成后立即发挥应有的能力。为了统一管理新厂建设与城市规划的协调工作，二机部在新建工厂集中的地区设立了总甲方办公室，有力地促进了与工厂建设有关的城市公用事业建设。在建设生产性设施的同时，也十分重视生活福利设施的建设，做到了生产与生活并举，实现了同步建设。这一系列同步建设的措施是卓有成效的，也是成功的经验。

经过两年紧张的前期工作，1955年开始了大规模的施工。尽管这些建设项目的前期准备比较充分，又有苏联专家指导，但第一次进行如此大规模的建设，困难还是很多。突出的问题是新建项目多，工程量大。兵器工业部根据国家国防建设的部署，运用集中力量打歼灭战的原则，分期分批施工建设。以坦克和航空配套项目为重点，纵向排队，集中人力、物力、财力，一批一批地进行建设。西安地区建设工程比较集中，有8个大型项目。根据总的配套要求，结合地区施工条件，优先安排了为航空工业配套的项目。列入第一批施工的航空火炮制造厂，建筑面积13万平方米，主要设备1 300台，仅用了两年多，于1957年年末建成投产，成功试制了航空火炮，保障了中国喷气式歼击机的配套需要。包头地区优先安排了坦克制造厂的建设。这是一个超大型企业，建筑面积55万平方米，主要设备5 000多台，其中有中国第一台16吨模锻锤以及2 000吨水压机等重型锻压设备，投资2亿多元。该项目的土建工程和安装工程十分庞大、艰巨。由于厂址地处塞外，建设条件差，施工难度更大。但在中央和地方有关部门的大力支持下，组织全面施工，前后用了不到四年，就把一个大型工厂建成了，首次成功试制了中国的主战坦克（图1-6）。在1959年国庆十周年阅兵大典中，59式坦克驶过了天安门广场。

59 式坦克全重 36 吨，乘员 4 人，采用苏联式传统的圆炮塔式结构和总体布置方式。整车总体结构分三大部分，即驾驶舱、战斗舱和动力传动舱。驾驶舱位于整车的左前侧，战斗舱位于驾驶员座椅后方的坦克中部位置，动力传动舱位于坦克的后部，发动机横置，用隔板与战斗舱隔开。

■ 图 1–6
59 式坦克生产总装车间

59 式坦克的原型 T–54/55 为苏联战后第一代坦克，坦克装甲防护以结构防护为主，该坦克延续了 T–44 坦克对 T–34 坦克大刀阔斧的改进，进行了更为跨越式的研发。T–44 坦克取消了 T–34 坦克履带上方的箱式空间，简化了结构，压缩了车体，降低了车高，进一步减小了装甲防御面积。这项革命性的设计令“二战”后期的 T–44 坦克拥有了“二战”时期重型坦克的装甲防御力，却仍保持着中型坦克的吨位与机动能力。为了配合其压缩后局促的车内空间，T–44 坦克的发动机也改为横向布置。战时的量产压力使得 T–44 没有机会大量投入战场，而研制于战前、技术成熟的 T–34 坦克最终帮助苏联赢得了卫国战争的胜利。而“二战”的结束、和平的降临令坦克设计师们总结经验教训，改进完善新技术，此时，“二战”期间没有得到批量生产，但象征着未来苏联坦克装备发展走向的 T–44 吸引了设计师的目光。以 T–44 为基础发展出的 T–54 坦克成了总结“二战”实践经验与集成新兴科学技术的大作。

苏联坦克设计师们在 T–44 的基础上对坦克车体布置结构做出了革命性的改进，更低矮的装甲盒体在整体重量不变的情况下使装甲厚度大幅飙升，T–54 系列继承了这项天才的创新设计，使装甲达到了“二战”后期重型坦克的标准。相比于较早定型的车体，T–54 坦克的炮塔的设计改进则要更为曲折。T–54 早期的试验型炮塔颇有些 T–34/85 的影子，但炮盾下方的窝弹区无疑是个致命的弱点，同时过于狭窄的座圈也使炮塔内空间过于狭小。经过多番设计创新与探索实践，经典的半蛋形炮塔作为最终造型被确定下来，平缓、圆滑的球面外形与车身完美衔接，杜绝了一切窝弹死角，同时“二战”时的大型炮盾也被新型的小型开口盾取代，进一步缩小了弱点区。而通过总结“二战”经验教训，当时的设计师们发现焊接钢板的接缝处往往成为坦克防御的重中之重，而面对高爆弹以及一些意外的冲击，整体的结构强度更是坦克生存的保证。于是铸造结构的优势，成了战后东西方坦克设计师的共识。

为了仿制这款杰出的军事装备，中国最大限度地集合了当时能够参与进来的所有设计力量，组建了由工厂、坦克研究所的技术人员和北京工业学院（现北京理工大学）坦克专业的教师组成的“军—工—学”团队，对仿制产品的零部件质量、环境适应性和产品操控性进行了测试和修改。

由于苏联的坦克装备主要用于满足苏联在欧洲平原与亚寒带丘陵地区作战需求，鲜有关注亚热带与湿地环境下的应用设计，而中国地形复杂多样，坦克设计需要考虑到一切极端自然环境。故为了满足全天候的试验条件，严寒气候的试验选择在 12 月份的哈尔滨进行；对高温和高湿度的试验，选择在 7 月份的广东省博罗县进行；一般性的道路试验选择在华北地区的北京进行；而水网稻田这一特殊要求试验则选择在华东地区的南京进行，时间安排在 2—6 月。根据计划，每辆坦克要在每个地区的不同道路条件下平均行驶 800 ~ 1000 公里，以一天行驶 100 公里计算，至少要 10 天左右才能完成任务。事实上，每次行车后还要进行安全检查、补充燃料、添加润滑油以及紧固每次在行驶中松动的零部件，因此往往试车几天之后，就需要休整几天，故在哈尔滨停留的时间有两个月左右。在每次 100 公里试车中，设计师的任务是负责随车记录行进中变速箱各挡的使用次数、各挡的使用时间以及行驶 100 公里所需的时间，因为这些数据能够反映选定的某种道路的情况以及所能达到的平均速度。当时，这些数据都是利用目测手动记录，由于坦克很多时候行驶在崎岖的道路上，车体颠簸得很厉害，在行驶时做记录是很辛苦的，一次行军下来，所有人都腰酸背疼。后来，设计师设计了一些简易仪器，把手动升级为自动记录，减少了试验中的劳动量，并且提高了数据的可靠性和精度。在哈尔滨，为了在极寒条件下进行 100 公里试车，试车组选择在深夜气温达到 -30℃以下的时刻进行，当时天寒地冻，滴水成冰，道路全被茫茫白雪覆盖。由于是夜间行车，视野受到限制，试验人员多次迷失了方向，不得不在荒野中停车挨冻，直到天明才能返回基地休息，试车工作相当艰苦。

江南地区的地貌特点是河流众多，水网密布。在江南地区，除了有架设好桥梁的正规公路以外，其他郊区和乡镇的道路，由于桥梁的承载能力差，车重超过 30 吨的坦克往往无法通过，因此在此地区的 100 公里试车，往往只限于在良好的公路上进行。也许正因为如此，才有人提出设计和生产架桥坦克的建议。水网地带河流和水渠众多的现实情况，使人不得不考虑采用架桥和涉水的措施。除此以外，坦克在这一地区的运动，遇到的最大困难，应该是广阔无际的水稻田。水稻田为了适应水稻的生长，常年蓄水，田中的土地往往泥泞不堪，对车辆的行驶十分不利，大大降低了坦克的行驶速度。这是因为坦克在水稻田行驶时，遇到的运动阻力极大，而履带与水田的附着系数极低，坦克在其中行驶常常因打滑而无法前进。此外，水稻田中由于蓄水和排水的需要，在田边往往修有密集的田埂，更阻碍了坦克的正常行驶。特别是在丘陵地区的水稻田，其田埂的高度往往成为坦克难以逾越的障碍。坦克在江南水网稻田地区所遇到的问题，引起了人们的深思，这是以前的设计人员，包括苏联专家在内，都未曾遇到的问题。这些情况的出现，会使人们想到在这种地区使用坦克作战的可能性。这便迫使中国的设计师开始进行调查和科研工作。首先，试车组在很困难的条件下，租用了农民的几亩水稻田，认真测试了坦克在水稻田中行驶时的运动阻力和运动阻力系数，以及坦克的附着系数和转向阻力系数；其次，开展了对水稻田成因和水稻田的结构、物理性质的调研，开展了对水稻田中田埂成因的调研和对其几何形状的测量；最后，还专门在九华山地区组织了几次坦克跨越丘陵地区田埂障碍的实车试验。这些工作是为了给未来立项开展坦克在水稻田地区使用的科学研究打基础。在结束试车工作回校后，北京工业学院教授魏宸官在这些工作的基础上，写成了题为“江南水稻田的成因、物理性质和几何特征的调查研究”和“坦克克服水稻田田埂的试验研究和理论分析”的总结以及学术论文——《坦克通过塑性垂壁障碍（水稻田田埂）的理论研究》，该文在1963年中国兵工学会成立大会上被选为大会的宣读论文。[20] 在这一地区进行的坦克试车工作，使中国军队认识到坦克的高度机动性和越野性不是没有限制的，中国东南沿海的广大水网稻田地区，可能就是坦克无法发挥战斗作用的一个困难地区，要解决这一问题，可能需要从事艰苦和长期的科学研究工作。

亚热带地区的试车地点选在广东省的博罗县，进行坦克在高温和高湿度地区的适应性试验。试车组在这里遇到了潮湿与高温气候的考验。在这一地区进行100公里试车，遇到的最大问题是闭窗驾驶时，坦克内的温度过高，湿度过大，驾驶员和乘员难以忍受。按照人机工学的标准，应该在坦克的驾驶舱内安装冷却用的空调，至少应该有强力的通风装置，但当时我国是仿苏制造中型坦克，由于苏联坦克在第二次世界大战中所处的地域基本在温带和寒带地区，因此没有考虑亚热带和热带地区的气候状况。另外，亚热带地区夏季潮湿，也是国产坦克在当时很少考虑的问题。在试车过程中，设计师发现，高温和潮湿会使许多车用光学仪器发霉，当闭窗驾驶时，霉变会使驾驶员使用的观测仪变得模糊甚至失效，使火炮的瞄准仪和测距仪同样失效，很多类似的问题也都是通过在这一地区的适应性试验发现的。处于亚热带地区的广东和广西适合水稻的种植，也和江南地区一样，存在大面积的水稻田，但这里的水稻田和江南地区的水稻田有很大的不同。因为江南地区的水稻田大多分布在长江中下游的冲积平原上，水稻田的浮泥层很深，水田的底层也是土质的，承重能力差，坦克在其上行驶，极易下陷很深，行驶极度困难；但两广地区的水稻田底层往往是坚硬的岩石层和土层，水田中的浮泥耕作层也较薄，坦克有可能在其上行驶，而下陷较浅。虽然都是水稻田，但对坦克的行驶性能影响不同。尽管已过去多年，但当回忆起这段经历时，当年参与试车的设计师还是不禁感叹“不亲身经历其境是得不到这些认知的”。

在航空工业方面，1951 年 4 月 18 日，为适应空军建设，根据中央决定，在重工业部设立航空工业管理局，统一负责飞机的一切修理工作，由段子俊任局长。同时指出：航空工业是具有高度技术性、政治性的一项新工作，“应尽大力予以援助，并及时进行监督指导”。同年 7 月，政务院任命重工业部代部长何长工兼任局长，由段子俊、陈一民、陈平任副局长。到 9 月，空军司令部按照中央决定向重工业部移交修理工厂的工作全部完成。至此，航空工业管理局接收空军司令部划归的工厂 16 个，兵器工业局划归的工厂 2 个，共 18 个，职工近万人。全国人民和人民军队渴望已久的航空工业终于诞生了。

航空工业管理局成立以后，在组织修理前线急需的飞机的同时，积极进行调查研究，提出了从修理过渡到制造的实施目标和具体方案。1951 年 12 月，经过周恩来主持会议研究确定，航空工业开始执行三至五年内仿制成功苏联“雅克 -18”初级教练机和“米格 -15”比斯喷气式歼击机，并要求投入成批生产的计划。1952 年春夏之际，周恩来、陈云、聂荣臻、李富春等中央领导人又多次召开会议，进一步研究航空工业建设的部署问题。李富春强调，要积极创造从修理过渡到制造必须具备的几个条件，即整套的技术资料、整套的技术装备、必需的生产面积、保证原材料供应和有关工业部门的配合发展。陈云指出：飞机工厂严格地说就是精密机器的制造厂；由落后到先进、由简单到复杂，才合乎客观规律，急躁是不行的；飞机是由零件组成的，一定要把制造零件的基础打好，否则反而会慢，欲速则不达。他还特别强调，把航空工业建设放在优先地位，不会犯原则性错误。1952 年 5 月，由聂荣臻主持的中央军委会议做出了《关于航空工业建设的决议案》，对创建时期的主要工作进行了部署。7 月，周恩来对航空工业一年多来的工作情况进行检查，重申了航空工业的发展方针、原则和基本建设规划，并进一步做出轻型轰炸机工厂建设的安排。8 月，为了加强对国防工业和航空工业的领导，中共中央、中央人民政府决定成立第二机械工业部，即国防工业部，任命赵尔陆为部长兼航空工业管理局局长，同时任命王西萍为航空工业管理局第一副局长、分党组书记。这一系列的重大决策和精心筹划，构成了航空工业“一五”计划的建设大纲，揭开了由修理走向制造的序幕。[21]

在 156 项工程项目中，航空工业有 12 项，包括飞机制造厂、航空发动机制造厂和机载设备制造厂，构成了航空工业的第一批骨干企业，也是航空工业“一五”计划大规模建设的重点。

整个建设是按照确保飞机制造的进度、尽快发挥投资效果的要求，分梯次展开的。从 1953 年起，首先建设南昌飞机厂（制造活塞式教练机）、株洲航空发动机厂（制造活塞式发动机）、沈阳飞机厂（制造喷气式歼击机）和沈阳航空发动机厂（制造喷气式发动机）。其中，除沈阳航空发动机厂是依靠老厂支援建设的新厂，其余3个厂都是由原来的修理厂改扩建而成的。这几个主机厂，即飞机、发动机厂建成以后，从1956年起，建设重点转移到配套的辅机厂，即机载设备厂，主要有西安的飞机附件厂和发动机附件厂、陕西兴平的航空电气厂和机轮刹车附件厂、宝鸡的航空仪表厂等。

所有上述各类工厂，技术先进，设备精良，成为当时国内高级精密的机械加工企业。其投资和建设难度都比较大，因此国家给予特别重视。“一五”计划期间，航空工业基本建设投资有充分的保障，设备基本上是从苏联成套购买的。从中央到地方的各部门对航空工业建设关怀备至，几乎是有求必应。在建设急需设备而国外又供应不及时的时候，经政务院财经委员会副主任薄一波批准，特许打开国家储备仓库让航空工厂挑选。沈阳航空发动机厂一次就选用设备553台。时任江西省省长邵式平、沈阳市委书记焦若愚，都亲自组织领导当地航空工厂的建设。邵式平那时还担任南昌飞机厂建厂委员会主任。焦若愚多次召开会议，检查、督促和协调建设进度。为保证沈阳飞机厂试飞跑道的施工力量，沈阳市曾削减当年市政建设工程量的1/3。从中央到地方，各级领导的重视与支持，是航空工业建设顺利进行的根本保证。

这批骨干企业在建设中，充分利用多数厂址坐落在大、中城市，地质、水文情况清楚，交通运输便利，以及生产产品对象明确，并有定型的图纸技术资料等有利条件，果断地采用一边设计，一边建设，一边生产的做法。厂房建成一部分，就验收一部分，使用一部分。设备也是一面安装，一面验收，一面投入生产。差不多所有大型厂房，都是土建、安装和生产交错进行的。施工队伍和工厂的领导干部、技术人员、工人紧密协同，日夜奋战。加之当时又实行以老带新、老厂包建新厂的办法，有效地缩短了建设周期，提高了投资效果，迅速形成生产能力。[22]

国家的高度重视和正确的决策，以及全国经济建设高潮的有力推动，使航空工业的建设在“一五”计划期间取得了丰硕成果。5年共建成企事业单位42个，平均每年建成8个以上。其中，工厂19个，学校19所，仓库4座。原定5年的基本建设计划提前一年完成。12个国家重点建设项目，有8个提前一年到一年半建成，4个按期建成。完成的项目经国家验收，质量全部达到“良好”。工厂建成后迅速投产，使固定资产投资动用率达到82.7%。到1957年年底，航空工业拥有建筑面积355万平方米；金属切削设备11 160台，是1952年的5.5倍；职工10万人，是1952年的3.3倍。所有这些，使航空工业的物质技术基础发生了重大变化：从一个只能进行飞机修理的比较小的行业，变成了具备成批制造活塞式教练机和喷气式歼击机能力的新兴产业，成为国家重要的高级精密机械制造部门。这是中华人民共和国成立初期经济建设中的一项重大成就。

“我们为什么一定要自行设计飞机？对于这个问题，在具体技术岗位工作的我是有着很深的体会的。”对于中国飞机设计事业的起步，中国航空工业的参与者顾诵芬（1994 年被选为首批中国工程院院士）对此印象深刻。他曾经回忆道：“20 世纪 50 年代，苏联专家到我国，只是教我们如何制造飞机，并不教我们如何设计飞机。雅克 -18、米格 -15（后根据苏联方面建议转为仿制米格 -17）等，图纸资料还是比较齐全的，但设计资料主要只是给出强度计算报告和静力试验任务书。我们觉得，要设计飞机，必须有气动设计规范等资料。每次在向苏方提出订货时，我根据苏联飞机设计等教科书的介绍，都填上需要《设计员指南》《强度规范》等，但都没有答复。”[23]

初创时期的中国航空工业以维修为主业，甚至连零件生产都鲜有涉及。当时，南昌 320 厂在修理拉 -9，并自行制造了拉 -9 的机翼，但因为没有气动载荷数据，不能做静力试验考核强度，我国向苏联申请数据，结果时隔一年多苏联才给了一张机翼静力试验加载图。第二次世界大战结束前，苏联拉沃契金设计局对拉 -7 进行改进，在 1944 年设计出最后一代单座活塞式歼击机——拉 -9，是 20 世纪 40 年代末期性能较先进的单座活塞式歼击机，也是活塞式歼击机中的王牌。但到了 50 年代中期，拉 -9 已是英雄迟暮，可即便如此，苏联对中国依然多有保留。

顾诵芬回忆：“战时诞生的拉 -9 飞机的软油箱是装在机翼中的，用油绸一层层粘起来，下面还粘有一种泡沫橡胶垫，在遭遇弹击时，橡胶与汽油熔化，可以自动堵住弹孔，燃油不致泄漏，但在我国，这些材料都解决不了。于是工厂提出，将原设计改为金属油箱，用金属油箱代替这个软油箱，铝板焊接相对也比较容易。结果油箱设计制造出来了，该厂的苏联顾问不让装机，认为必须请示拉（沃契金设计）局的总设计师拉沃契金。这个问题由管理航空工业的第二机械工业部第四局（以下简称“四局”）写了报告到苏联航空工业部，半年后，苏联方面才给了这样一句话，说如果只是用于训练，这样更改是可以的。由于当时已经不打仗，所以就这样生产了。”

这就是当时苏联航空工业的管理体制，设计局掌握着设计权，主生产厂不能更改设计，而扩散生产的工厂更没有更改设计的权利。中国的工厂是苏联主生产厂的扩散厂，自然不能改动设计。在仿制雅克 -18 获得成功以后，为了加快生产进度、节约成本，工作人员对其中螺旋桨整流罩的加工工艺做了修改。雅克 -18 初级教练机是我国从苏联进口首批飞机中的活塞式初级教练机，曾用代号“1 号机”。飞机的整流罩是一个抛物线旋成体，苏联的原始工艺是用整块铝板旋压成形的。我国的工厂将其改成两块材料，分别用落锤冲压成形，然后焊接在一起。通常而言，这个部件并不承受很大载荷，原用材料是软铝合金，中国的设计师认为这种工艺变更不会影响飞机性能和质量。但苏联顾问不同意，认为任何设计上的改动都要请示负责项目的雅可夫列夫设计局。工厂将这个问题报给四局，四局领导将问题交给了被誉为“四局总工程师”的徐舜寿处理。徐舜寿在与苏联顾问协商以后就直接同意了工厂的方案。

早年在美国学习飞机设计的徐舜寿深知，仿制而不自行设计，就等于命根子在别国手里，自己没有任何主动权，成立中国自己的飞机设计机构是当务之急。1956年8月，航空工业管理局下达命令，成立了中国第一个飞机设计室。

飞机设计室业务上属二机部四局飞机生产技术处领导。中国相关飞机制造厂如有需要设计室帮助解决的生产、技术等问题，由四局统一下达任务。徐舜寿任设计室主任，叶正大、黄志千任副主任，不久程不时、顾诵芬也到飞机设计室工作，之后又调入了陆孝彭充实设计队伍。

虽然当时工厂已经完成了对于苏联喷气式飞机米格-17的仿制（中国型号定名为歼-5），但是，中国并没有飞机设计的经验。针对这种情况，徐舜寿安排的第一件事就是请北京航空学院（今北京航空航天大学）的教授张桂联给设计人员讲课。张桂联与徐舜寿在美国麦克唐纳飞机公司（McDonnell Aircraft Corporation）一起实习过，之后张桂联又与黄志千在英国格洛斯特（Gloster）飞机公司共事，黄志千是机身设计组的组长，张桂联是气动组的组长，他们相互之间都很熟悉。张桂联是一位很有热情、对专业高度负责的工程师。徐舜寿、黄志千、程不时和顾诵芬在他简陋的办公室听他讲了一个下午的气动设计原理，五个人坐在四张课桌拼起来的大桌子旁。张桂联告诉大家遇到什么设计、技术问题应该参考哪些资料。张桂联从飞机设计的气动布局开始讲起：在气动布局设计中，机翼、机身最重要；而翼型的设计可以参考美国国家航空咨询委员会（National Advisory Committee for Aeronautics，简称NACA）的报告。他指出，机翼的翼根、翼尖组合应该协调，翼型的配置最重要的是不要出现翼尖失速。尤其是机翼和机身的配合最为关键，因为尾翼大大小小可以改，但一旦确定了机翼、机身的组合，那在以后的设计中连改变一个上反角都会引起结构的很大改变，而结构改变是很不容易的。最后，他强调，对飞机的心脏——发动机的确定是飞机设计的前提。

对于收集飞机设计所需要的技术资料，设计团队花了很大的精力。他们先是将当时用于苏联各型飞机修理的图纸、制造资料集中到设计室。四局和各工厂已有的俄文技术图纸资料共涵盖十几种飞机，全部调拨一份到飞机设计室，与之一起送达的还有国外的一些与飞机设计有关的研究报告。当时，正在筹建国防部第五研究院（导弹研究院）的庄逢甘把北京航空学院珍藏的美国国家航空咨询委员会报告、美国航空学会会刊等资料全部影印出来。这些资料成为飞机设计室开展飞机设计工作的基础资料。

对于中国人自行开展飞机设计，苏联方面并不热心，四局苏联总顾问的态度是让中国的工程师们干着看，并不要求有什么成就，空军方面也不指望我国能够具备自行设计飞机的能力。在这种形势下，设计室的所有人员都觉得，要创建自行设计飞机的事业，就只能成功不能失败。飞机设计室办公地点最初设在工厂技术大楼的三楼临时挤出的几间办公室内，非常拥挤。1957年，厂部大楼后面一排弃置多年的平房经过修缮后成了设计室的办公场所，这样才使得设计工作正式开展。尽管当时的办公条件十分简陋，但是设计师们仍按照心目中飞机设计室的要求来改建办公室。徐舜寿要求把小间的屋子打通，变成大办公室，所有的制图桌都集中在这里。他们三位领导的位置在屋子的一头，对整个办公区的情况可以一览无余，有什么问题马上就可以协调解决。徐舜寿早年在美国麦克唐纳飞机公司实习时，那里设计室的环境就给他留下了深刻的印象。他说："美国的设计室是个大屋子，设计员都在里面，总设计师可以看到大家，随时了解情况、解决问题。"在进行技术研究的同时，四局参照苏联的设计管理体制，设置了各个岗位负责人，明确了各自的权力和职责。

为了充实飞机设计室的人员，叶大正把工厂设计科里的30多名主管设计员都带到了设计室来，成为飞机设计室设计力量的重要基础。这些人员曾经参与了苏联米格-17仿制任务，在"设计摸透"方面积累了一定的经验。但是仅有的这些设计人员是远远不够的，为了能够迅速推进设计工作，徐舜寿决定从南京航空学院（现南京航空航天大学）、沈阳航空学院（现沈阳航空航天大学）、清华大学、华东航空学院（西北工业大学前身）接收一部分毕业生，同时从各工厂设计科抽调技术骨干——科长、主管设计员到设计室。徐舜寿特别看重从国外回来、有飞机设计经验的老专家，希望他们能来带一带这支年轻的队伍。如从北京南苑飞机修理厂调入的陆孝彭，早年毕业于国立中央大学（成立于南京，是中华民国时期中国最高学府），曾经在麦克唐纳飞机公司实习，参与过舰载喷气式歼击机的结构设计，之后又被派到英国格洛斯特飞机公司继续实习，从事飞机设计工作。他后来设计了令中国人引以为傲的强-5单座双发超音速强击机。解放初期，他与徐舜寿在华东军区航空工程研究室一起工作过。设计组成员高永寿也在英国工作过，当时是工厂的总工艺师，仿制螺旋桨活塞式后三点起落架的雅克-18中级教练机时，他是主管工程师，后来到南京航空学院当了教师。设计组成员还有来自原中国航空公司的沈尔康，是中国航空救生技术科学主要奠基人之一。为了加快计算速度，四局还为设计室专门配了电动计算机。

设计室创建之初成员的平均年龄仅有22岁，设计室首次选定的设计机型为亚音速喷气式教练机，这是针对当时中国空军已经装备了喷气式战斗机的现状，以此教练机替代已经落后的螺旋桨活塞式后三点起落架雅克-18中级教练机，试制成功后命名为歼教-1（图1-7）。

按照1957年签订的协议，苏联于1958年上半年陆续将米格-19P的图纸发到沈阳飞机制造厂和黎明发动机厂。当年8月，仿制前期准备工作基本完成。在20世纪50年代末，沈阳飞机制造厂首先试制了米格-19Ⅱ型全天候歼击机，命名为东风-103（歼-6甲）歼击机，并于1958年12月首飞成功，1959年4月经国家鉴定验收，批准投入生产。后来，部队需要米格-19C型歼击机，于是，沈阳飞机制造厂又在Ⅱ型的基础上改进试制，命名为东风-102歼击机，并于1959年9月首飞成功，后来正式命名为歼-6歼击机（图1-8）。

在"一五"计划期间，国家还集中力量重点建设了航空和电子两个原来基础最薄

■ 图 1-7
歼教 -1 的设计师团队，（从左至右）陆孝彭、叶大正、徐舜寿、王汇青、程不时、顾诵芬、汪子兴

■ 图 1-8
歼 -6 歼击机及其装备的空空导弹

弱的新兴工业部门。“一五”计划后期，中国开始创建核工业和航天工业这两个新兴尖端行业。[24] 核工业建设初期，苏联政府曾给予中国技术援助。1956 年，航天工业部门开始组建火箭和导弹的科研机构，并向苏联提出了给予援助的要求。经过多次谈判，1957 年 7 月，中苏签订了协议，由苏联帮助中国设计 4 项工程和仿制 2 个型号的导弹。由于苏联在同意援助中国研制导弹时就有所保留，因此苏方提供的初步设计的任务、规模和工艺都有缺陷，在组织设计、施工、试验过程中，暴露出不少问题。1959 年下半年，苏联撕毁协议，撤走专家，停止供应技术资料和设备器材，迫使中国的核工业和航天工业的创建工作只能自力更生。

3 优先发展重工业中设计的起步

1949 年前，我国机械工业基础非常薄弱，工厂设备陈旧，技术落后，虽生产过一些基础产品，但主要是为进口的机器进行维修服务，属于修配性质的工业，而且在共和国成立前夕遭到了不同程度的破坏。共和国成立之初的机械工业，大多数工厂设备残缺，处于停产或半停产状态。在 1949—1952 年的国民经济恢复时期，机械工业部门迅速组织生产，为恢复国民经济和支援抗美援朝提供机械设备、配件等器材，同时着手为国家大规模经济建设准备条件。

随着以 156 项工程为中心的建设，我国机械工业技术水平有了初步提高，主要表现在以下四个方面：第一，苏联成套项目的引进，为中国建立了一大批骨干企业，工业的机械化程度逐步提高；第二，在引进成套设备的同时，也引进了设计和制造工艺专业人才的培训，这些专业人才成为中国几十年经济建设的中坚力量；第三，来自苏联的先进生产经验在中国普遍推广；第四，工业产品种类增多。

解放前，中国的机械工业基本上是一些机械修配工业，数量很少，最重要的原因是受制于工作母机制造业的落后与相关技术人员的匮乏。工作母机产业的培育是个长期工程，相关从业人员的培训计划几乎是在共和国成立的那一刻起就同时启动了。1950 年，东北人民政府工业部根据苏联工作母机专家小组的机床操作演示，决定在机械制造业中推广苏式高速切削法。1953 年，在苏联专家的具体指导帮助下，东北人民政府机械工业管理局一年举办了两期高速切削训练班，共计训练了 164 名有相当技术能力的学员，组成两个队在工厂中推广，短期培训工人 500 名左右。

到“一五”计划期间，为进一步改变这种落后状况，苏联专家应邀前往东北，开始对中国的机械工业进行深入的技术指导，其中以沈阳第二机床厂的技术改造最为典型。1954 年 7 月，一机部第二机器工业管理局在对沈阳第二机床厂进行质量检查时，发现产品质量非常低劣，遂决定对其进行技术改造。第二机器工业管理局特意邀请在沈阳第一机床厂和哈尔滨量具刃具厂指导工作的十几位苏联专家进行协助。专家到厂后，提出了分别以 2A125 立钻和 2121 立钻为对象的技术补课和产品返修计划。这两项计划顺利完成后，1955 年 5 月，一机部第二机器工业管理局再次组织了一个以 7 位苏联专家为主导的综合工作组，协助该厂进一步全面改进生产技术工作，提升设计与创造能力。例如，在设计 255 摇臂钻床主轴箱镗孔夹具时，沈阳第二机床厂过去只根据设计任务书进行设计，在完成夹具设计后才着手设计镗孔夹具制造本身所需要的切削工具。苏联专家驻厂后，指出应先设计镗孔系统图，再根据镗孔系统图进行夹具的设计。所谓镗孔系统图，就是将工艺规程中关于镗孔的操作顺序，以及操作时所用的切削工具与镗杆等辅助工具的要求用图形表达出来，这样可以校正工艺规程是否合理，并为夹具设计提供可靠的依据。再如，该厂进行齿轮加工时存在着齿轮噪声这一难题，直接影响机床的精度和使用寿命。苏联专家为该厂编制了新的工艺规程，改进了加工方法。在这一技术改造过程中，专家亲力亲为，为了调整砂轮角度的歪斜，亲自指导了 4 次加工试验。在专家的帮助下，该厂基本克服了齿轮噪声缺陷。

整体来看，1949—1957 年，中国机械工业处于接受并学习苏联及东欧技术的状态中，原创性的研发工作非常有限。因此，对多数中国机械企业来说，其技术研发主要是指获取仿制苏联产品的能力。以沈阳第一机床厂为例，该厂 1949 年 6 月曾试制日本式 6 尺皮带车床，所用图纸靠拆卸机器测绘而成。1950 年 4 月，为强化自主开发能力，沈阳第一机床厂成立了技术科，下设设计股，依靠侵华日军留下的图纸仿制了美国哈恩德公司出品的 5 尺皮带车床。这两款产品式样老旧，后者因其性能差、毛病多，被用户讥讽为“林黛玉”车床。但在仿制的过程中，设计人员极大地提升了测绘与仿制能力，并加深了对工作母机结构的理解，为后续仿制更高性能的产品积累了宝贵的经验。

1952 年，为试制 C620 车床，沈阳第一机床厂成立了试制室，下设设计组，在苏联专家帮助下，对苏联提供的原图纸做了 800 多处修改，补充标件 240 种。该车床的原型机属于苏联 20 世纪 40 年代的产品。1955 年 8 月，设计组独立为设计科，开始根据苏联提供的全套图纸和技术资料，成功仿制苏联工厂的 1A62 车床，即 C620-1，并投入批量生产，头 5 个月即出产 2 200 台，成为该厂的基本产品。此后，沈阳第一机床厂的设计研发机构逐步得到完善。由此可见，沈阳第一机床厂走了一条标准的从学习仿制到独立设计研发的道路，即通过追赶先进国家产品，逐步创建从仿制到设计研发的各级组织，并逐渐使其成为能够独立运行的机构。

1956 年以后，中国在学习苏联发展经验的同时开始更加强调自主性，但在机械工业的产品设计方面仍依赖苏联。还是以沈阳第一机床厂为例，该厂从 1956 年到“二五”计划期间，以模仿设计为主，即在苏式 1A62 车床基型上做些变型设计。哈尔滨轴承厂则承认，严格来说，他们在“一五”计划期间的设计工作是处于照抄、照搬苏联图纸的阶段。因此，1949—1957 年中国机械工业的技术研发实际上属于技术转移，是对引进技术的消化与吸收。只不过像工作母机这样的核心产业，即使是以仿制为主的研发活动也要付出大量努力。此后，国家工业建设全面铺开，急需一种制造难度较低，操作相对简单，能对绝大多数民用设备零件进行加工和维护，并可以迅速推广的机械生产工具，已成功量产的 C620 系列车床毫无疑问成了不二选择，且当时在全国各单位已拥有一批能够熟练操作该型机床并进行人员培训的技术工人，该系列在中国机械工业发展过程中具有里程碑意义，被各个行业广泛使用（图 1-9）。

C620 系列车床是中国工作母机领域的启蒙之作，由于在仿制的过程中充分积累了经验，设计科于 1963 年便通过改良设计提高了这款诞生于 10 多年前的产品的性能与加工精度，试制成功 1A62Б，即 C620A 精密车床，同年试制出 1A64 型，即 C640 型车床，1960 年试制成功 C620—1M 马鞍车床。

■ 图 1-9
设计于 1955—1966 年的 C620-1 车床

鉴于中国工作母机生产企业扁平化的管理方式，作为沈阳第一机床厂产量最高的 C620-1 型在换型与改进中，一线生产工人及产品用户广泛参与了设计工作。1961 年 10 月，设计科经过与生产部门及用户的广泛交流与合作，开始采用双轴变位滑移齿轮进给箱的设计。1963 年，设计科的主管设计员草拟了 C620-1 改进设计方案的报告，针对 C620-1 存在的床头温升高、热变形后精度超差、进给箱打牙等问题进行改进设计，并试制出两台样机。共有 10 位来自各部门的同事参加设计工作。

由于机械工业部门的突出贡献，到 1957 年年底，中国研发出了载重汽车、高炉、平炉、机床设备、汽轮发电设备、拖拉机、精密仪表、石油机械和电信设备等几十个过去没有的、门类比较齐全的制造系统，并试制了一批新产品，从而打下了中国机械制造能力的初步基础，使机械设备的自给能力从共和国成立前的 20% 左右提高到 60% 以上。机械工业以制造冶金矿山设备、发电设备、运输机械设备、金属切削机床等部门为建设重点，并适当发展电机及电工器材设备、炼油化工设备和农业机械等的制造。投资的部门分配以制造冶金矿山设备、运输设备和大型铸锻件的重型和通用机械部门占的比重最大，约占全部机械工业投资的 1/3。

1960 年，由车床所组织的训练班设计出 C61100 车床，后由设计科改进设计，该机床于 1963 年试制完成，1966 年投入批量生产，改型号为 CW61100，淘汰了功能相同但性能不佳的仿制车床 C650 型。到 1965 年，此时的中国经过 10 年的学习与摸索，已掌握了大型工作母机的设计生产能力，具备了独立设计研发生产更高性能的机床的能力。在上级部门的组织下，由沈阳第一机床厂、上海重型机床厂、安阳机床厂、上海西宁劳动机床厂联合设计了CW6163和CW6180车床，此机床投产后淘汰了仿制的C630和C640型车床。[25]

得益于此，中国在重型矿山设备方面，又新建富拉尔基和太原两个重型和通用机器厂、洛阳矿山机械厂和沈阳风动工具厂，改扩建沈阳和抚顺两个重型机器厂、沈阳和太原两个矿山机械厂、大连工矿车辆厂和起重机厂等。在交通运输设备方面，集中力量新建了长春第一汽车制造厂和北京汽车附件厂，并新建和改扩建了一些机车车辆厂和造船厂。与此相应，新建了洛阳轴承厂，改扩建了哈尔滨轴承厂和瓦房店轴承厂。在拓展工作母机产品线方面，重点新建了武汉重型机床厂、齐齐哈尔第一机床厂和北京第一机床厂，改扩建了沈阳第一和第二机床厂、上海机床厂、无锡机床厂、南京机床厂、济南第一机床厂等。同期为配合机床工业的发展，还新建了哈尔滨量具刃具厂、成都量具刃具厂及郑州砂轮厂等。[26]

第二章 Chapter 2

道路探索与设计契机

1 “蚂蚁啃骨头”与“大机器”设计的奇迹

在夯实了一系列通用工作母机的研制生产能力基础后，国家的工业水平开始稳步攀升，对特种、大型工作母机开始产生需求，而这无疑是对当时的中国的重大挑战，统筹这一工作并亲赴一线带领设计团队完成攻坚战的任务落在了设计师沈鸿的肩上。作为延安时期便负责机械工业领域的技术人员，沈鸿一直在军工部门工作，对解放区的工业发展在技术上做出了重要贡献，其他人都是半路出家，只有沈鸿和钱志道是科班出身，搞了很长时间工业生产，经验丰富。

早在156项工程援助的谈判时期，沈鸿便是谈判组的核心成员，负责最为核心的机械工业项目谈判。当时参与谈判的成员回忆道：“由于我们提出的这方面的项目较多，所以苏联方面抠得非常厉害。沈鸿是专家，他的谈判对手是苏联国家计划委员会委员。在谈判过程中，他们几乎天天为项目吵架，中央领导对他亦是青睐有加。1952年，周恩来与陈云访苏时，点名沈鸿参与谈判，指派他和苏联谈判代表一同审查《1953年至1957年计划轮廓（草案）》中的问题。”鉴于他对中国机械工业事业的突出贡献，毛泽东将亲笔手书的“无限忠诚”的锦旗赠予了他。[27]

正是出于这样的信赖，当沈鸿基于“保证重工业和国防工业的基本建设，特别是确保那些对国家起决定作用的，能迅速增强国家工业基础和国防力量的主要工程的完成”的理念提出自主研制万吨水压机的方案后，得到了全党的支持。大型水压机为加工大锻件而生，“机器时代”以来，不论是工厂中的机器，还是汽车、机车车辆、化工容器、舰船以及武器装备，许多关键大型零件均为大锻件。至19世纪末20世纪初，大型水压机的运用为大型铸锻件的生产发挥了重要的推动作用，生产一二百吨的大锻件已不算稀奇；随着电力工业的发展和航空工业的到来，一些高精度、高性能的合金锻件也由大型水压机加工。这些大型铸锻件对整个工业，尤其是冶金、矿山、电力、装备制造、汽车与机车车辆、船舶、化工等基础工业的发展影响巨大。因此，大型水压机很快就在钢铁厂、机器厂、兵工厂、汽车厂和造船厂等地站稳了脚跟。[28]与其他种类的锻造机器相比，大型水压机具有一些明显的优点：

（1）可以通过增大液体压强产生强大的压力，而不是靠增加锤头本身的重量；

（2）具有大的工作空间和工作行程，适用于大尺寸的工件；

（3）可以在任意位置输出全部功率和保持所需的压力；

（4）工作部分的压力和速度可以在较大的范围内无级调整；

（5）利用静压力工作，设备产生的冲击和噪声较小。大型水压机具有压力较大、压力稳定和操作灵活、生产效率高的特点，非常适合大型和高质量锻件的加工。

大型水压机具有液压机的共同特点——以矿物油或水基液体（一般要在纯水中加入乳化剂等）为工作介质。与一般的中小型水压机相比，大型水压机不仅工作压力和体积更大，而且设计和制造的难度也显著增加。这主要表现在以下几个方面：

（1）工作中承受的负荷大，而且多在高温、高压下工作，对其零部件的选材和精密度都要求较高；

（2）零件尺寸大，部分零件的重量可达数百吨，在制造过程中通常需要使用大型加工设备，如大型铸造设备、大型锻压设备、大型金属切削机床等；

（3）零部件多达上万个，系统更加复杂，且对整机的自动化程度要求更高；

（4）成套性强，除主机之外，一台大型水压机还包括水泵、蓄势器、加热炉、热处理炉、运输吊车、锻造吊车、翻料机、工具操作机等几十台甚至上百台配套设备，而且作为重型机器厂或金属加工厂的核心设备，大型水压机需要铸造、热处理、粗加工和动力等辅助车间的配合；

（5）一般是单件或小批量生产，技术准备和制造周期较长。

不论是普通中小型水压机还是大型水压机，都逐渐发展出多种类型。按照工件加工方式的不同，可以划分为自由锻水压机、模锻水压机、冲压水压机、压力水压机和其他专门用途的水压机等。在大型水压机家族中，最先制造出来、最广泛应用的是大型自由锻造水压机。这类水压机是一种基础的锻压设备，在单件和小批量生产中应用广泛。从工艺上来说，它通常使用上下锻砧和简单工具进行自由锻造，既可以完成镦粗、拔长、扩孔、滚圆、冲孔、弯曲、校直等基本的自由锻造工序，用于钢锭开坯和大中型锻件加工；也可进行模锻或胎模锻造工艺，用于齿轮、叶轮，以及飞机零件等特殊零部件的加工。

大型自由锻造水压机是重要的工业基础装备。从对上下游产业的影响或产品的关联性来说，它在车轴、曲轴、大型化工容器、轧辊、机器主轴、汽轮机转子、电机护环、高压锅炉汽包和许多军工产品的关键零部件的生产中不可或缺。因此，这种新型的锻压设备的拥有数量、品种、等级和产量，不仅是一些工厂和行业实力的显示，也被视作一个地区或者一个国家工业基础和制造能力的标志。大型水压机不单是重机制造业的标志之一，还是一个国家工业基础、制造能力和国防实力的标志之一。

为确保万吨水压机的成功研制，沈鸿深刻地认识到，对当时的中国来说，行政系统的效率与人才梯队的专业性、多样化更为重要。他并没有选择已经初见规模的东北机械单位，而是选择了由上海江南造船厂和刚刚新建的上海重型机械厂作为完成这一使命的主力。

地处上海的江南造船厂是国内老牌的大型企业，其前身是晚清洋务运动时期开设的江南机器制造总局，曾制造了大量的枪炮弹药、军民舰船等机器设备，技术实力不俗。沈鸿早年在上海时对这家著名的工厂有不少的了解。此番他很看重江南造船厂的设计能力。该厂当时设有设计科室，技术人员较多，并且拥有动力、机械、电气、材料、加工等多门类的专业力量，综合实力较强，能够提供相关专业的设计人员。此外，江南造船厂的铸锻车间、机械车间、船体车间等都拥有种类比较齐全的机器设备，大体能够满足制造水压机的需要。江南造船厂有较强的机器设计和制造能力，拥有如于1958年下水的5 000吨“和平28号”海轮、30吨电弧炼钢炉、40吨高架式起重机和大型柴油机等设备。因此，仅从机械设备的设计和制造能力来讲，江南造船厂在当时的上海企业中居于前列。

技术实力是沈鸿考虑的一方面，但选择江南造船厂有两个更重要的原因。首先，江南造船厂拥有一支工种齐全、经验丰富的技术工人队伍。这些技术工人多数从学徒时起就在该厂工作，在修船和造船过程中练就了过硬的手艺。特别是在机械加工、焊接和起重等领域中，不乏能工巧匠。沈鸿曾说：“我选定江南造船厂，这里老工人多，技术力量雄厚。”高水平的技术工人将有助于万吨水压机的制造，这位技工出身的总设计师，有多年从事工业生产的经验，自然非常认可江南造船厂的这个优势。

其次，作为中国现代工业的发源地，地处上海的江南造船厂“不怕”万吨水压机，这也是沈鸿看好这家造船厂的一个重要原因。江南造船厂接触过不少万吨级的“大家伙”：1920—1921年为美国制造“官府号”等4艘万吨运输舰；1957年修理了苏联“西比利采夫号”万吨捕蟹船。工厂劲头十足，没有被水压机这个新的“万吨”吓住。厂长张心宜和总工程师王荣瑸等厂领导也非常支持建造万吨水压机，愿意无条件地提供所需的设备和技术人员，全力配合沈鸿的工作。沈鸿在与他们的接触中，感到非常满意。后来的事实表明，选择江南造船厂反映出沈鸿独具的慧眼和胆识，对成功建造上海万吨水压机意义重大。有意思的是，这台大机器的技术路线、技术特色的形成，与造船技术大有关系，这一点恐怕也超出了沈鸿的预计。

在万吨水压机设计制造过程中，沈鸿每前进一步都先从理论上弄得一清二楚。但他认为这还不够，还必须经过实践的验证。在设计阶段，他们做了各种各样的模型：马粪纸的、竹的、木的、橡皮泥的、铁皮的、有机玻璃的……为了确有把握，又下决心做了一台公称压力缩小到1%的120吨模拟试验小水压机和一台缩小到1/10的1 200吨模拟试验水压机（图2-1）。光设计草图就修改了15次之多。[29]

万吨水压机的4根大立柱，一般都用200吨大钢锭整体锻造。但上海没有这个条件，怎么办呢？设计组采用了德国用过的“铸钢竹节式”方法，经过在1 200吨模拟试验机上试验，多次锻压，结果证明很好。大水压机立柱便采用了“铸钢竹节式”结构，沈鸿风趣地叫它“小笼包子”式的结构。

万吨水压机一般采用3个工作缸，缸太大，上海也没有条件造。沈鸿想用多缸，但有人说会产生不平衡问题。沈鸿决定在 1 200 吨模拟试验机上试验，用了 12 个缸，结果发现着力点分布均匀，可以平稳运行。但是他马上发现 12 个缸过多挤占了机器内部空间，会给将来设备维修带来不便，在保证满足功能和性能的前提下，大水压机便采用了 6 缸方案。

万吨水压机的 3 个大横梁，国外一般都用铸钢组合式结构。上海没有大铸钢能力，便采用焊接组合式结构。车间一位技术工人提出，既然焊，为什么不焊成整体呢？沈鸿认为有理，决定用这种结构造一个 120 吨小水压机试验，试验压力最后达到 430 吨，为设计能力的 3.6 倍，结构仍完好无损。沈鸿决定大水压机就采用这种结构，结果使横梁重量减少一半，加工量也减少了一半。上海的 12 000 吨水压机，在当时是全世界大水压机中最轻的一台。

在这项工作中，沈鸿作为总设计师，对设计人员提出了“七事一贯制”和“四个到现场”的要求，不能只管设计，交出图纸就完事。“七事一贯制”就是把研究、试验、设计、制造、检验、安装、使用等七件事贯穿在一起，负责到底。

“四个到现场”就是：到使用现场，调查研究，提出方案；到试验现场，反复试验，确定设计；到制造现场，劳动服务，解决问题；到安装现场，安装试车，总结提高。

沈鸿领导的设计组确实是这样做的。他们不但出色地完成了任务，更重要的是树立了一种新的工作作风，锻炼造就了一批有全局观点的设计人才（图 2-2）。

这批设计师在设计研发过程中充分发挥主观能动性与想象力，通过“横梁翻身”“蚂蚁啃骨头”等结合具体工艺与环境的实用技法解决了水压机从设计、焊接到安装等一系列难题。由于当时上海重型机器厂正在建设中，大行车尚未安装，水压机横梁的移动、翻身都成为难题。大件在焊接时需要通过吊耳在支架上翻身。江南造船厂的技术人员与起重工人魏茂利等人用简易设备解决了这个难题。他们根据在船厂大船下水的经验，用所谓“牛油滑板”的方法，先在木板上抹润滑牛油，用牵引车将大工件拖到工位上，

■ 图 2-1
1 200 吨模拟试验水压机

■ 图 2-2
沈鸿与团队在上海重型机器厂为水压机挑选材料

然后再用数十个油压千斤顶配合操作，将大工件顶起，并不断增加枕木的数量，最终将下横梁等抬升至 6 米的高度，再用卷扬机拉动钢丝绳即可完成翻身。

“横梁翻身”这个方法听起来很简单，但实际运用时仍需要较专业的技术规范和技巧。即便看似毫不起眼的润滑牛油，也不是随意涂抹就行的。技术人员事先对牛油的配料、加热温度、摩擦系数和浇注厚度等使用特性都做了严格的试验，取得了一系列的数据后才用于操作。现场的指挥和工人的操作也同样重要，如果工件抬升不平衡或发生基础沉陷，将会造成重大险情。在“横梁翻身”中，魏茂利等人的经验发挥了重要作用。

“过去曾顶过 70 吨的大型主机，40 多位富有经验的老师傅费了九牛二虎之力才顶到一尺半的高度。小队长魏茂利非常着急，说油泵太大了，升高速度慢，辅助时间太多。后来，他想出一个好办法，也就是大摆楞木油泵阵，用几十只 20 吨的小油泵顶来完成。大队长亲自出马向重型机器厂借到 40 只 20 吨油泵，采用百余根枕木和数十只油泵（千斤顶），一只油泵一人包干，油泵一次一只顶 10 寸多高，然后再填枕木、再用油泵继续顶高。如此循环，夜以继日顶了数十次后，终于将极其笨重、体积庞大之工件顺利地顶到 6 米高，平稳地放在翻身架上。这样只用两根钢丝绳轻轻一拉就可以将一支（只）300 吨重的横梁很灵活、很方便、很平稳地翻身。大家把这种翻身的方法叫作‘银丝转昆仑’。”[30]

特大零件的加工方案是贯穿整个试制项目的焦点问题。不过对此任务，技术人员和工人满怀信心。上海重型机械厂当时新进口了一台捷克的 15 米大车床，虽然不够立柱的长度，但是技术人员对它进行了接长改装，用自制的 3.5 米长的底座安放尾座顶针，可以实现车削和滚压加工。可是，这台机床毕竟不是为生产水压机而购买的，它没有加工立柱螺纹所必需的丝杠，工人只能靠齿条走刀来切削螺纹，而精度的控制则依赖于操作工的技能。另外，滚压器缺少压力调节装置，进刀量也只能凭经验进行大概调节。在这样的条件下，工人们小心翼翼地完成了万吨水压机 4 根立柱的加工，共用时 98 天。

3 根横梁的加工问题更突出，因为根本找不到合适的大型机床。工作大队遂打算采取“蚂蚁啃骨头”的机械加工方法。所谓“蚂蚁啃骨头”，简单地说就是用小机床加工大件。这种做法乍一听似乎很自然，但它其实并不符合通常加工大件的思路。一般在考虑到加工质量和加工效率的情况下，加工大件须用更大的机床，而小机床要完成同样的加工任务，就会有特殊的难度，甚至可以说，每走一步几乎都要翻越一道难关。

特大零件画线便是如此一关。画线是机械加工的第一步，一般要经过在画线平台上对零件的多次找平与翻身，确定出零件三维方向的加工线与校准线。水压机 3 根横梁都属于外形复杂、尺寸巨大且单件生产的精密零件，必须经过画线工序。然而，这道工序却无法按常规的方法进行。寻常零件的找平、翻身都不是问题，可是万吨水压机的横梁太大，在缺乏足够大的画线平台和大型起重设施的情况下，零件的找平和立体画线变得非常困难。经过一番摸索和论证，技术人员采用了“工字平铁与拉线定位相结合”的办法。用厚钢板、工字平铁、带有长度标记的木条等简易工具，弥补了设备方面的不足。虽然总算完成了画线任务，但是步骤烦琐，需要反复校对，效率很低，仅下横梁的画线就用了 10 天。

合适的小机床是“蚂蚁啃骨头”的基础。针对加工中的两大难点——横梁的大平面和高精度立柱孔，袁章根等技术人员一起专门设计了移动式的牛头铣床与直径 300 毫米的活动镗杆等简易机床。移动铣床是加工横梁的几个大平面的主要设备，可以被放置在横梁的表面，而无须考虑工件的装夹等问题。活动镗杆又称“土镗排”，使用时直接插入横梁的立柱孔中，加工 3 根横梁的 12 个高精度立柱孔及柱套的上下端面。另外，技术人员还制作了一些简易设备和刀具，解决了工作缸柱塞和活动横梁柱塞的加工困难问题。

重型机器零部件多、重量大，这是安装必须面对的问题。上海万吨水压机的主机及主要附属设备共有零件 44 749 件，总重约 3 250 吨。100 吨左右的零件只有 260 件，却占总重量的 93%。其中，每个横梁、立柱的重量均在 70 吨以上，仅下横梁一件就达到 260 吨，而工作缸、工作台、顶出器、下侧梁及垫板、限程套等装置每套重量也都在 10 吨以上，一副立柱螺帽或一套活动横梁轴承的重量就有 4 ~ 5 吨。虽然这些零部件看似笨重，安装的精度要求却不低。例如，主机的水平误差要求每米不超过 0.03 毫米，立柱的垂直误差则须控制在每米 0.1 毫米之内，零件之间的配合面、密封处等关键部位也都有严格的要求。吊装工作无疑将成为水压机全部安装工作的难点和中心环节。

从设计之初，沈鸿就开始考虑水压机基础、厂房与安装等相关的问题。水压机基础是主机的立足之地，也是安装工作的起点，沈鸿很重视，亲自承担了相关的设计任务。早在 1958 年率队进行调研时，他就非常留意各个水压机基础的优缺点。在设计阶段，他着力于国内外设计的借鉴和改进，还进行了多次模型试验，其中的一些设计独具匠心，为安装及日后的设备检修与维护提供了便利。例如，基础的内部比较宽敞，零件在安装时有较大的操作空间；基础内部设有足够的照明设施，且楼梯设计合理，便于工作人员活动与操作；采用预埋钢板固定管阀支架，克服了用水泥墩固定的传统方法的缺点，具有支架基础牢固、便于调节和安装周期短的特点。

沈鸿是万吨水压机与行车主要技术指标的主要制定者。随着这台大机器研制任务的进行，大家渐渐认识到其中的问题可能对后续环节产生不利的影响。在大型零件的制造困难基本解决后，沈鸿逐步将工作重心向安装与试车的环节进行调整。他往返于京沪两地，与安装大队大队长林宗棠等一起协调最后阶段的工作安排，安装的筹备工作从准备设施与场地、制订工艺方案、组织人员和质量检测等几个方面展开。[31]

两台行车是吊装的前提，可是水压机车间刚建成时，仅安装了 1 台 100 吨运输行车，150 吨行车仍没有眉目。本来，江南造船厂计划按一机部给的图纸，自制 1 台，但是因

140 毫米的镇静钢板迟迟不能到货而无法投料开工。碰巧，太原重型机械厂刚为北京第一机床厂造好了一台 150 吨的行车，正闲置在北京的库房，而机床厂的项目却已经下马。了解到此情况后，沈鸿便与国家计划委员会、上海市委、北京市委、一机部的主管部门和太原重型机械厂协调，将这台行车分配给了上海重型机械厂。虽然 150 吨行车解决了燃眉之急，但安装的筹备工作并未彻底解决。沈鸿列出了以下 7 项“主机安装前必须具备的条件”，希望准备工作尽可能做得充分，以确保安装一次成功。

（1）水压机基础及操作台基础应验收妥善，不漏水，符合设计安装要求。

（2）厂房应竣工并验收，包括屋顶面、雨水管、围墙（包括东面临时墙壁）、门窗、照明等。地坪应预压，并用方石块铺砌，若有困难可用 20 毫米左右钢板铺地。基础周围用 300 根枕木铺路，以便履带式吊车活动。

（3）由一金工车间通往水压机车间的铁路应竣工，并经预压。

（4）100 吨和 150 吨运输行车经试车并验收（超荷 20%）。

（5）电、水、风源应接妥，风源至少须用 6.3 米 / 分。

（6）划定主机安装区域。安装区内应具有 1 000 平方米临时建筑，以供零件库、材料库、油库、氧气乙炔站和办公室等使用。安装区应与外界隔开，不得任意通行。

（7）开始安装前应将 3 根横梁和主要部件运输进场。

从中看到，沈鸿对待安装工作非常谨慎，尽可能地考虑到每个细节，并强调安全。按照这 7 项条件，水压机基础和厂房竣工验收后，不再做大的调整；充分发挥 100 吨和 150 吨这两台行车的潜力，以超载来弥补最大起重量的不足。

周密的准备工作还突出体现在安装工艺的规范制定方面。1961 年 12 月，一本由“上海万吨水压机设计室”编印的《上海 12 000 吨锻造水压机安装手册》（以下简称《手册》）发放到工作人员手中。据技术组长徐希文回忆，《手册》主要由沈鸿编写完成。这本 32 开的硬皮《手册》共 90 页，包含书名页、目次、正文等部分，核心内容是一整套清晰而明确的水压机安装工艺路线、进度安排和责任制度表。书名页有醒目的“安全！整洁！”的警示语，其后的 19 项内容包含水压机主机、厂房、水泵站等关键部分的技术指标，以及设备清单和安装进度，并配有 14 幅“制造过程照片”、6 幅“土建过程照片”、15 套表格和 20 幅安装工艺图，便于对整套水压机与厂房有全面而细致的了解。《手册》中“主机安装工艺”的部分最为详细，内容按技术单元，逐一列出所需的工艺步骤及技术要求。每一单元和工艺步骤均设有“负责人”栏和“检查结果并签字”栏，以便责任落实到人。

万吨水压机从立项到安装的每个过程对中国设计师来说都是陌生的，为确保产品的成功，这些办法对技术人员和工人提出了很高的要求。技术人员必须针对设备受限、加工难度大等特殊条件，设计出合理的工艺方案。方案的制定与实施必须极其谨慎，因为加工中一旦出现差错，此前费尽辛苦制造的大型毛坯就很可能要返工，甚至报废。

■ **图 2-3**
万吨水压机研制成功后，研发团队人员全体合影

此外，整个过程中的测量、画线、装夹、加工等各道工序的工作量大，考验工人的经验、体力和耐心等综合素质。

1962 年 6 月 22 日，夏至。上海重型机械厂第二水压机车间内矗立着一台浅绿色、露出地面 16.7 米的大型水压机。车间内人头攒动，沈鸿、林宗棠、水压机设计组的全体成员、工作大队和安装大队的许多工作人员，以及来自上海市工业部门的领导，江南造船厂、重机厂与兄弟厂家的代表兴奋地围着机器，等待着激动人心的时刻的到来。试车总指挥由车间主任姜隆初担任，副主任邱凤法和工段长王素楼担任副总指挥。14 时 30 分，随着总指挥的一声令下，炽热的钢锭被行车缓缓吊起，送入上下砧之间，试锻钢锭开始了。锻制的工件为 2 只 26 吨的钢锭，万吨水压机顺利完成了拔长、镦粗、切断等基本工序的操作，全场掌声雷动，大家亲眼看到了自制的万吨水压机惊人的力量。这次加工成功的锻件是柴油机曲轴的毛坯，不久之后用在了江南造船厂建造的东风 2 型万吨远洋轮上。当天试锻成功后，江南造船厂与上海重型机械厂当即办妥了交货手续，上海市领导宣布上海 12 000 吨水压机进入试生产阶段（图 2-3）。[32]

中国人在“大机器”领域研发设计的成功是对全国人民的极大鼓舞。凡是在 20 世纪 60 年代生活过的人都不会忘记，那正是中国最困难的时期。就在这时，以万吨水压机为代表的一系列机械工业成就出现在人们眼前，它们昂然矗立在中国的大地上，用事实证明中国人民具有足够的聪明才智，能够创造出世人瞩目的成就。它还打破了人们头脑中的一种迷信，开辟了一条制造大型设备的新路。

2 设计为“动力”赋能

在基本实现“工作母机”的设计和制造的同时，提升铁路、农业“动力”的要求被提上议事日程。铁路是国民经济的大动脉，高效率的牵引机车具有强大的动力，较之蒸汽机车，内燃机车的效率具有明显的优势。随着中国工业建设的迅速发展，出现了许多新工业城市、新工业区和工人镇。许多过去工业基础较为薄弱的城市已逐步成为新兴的工业城市，如哈尔滨、长春、包头、兰州、西安、太原、郑州、洛阳、武汉、湘潭、株洲、重庆、成都、乌鲁木齐等。中国所设城市的数量由 1949 年的 134 个发展到 1957 年的 176 个，新建了 6 个城市，大规模扩建了 20 个城市，一般规模扩建了 74 个城市。到 1957 年年底，城市人口达到 6 902 万人，加上县镇人口共有城镇人口 9 949 万人，比 1952 年增加 2 786 万人，增加了 38.9%。无论是“为生产、为建设”还是“为劳动人民服务”的城市建设都需要铁路增加“动力”，实现多拉快跑。铁路交通运输的现代化程度无疑是衡量一个国家工业能力的重要指标之一，也是建设社会主义强国与现代化国防体系的前提，而牵引机车的现代化是第一要务，以设计为之赋能也成为一项重要任务。

1958 年，党中央和毛泽东提出了搞好农作物生产必须执行的 8 项措施，即“农业八字宪法”——“土、肥、水、种、密、保、管、工”，其中的“工”主要是指改良工具，发展工艺与农艺相结合的机具。1959 年 4 月 29 日，针对当时农业生产方面存在的不实事求是的作风，毛泽东就机械化等 6 个问题写了一篇《党内通信》，提出“农业的根本出路在于机械化”的著名论断，为我国农业发展之路指明了方向。[33] 作为一个农业机械化水平不高的农业大国，实现农业机械化可以进一步提高工作质量和生产效率，机械化是增加农业发展“动力”的核心，拖拉机则是机械化的基础产品，其设计起步较早，但是道路曲折。

在“一五”计划时期，我国铁路建设发展迅猛，铁路正线的通车里程在 1949 年为 21 700 公里，由于历年修复和新建了不少铁路，1954 年达到 25 500 公里。宝鸡—成都线从成都延伸到广元；兰州—新疆线也向西铺轨到武威以西的怀西堡。全国公路的通车里程也将超过 14 万公里，基本上适应了国家建设和人民生活的需要。[34] 不断提高的运输能力满足了国民经济迅速增长的需求。从 1953 年“一五”计划实际开始执行到 1954 年 9 月第一届全国人民代表大会第一次会议前的统计数据显示，我国铁路客货周转总里程大约等于 1950 年的两倍以上。为了满足日益增长的运输需要，我国铁路在增加线路、改进设备的基础上，还改善了交通运输部门的经营管理能力，进一步发掘运输的潜力，特别是缩短了车辆和船舶的周转时间。此外，合理发展的水运也起到了对于陆运的补充作用。以铁路运输为中心的中国运输建设所取得的成就带动了人民物质生活水平和文化生活水平的发展，使社会主义事业得到推进。“一五”计划时期，机车车辆行业重点建设了大同机车厂、长春客车厂和株洲货车厂，改建了齐齐哈尔货车厂和大连机车车辆厂。

中华人民共和国成立以后，在苏联政府的支持下，我国铁路机车的发展进入了一个新的发展时期。为统筹建设该项事业，中央政府于 1953 年把机车制造工业从铁道部调整到一机部，原属铁道部的机车车辆制造局及该局所管辖的大连、四方和天津等几个修理厂划归一机部领导。同时，一机部把大连、四方和天津等几个修理厂改造为制造厂，兴建了大同、长春客车等新厂，把湘潭电机厂改造为电力机车制造厂，新建张店电机厂为专业牵引电机生产厂。

正式的仿制研发工作是在 1958 年开始的，先后试制了东风型、东风 2 型、东风 3 型等电传动内燃机车，它们分别装用了一台 10L207E 和 6L207E 中速柴油机；还试制了东方红型液力传动内燃机车，该车装有两台 12175 型高速柴油机。柴油机持续功率为 1 800 马力的东风、东风 3 型直流电传动内燃机车由大连机车车辆工厂试制和生产，分别用于干线货运和客运。柴油机持续功率为 1 080 马力的东风 2 型直流电传动内燃机车由戚墅堰机车车辆工厂试制和生产，用于调车和小运转。柴油机持续功率为 1 820 马力（两台）的东方红 1 型液力传动内燃机车由四方机车车辆工厂试制和生产，用于干线客运。这些内燃机车从 1958 年试制，1964 年开始批量生产，到 1974 年陆续停产，共生产了 1 155 台，其中东风及东风 2、3 型 1 049 台，东方红 1 型 106 台。[35]

东风型内燃机车的持续设计和改进，对于中国具有特别的意义。1958 年 7 月，中央政府将国家铁路机车制造业从一机部调整到铁道部，一机部的机车车辆工业管理局及其下属的大连、四方、大同和天津等机车和零部件制造工厂划归铁道部领导，铁道部成立机车车辆工业管理总局管理全部机车车辆制造和修理工厂，其中尤以大连机车车辆厂为重点，实行了党委领导下的厂长负责制。当年，大连机车车辆工厂在有关方面的协调下，仿造苏联的 Tэ 3 型电传动内燃机车，试制出第一台每小时功率为 1 470 千瓦的巨龙号内燃机车。经改进设计后定型，命名为东风型，于 1964 年开始成批生产，用于货运。此后，大连生产的东风（ND）型内燃机车在“内燃电力并举，以内燃为主，电力为辅”的政策指引下成为重要产品而被持续设计改进，因为较之此前大量生产的蒸汽机车，内燃机车功率更高，能耗更低，被铁路工人称为“铁骆驼”。此后，为拓宽产品线和强化设计研发能力，一机部等部门及地方所属的企业逐步加入制造的配套工作，其中主要有湘潭电机厂、石家庄动力机械厂、大连工矿车辆厂、常州内燃机车厂、许昌机车车辆厂、平遥工矿电机车厂、哈尔滨林业机械厂、广州同生机械厂、重庆动力机械厂等20多家单位。大连机车车辆厂则向专业化制造厂转型，其主要任务包括：加强生产技术基础，配备冷、热加工的关键设备，以提高配件生产能力；充实技术后方，增添工模具制造和理化试验手段；增强设计力量和设计手段；采用新技术、新工艺，提高机械化程度。

■ 图 2-4
巨龙号内燃机车牵引列车驶出北京站

机车设计不同于一般的简单产品设计，它是一种复杂的综合性设计，其中包括许多零部件的专项设计，又包括总体、系统设计，既要保证机车的性能，又要考虑机车与周围环境之间的相互影响。因此，机车设计在速度、安全、人机工程等方面显得特别重要。东风（ND）系列作为中国内燃机车产量最庞大、谱系最完善的型号，其伟岸形象深刻地烙印在中国人的脑海里。

ND1型内燃机车作为我国设计的第一款内燃机车，极大地增强了我国铁路交通运输的能力，替代了当时落后的蒸汽机车，具有跨时代的意义。该型机车的设计师为其车头设计了古典的盾徽造型，在欧洲，盾徽是高贵与勇猛的象征，自古希腊时代便有“持盾归来，或躺在盾上回来”的谚语。毫无疑问，设计师将自己对于机车与国家的热爱倾注进了这款设计。“中国铁路”与“展翅雄鹰”的图案合二为一，占据盾徽中心，其潜台词让人心领神会——飞驰的铁路线是中国发展的引擎，它将像雄鹰的翅膀一般令祖国一飞冲天。在此基础上，为了进一步突出ND1型内燃机车的雄壮感，设计师令挡风玻璃最大限度地靠近车顶，其向上收缩的前窗造型与车头整体融合为一组曲线。由于早期生产的产品曾定名“巨龙”，机车在机头正中位置焊有夸张的巨龙腾云纹样，并以鲜艳的红色作为车体配色，后来为方便量产将巨龙纹样改为抽象的鹰形图案（图2-4）。正式改名为ND1型后，鹰形纹样进一步简化为一块异色涂装，车身涂装也改为更偏向保护色、与行驶环境更为和谐的绿色。

ND2型内燃机车于1964年试制成功，热效率比蒸汽机车高3倍以上；启动、加速快，与同功率蒸汽车比较，完成同一调车任务的时间可节约20% ~ 30%；整备时间少，一次整备可连续工作5个昼夜；乘务人员劳动条件大为改善，操作方便，视野清楚，工作安全。在实现铁路内燃化过程中，设计制造新型、工作可靠、性能优良的调车内燃机车是一个极为重要的任务。机车采用 6L207E 柴油机，与 10L207E 柴油机属于同一系列。ND2 型内燃机车上的大部分部件与 ND1 型内燃机车上相应的部件结构是相同的，转向架的结构型式也完全相同，这更加有利于维修。

机车车体采用全钢电焊结构，自前向后（冷却室端为机车前方）可分为冷却室Ⅰ、动力室Ⅱ、司机室Ⅲ和后司机室Ⅳ四个部分。车体做成罩式，司机室布置在中部靠后，使前后调车时都有良好的瞭望条件。车体各室间的连接：除司机室和后司机室用焊接外，其余各室间均用螺栓相连，接缝外面用装饰带覆盖。车体和车架的连接：除动力室外，其余各室都焊于车架上。冷却室、动力室及后司机室的侧壁上都开有小门，四周还设扶手及走道，与司机室小门相通，便于乘务人员检查室内各机组运行情况。机车的前后端都设有脚蹬及扶手，以保证调车员能够安全、方便地工作。作为后继产品的东风型机车，在外形上没有延续 ND1 昂扬奋进的造型，而是加大了驾驶室的可视范围（折角处的设计在之后的东风 4 型设计中经过了多次修改），为适应大批量生产对产品部件进行了更深入的标准化设计。由于内燃机功率的提高，车头两侧增加了风冷用的滤窗（后期经过改进的东风 4 型在该处设计上与先行量产的有所差异），这一廉价可靠的造型一直延续着，直到东风 4D 型诞生。东风 4D 型在功率上有质的飞跃，造型上也已和国外同类产品趋同，刚劲、沉稳，车头细节设计被刻意强化（并增加了一些诸如检修用踏板之类的人性化设计，使简陋条件下的修理更为方便），使驾驶者在行驶过程中充满了自豪感。[36]

1957 年 6 月，中共中央华东局农委和上海市工业生产委员会为实现华东地区农业生产的机械化发展目标，部署上海各机械单位试制适应地域特征的农用拖拉机设备。1958 年年初，上海汽车装修厂（上海汽车厂前身）迅速做出反应，于 1958 年 3 月参照国外成熟机型成功试制了一款拖拉机，该机被定名为红旗牌 27 型拖拉机（1959 年 2 月 15 日改名为丰收 -27 型拖拉机），至同年 4 月累计生产 50 台。但经实际耕作，发现该机耕田动力不够，且液压升降系统经常发生故障，返修率高。随后，工厂转而对美国麦赛福格森 MF-35 型拖拉机进行测绘仿制并对部分设计进行改进，产品定名为丰收 -35 型轮式拖拉机（以下简称“35 型”）。

1961 年 2 月，上海市农业机械制造公司决定定型的 35 型拖拉机由上海拖拉机厂试造。该厂接收图纸后进行了 4 轮试制，使拖拉机的性能进一步提升。1963 年 2 月，由于上海拖拉机厂要集中力量发展 7 马力手扶拖拉机，经上海市第一机电工业局和上海市农业机械制造公司决定，将 35 型拖拉机交由七一农业机械修配厂（上海丰收拖拉机厂前身）继续改进试制。七一厂严格按图纸要求，经逐个零件过关，于 1963 年 7 月 30 日完成试造 5 台，年底完成 15 台。经上海市崇明县多家农场试耕，证明其性能可靠，1963 年 12 月 24 日通过厂级技术鉴定。1964 年，七一厂根据市委关于拖拉机下水田耕作的要求，经过实地试验，听取用户意见，改进前后桥等关键零部件设计，于当年8月完成试造35型之水田型拖拉机5台，经实地500小时试耕，主要机件防水、防泥、防陷性能良好，功能齐全，是国内第一批水田型轮式拖拉机。同年，根据农机部要求，两种35型拖拉机共8台，被分送至北京、洛阳、浙江、广东4个地区，进行为时1年多的中间试验，至1965年年底完成2 000小时田间耕作，年底召开中间试验总结会议，通过了3个总结文件上报。同年12月28日，通过市级技术鉴定，后经国家科委和八机部审查，于1966年年初颁发了部级技术鉴定证书，同意成批投产，当年即生产854台，至1979年，最高年产量达8 540台，为1966年的10倍。[37]

作为一款广受市场认可的产品，35型是一款通用中型轮式拖拉机，经过多次改进，其柴油发动机功率为35马力，每分钟2 000转，牵引力在三速时为1 100千克，结构重量1 630千克，车速每小时1.99 ~ 22.1公里，力位调节，三点悬挂，额定重量850千克，适用于水田和旱田的耕耙、旋耕、推土、挖掘等多种农业作业，并可用作运输。[38] 在造型上，35型拖拉机实现了造型、功能与成本的三结合。作为一款农机设备，该机在设计上并没有草草了事。早期生产的35型采用了当时西方主流的弧面造型设计，同时兼顾了我国的工业制造能力，适当减小了造型上的弧度，使其更适应我国工艺水平，而后期生产的35型拖拉机则由于国家整体工业水平的提升以及中国与世界各国日益频繁的交往而更趋简洁和明亮。设计师在产品上倾注了自身对产品与意识形态的认识，硬朗的车体线条与镶嵌进车头面板的大灯设计无一不体现出设计者对现代主义与功能主义的深刻理解（图2-5）。

35型的原型机是美国的MF-35型拖拉机，属于旱地拖拉机，这种拖拉机在华东地区的水田工作时机件十分容易损坏。为实现能够翻耕水田的功能，设计师适当改变了末端减速和前后桥等结构，使其能适应上海及周边地区的水田。而为加强产品的通用性，35型换装了我国自行研制的S-4型高花纹轮胎，这种轮胎对土壤的比

■图2-5
丰收-35型轮式拖拉机早期产品

压低，滚动阻力小，牵引效率高，转弯半径小，使产品能够兼用于水田、旱田和潮湿田的作业。

S-4 型轮胎是由清华大学农机系、橡胶工业研究院等机构组成的研发团队专为中国华东、华南地区广泛的水稻种植区所研发的轮式拖拉机专用轮胎。设计人员在设计之初便本能地认识到，想要提高拖拉机的生产率和经济性就必须提高牵引效率，而牵引效率主要取决于驱动轮的工作情况。此前，研究团队已经通过旱地实验得出了结论：拖拉机轮胎内气压的高低直接影响轮胎支撑面与土壤的接触面积，可使土壤垂直变形减小，有利于减少滚动阻力级，改善附着性能。为了获得拖拉机轮胎在水田中正常运行的设计参数，研发团队采用 S-4 型高花纹轮胎做了 5 种不同气压的牵引试验。试验结果表明，当附着系数值较大时，轮胎气压降低后滑转率有较大的降低，驱动轮的效率也会相应增高，同时轮胎气压的降低也使得接地面积增大，对驱动轮的机械效率也略有提高。但由于低气压会使轮胎压沟，从而导致胎边褶皱损坏，研发团队为兼顾生产率与经济成本，在编写使用手册时强调了 S-4 型轮胎在使用时“宜采用较高气压”。

S-4 型轮胎的纹理经过了超过 1 000 小时的反复的试验与测试才最终定型，设计人员对轮缘的宽度和轮刺的角度反复进行试验，发现试验编号为 62-B1 的轮胎在耕作中对土壤的孔刺较小，能符合整田的农艺要求。于是研发团队将此编号的 S-4 型轮胎割成 5 种不同的高度，分别在稻茬及田埂上进行牵引性能对比试验。研究结果发现，当轮刺较高时轮胎下陷较大，接触的土壤变形也大，所以滚动阻力较大；反之较小。但轮刺高度减小会使抓地能力降低，滑转率显著上升，并使泥土易于积存在浅轮刺之间，形成泥团，导致滑转率更大，以致机械效率降低。但一味追求高轮刺也非正途，因为在生土较硬的稻田上轮刺往往不会继续下陷，表现在轮缘并不接触泥面，在一次试验中，研发人员甚至可以将手伸进轮缘与泥面之间，这样就没有发挥轮缘同泥面附着所产生的驱动力，所以也导致滑转率较高，结果就是机械效率降低。最终研发团队得出结论，该编号的 S-4 型轮胎的轮刺高度在 67 毫米时驱动轮的效率最高，并且在较长时间的使用磨损后，仍可保持一定的效率，在这个规格下，S-4 型轮胎每耕作 1 000 小时，轮刺的高度约磨损 1 毫米。

丰收 -35 型拖拉机投放市场后，设计人员根据使用反馈发现，35 型的发动机经常出现如发动机缸体变形、末端齿轮和螺旋伞齿轮断裂等故障。1962 年下半年，上海市工业生产委员会和机电一局成立 35 马力拖拉机领导小组，由上海市机电产品设计院修改图纸，通过对照样机、解剖实物，组织技术部门针对质量关键进行攻关，至 1963 年，产品装备的 485 型立式柴油发动机通过了 2 000 小时的耐久性能试验，15 个主要问题基本获得解决。此后又由技术员随机跟踪检查，不断对产品改进、改良，首先在 35 型标准型拖拉机上着重解决螺旋伞齿轮早期磨损、离合器膜片弹簧变形、摩擦片打滑烧毁、液压悬挂系统失灵等 47 个质量问题，继而根据水田耕作特点，修改图纸 2 000 多张，系统地解决了水田操作的八大问题，即水田耕作通过性差、制动器泥水渗入、轮毂密封性差、无差速锁、前轮易翘头、传动系统强度不够、燃油箱容量小、挡泥板防泥水性差。改进设计以后，拖拉机对水田地区的适应性和可靠性都有所提高，35 型完成了从仿制到消化吸收、自行设计的过程，成为适应国内水田耕作的成功产品。

1957 年，武汉柴油机厂（前身是武汉通用机器厂）试制成功了我国第一台小型手扶拖拉机。1958 年，毛泽东到该厂视察，留下一张和这台手扶拖拉机的合影。手扶拖拉机没有方向盘，用类似自行车龙头的扶手来操纵，只有两个轮子，驾驶位置悬空。设计者黄敏是该厂的主任工程师。他是泰国华侨，据他回忆，他 1942 年参加了共产党在泰国的地下组织，进行抗日活动，1949 年后延续抗战时期“南侨机工回国支援抗战”的传统，黄敏响应国家号召，和一批泰国机器工人一同到中国参加社会主义建设。他说：“最爱国的就是机器工人。是泰国的华侨协会写了个证明，让我带队回来，都是机器工人。因为是朱德总司令和陈嘉庚号召机器工人回国参加祖国的社会主义建设。同行的那次有几百人，用了七艘船。”

当时的武汉柴油机厂厂长参加了一个工业展览会，看到其他国家的手扶拖拉机，就拿了一张广告回来在厂里找人研制生产。黄敏在泰国看到过这种产品，他请朋友的弟弟从泰国寄来了相关图片，从中可以更加清楚地了解产品结构，但是没有具体的技术指标数据，后通过泰国亲友的帮助，再加上做过车工、钳工的经验，黄敏又参考了许多技术资料，用了一年多，黄敏从成品图片逆向推求出了机械原理。1957 年 12 月 24 日，他首创设计了全国第一台手扶拖拉机。手扶拖拉机的设计、试制成功，当时解决了我国南方水田和小块面积土地不能使用大、中型拖拉机的问题。当时的报纸是这样报道的：支援农业生产，通用机器厂制成小型万能拖拉机，在山区和平原的水田、旱田都可以运用。[39] 以后各省市大力建设手扶拖拉机厂，一面扩大产能，一面经过不断改进设计，以适合当地田间作业的需要。

3 “公私合营”提升轻工业产品设计能级

1953年，毛泽东提出了中国由新民主主义国家向社会主义国家过渡的总路线，即“从中华人民共和国成立，到社会主义改造基本完成，这是一个过渡时期。党在这个过渡时期的总路线和总任务，是要在一个相当长的时期内，逐步实现国家的社会主义工业化，并逐步实现国家对农业、手工业和对资本主义工商业的社会主义改造”。[40] 可以简化表述为“一化三改”“一体两翼”，其中对于资本主义工商业，贯彻“限制、利用、改造”的政策，采用委托加工、计划订货、委托经销、代销、公私合营、全行业公私合营等一系列从低级到高级的国家资本主义的高度形式，最后实现马克思和列宁设想过的和平赎买。国家先后以“五马分肥”和支付定息的方式支付给私营工商业者 30 多亿。[41]

通过公私合营，对原来个体的私营工业企业和手工业作坊进行整合，以期扩大生产规模，提高经济效益。这类工作量大面广，而全行业公私合营的通行做法是政府一次批准、全面合营，之后再进行清产核资和改组。事实上，1956 年年初中国全行业公私合营只是改变了私营企业的产权属性，尽管其内部组织和经营管理制度在改造高潮到来前有过某些变革，但主体方面并未改变，只是“更换了一块牌子”。[42] 若要真正将私营工业的企业改造为社会主义的企业，还有一段路要走，包括派干部接管这些企业，查清企业资产和利润，改变企业的劳资关系，尽快恢复生产，等等。这一切都是通过企业经济改组的方式实现的。

1954 年 9 月 2 日，政务院第二百二十三次会议通过的《公私合营工业企业暂行条例》规定，对资本主义企业实行公私合营，应当根据国家的需要、企业改造的可能和资本家自愿，采取积极而又稳步的方针。[43] 合营时应当包括企业原来的实有财产，不容许有任何分散资产、逃避资金的行为。对企业原有财产的估价，应当根据公平合理的原则，实事求是地进行。公私合营企业受公方领导，由人民政府主管业务机关所派代表同私方代表负责经营管理。有关公私关系的问题，由公私双方代表协商处理。在重大问题上发生争议时，应报请人民政府主管机关解决，也可以提交合营企业的董事会协商后报请人民政府主管机关核定。合营企业对于企业原有实职人员，一般应参酌他们原来的情况量才使用，使他们各得其所。合营企业每年的利润，在依法缴纳所得税后，应当就企业公积金、企业奖励金和股东股息红利三个方面加以合理分配。股东的股息红利，加上董事、经理和厂长等人的酬劳金，可占全年盈余总额的 25% 左右。合理的收购条件与人性化的接收模式加速了大部分企业的合营速度，尤其是得到了大型城市中的一些关键企业经营者的支持。

为确保公私合营的顺利推进，毛泽东曾在1953年9月7日特地召集民主党派和工商界部分代表谈话，着重讲了党在过渡时期对资本主义工商业进行社会主义改造的方针政策。他在谈话中指出，占有大约380万工人、店员的私营工商业，是国家的一项大财富，在国计民生中有很大作用。根据三年多的经验，党确定的方针是通过国家资本主义，逐步完成对私营工商业的社会主义改造。国家资本主义，在工业方面有公私合营、加工订货或统购包销和收购经销三种形式；在商业方面也有公私合营、代购、代销三种形式。实行国家资本主义，要稳步前进，不要太急，至少需要3～5年，将全国私营工商业基本上引上国家资本主义轨道。实行国家资本主义，不但要根据国家的需要和可能，而且要出于资本家的自愿，因为这是合作的事业，不能强迫。1953年10月23日，全国工商联第一届会员代表大会召开。会员在会上进一步学习和讨论了党对资本主义工商业进行社会主义改造的方针政策，打消了工商界中存在的某些思想顾虑。

亚明灯泡厂前身为亚浦耳灯泡厂（图2-6）。创始人胡西园在个人传记中写道："蒙党和人民的信任，我仍荣任这个社会主义企业的总经理，感到无比的欣慰和光荣。经过内部改革，亚浦耳厂各方面的力量得到充分发挥，企业面貌大大改变，生产突飞猛进，新产品也层出不穷，过去数十年私营不敢梦想的事，合营后都一一实现了。"公私合营为城市制造业带来了稳定的投资与合格的加工原料。1953年，国产钨丝顺利试制成功，结束了中国有钨矿、无钨丝的落后局面，这使转型为职业经理人的企业家得以专注于产品质量和技术提升，和平的环境为企业培养工人提供了条件，甚至"越南民主共和国越南灯泡厂派了厂长、科长、技术员、艺徒50余人来亚浦耳厂实习"，而快速增长的生活需要则为在过去忙于和西方同行企业"厮杀"的设计师提高设计水平、产品质量创造了条件。20世纪50年代末，广州《羊城晚报》曾刊载专访《访我国第一家灯泡厂》，记者在文中写道："上

■ 图2-6
公私合营前亚浦耳的生产车间

海的灯多种多样，单是灯泡一项，就有几百种之多，不久以前，我在上海亚明灯泡厂参观时，就见到60多种。这个厂前身是亚浦耳灯泡厂，是我国第一家生产灯泡的工厂，也就是在1921年4月4日，中国人自己制造出来第一只电灯泡的工厂。它除了生产饮誉国内外市场的'亚'字牌普通真空和充气灯泡外，还生产着许多特殊用途的灯泡。这里有一种红外线灯泡，壳内涂着晶亮水银，据说用它烘干油漆作用很大，它能烘干一般火不能近、太阳不能晒的油漆。这里还有一种摄影灯泡，是用来拍摄彩色电影的，它的制作很不简单，特别是玻璃不许有一点厚薄不匀，否则拍出来的红色衣服会变成紫色。还有其他如车床的指示灯、车厢灯、轻质高亮汽车前大灯，以及远程照射的泛光灯……形形色色，不胜枚举。这个厂被称为'灯泡之家'确是受之无愧。"[44]

按照中央政府的规定，公私合营必须遵循的原则是：其一，服从于生产和生活的需要，达到增加产品产量、提高质量等目的；其二，改造私营工商业不合理的生产技术和管理方法；其三，准备充分、步骤慎重。[45]国务院决定在合营高潮6个月后启动经济改组，实现计划经济。实际上，在全行业公私合营高潮后各企业紧接着就进行了经济改组，完成时间大大提前。领导者也承认，经济改组"是一件非常复杂、细致的工作，必须审慎而又积极地进行"[46]；"比批准合营和清产核资工作要复杂得多"[47]。

改组的步骤是按照行业类型顺次进行。生产急需商品的行业率先进行改组。例如，为支援农业合作化，首先改组冶铁业。1954年8月3日，中共中央批转国家计委《关于1953年度国民经济计划执行的基本情况及1954年度国民经济计划中的几个问题向中央的报告》和《1954年度国民经济计划提要（草案）》。报告提出，1954年国营与地方国营工业产值必须完成并争取超过总产值的20%，要求有步骤地把私营工矿企业改为公私合营企业，1954年计划合营的有500个私营厂矿，产值约17亿元。

此外，能满足民众基本生活所需，而又不是国家重点投资的制衣、织染等行业，由于较长时期没任务或任务不足，以致长期停工或半停工，也提前进行了改组。产供销已大部分纳入国家计划的如橡胶、木材、水泥制品等行业，则在其后改组。大部分自产自销的，如生产竹藤柳草、玻璃料器等商品的企业，以及生产服装的缝纫、木器修理等服务性行业，则在最后改组。归结起来，公私合营企业经济改组的基本方式有以下四种。

其一，并厂。新公私合营厂作为附属厂并入地方国营或老合营厂，或者本厂被撤销，管理者和工人被纳入地方国营或老合营厂，一小部分职工调入地方国营厂。对有些停产或半停产的新公私合营工厂，由地方国营工厂酌情吸收其职工。

其二，公私合营厂互并（公私合营这一模式在共和国成立之初便已经由陈云负责进行实践，早期是通过接收一些已经倒闭或停产的企业和工人，并将其与原有的国营企业和机构进行合并重组，统一管理。截至1951年12月底，公私合营企业提供了工业总产值的3%），成立统一的行业公司，实行专业分工。采取"以大带小，以先进带落后”的方法，实行专业分工，改变各厂过去“小活吃不饱、大活吃不了”的现象。[48]以在全行业公私合营后成立统一的北京市公私合营面粉厂为例，其章程明确规定：“本厂实行合并资金、统一管理，本厂为一个核算盈亏单位，下属厂只核算加工成本，不独立核算盈亏。生产任务统一安排。”[49]

其三，改组为与国营工厂分工协作的加工工厂，为国营工厂制造零部件和半成品。采取这种方式改组的典型行业是针织业。公私合营印染公司从掌握产、供、销和产品质量规格入手，组织针织业 770 多户的协作，统一购置生产设备并做质量检测，各户只负责加工业务。这样既改变了“过街破”的产品质量，同时又降低了成本，扩大了销路。[50]

其四，原地分散生产。对暂时没有条件并厂或在较长时间内也不能并厂的行业，只按生产品种和地区组织起来，成立专门机构或指定较大工厂统一管理，各厂仍然原地分散生产。

针对公私合营推进过程中的具体问题，陈云在 1954 年年底的全国扩展公私合营工业计划会议上发表了讲话，他着重谈了如何解决私营工业生产中的困难。当时，私营工业生产中最突出的问题是有若干种行业设备有余、工人有余、任务不足、原料不足。各地的私营工业都有困难，以上海、天津为最。陈云在讲话中提出实行统筹兼顾、各得其所的方针，进行合理安排，以调整私营工业生产。国营让出一部分原料和生产任务给私营，以解决公私之间的矛盾；按照奖励先进、照顾落后、淘汰有害的原则，解决先进与落后之间的矛盾；采取维持上海、天津，照顾各地的办法解决地区之间的矛盾。根据上述的方针，主要采取以下具体措施：通过逐行逐业分配原料、分配生产任务、计算设备能力、安排生产计划等办法来进行逐行逐业的社会主义改造；充分利用原有工业设备，控制新建和扩建，控制国家基本建设的投资；减少盲目加工订货；扩大私营工业的出口品种；加强国家对私营工业的业务领导等。[51]陈云的这些意见对于私营工业的社会主义改造的健康发展起了重要作用。

1956 年 1 月 15 日，北京各界 20 多万人举行庆祝社会主义改造胜利联欢大会，庆祝北京市农业、手工业全部合作化，并且第一个实现了资本主义工商业的全行业公私合营。人民日报为此发表题为《在高潮的最前面》的社论。接着，天津、西安、沈阳、重庆、武汉、广州、上海等大城市，相继实现了全行业公私合营（图 2-7）。到 1 月底，全国大城市和 50 多个中等城市的资本主义工商业全部公私合营。至一季度末，除西藏等少数民族地区外，全国资本主义工商业基本上实现了全行业公私合营。陈云在当月的第六次国务会议上做了重要发言，提出在公私合营中需要注意解决的几个问题。第一，现在全行业公私合营的工作仅仅是开始，并不是已经结束了，清产核资、安排生产、改组企业、安置人员、组织专业公司等大量工作还未进行。第二，对不雇店员的小铺子，在政策上要区别于资本主义商业，应该长期保留其单独经营的方式，这样做，有利于国家，有利于人民。第三，私营工商业公私合营以后，原有的生产方法、经营方法，应该在一个时期以内照旧维持一下，以免把以前好的东西也改掉了。[52] 陈云甚至强调“对商品的设计人员，像工厂的工程师，时装店的设计师，要给予奖金……可以起到鼓励的作用”。[53]

图 2-7
1956 年 1 月 20 日，上海中苏友好大厦，公私合营大会后私方代表走出会场

1954 年中国钟厂、上海钟厂首批实行公私合营，文华钟厂、仁泰机器厂、顺兴螺丝帽厂、泰昌电镀厂以及钟才记木壳厂先后并入中国钟厂。中国钟厂以它传统的技术优势不断提高工艺技术水准，改进产品品质，形成 15 天、31 天机械钟，石英电子钟和工业用钟三大系列，有台钟、挂钟、座挂两用钟、日历钟、垂直摆钟、落地大钟、单功能及多功能石英电子钟等 10 多个品种 50 多种款式，以及子母钟、塔钟、电站同波钟、船用钟等。“555”标识最初的设计者是“三五牌”台钟的发明人阮顺发。中国钟厂公私合营后，在钟壳顶部装饰了一个专门为公私合营特别设计的标识，这是为了纪念工厂公私合营一周年，在 1957 年年初出品的产品上贴的特别纪念商标，因而也使这款三五牌台钟成为值得珍藏的纪念版产品（图 2-8）。

图 2-8
三五牌台钟上的公私合营品牌标识

图 2-9
公私合营纪念版“全盘”版三五牌座钟

中国钟厂在 1940 年由毛式唐、钟才章、阮顺发等人创办，聘用了 40 多名工人，购置机器设备正式开工生产。采用“555”为产品商标，定名为三五牌 15 天时钟。企业初创时，产品品种单一，产量较低，日产量只有 30 余只，后来品种发展到有 5 寸半、8 寸半、10 寸长挂钟以及山形台钟多种。中国钟厂的创建与发展，使国产时钟产业提高到一个崭新的水平，同时也使上海成为我国时钟制造的一个集中产地。三五牌台钟在钟盘面数字设计上考虑到居家老人使用的实际情况，每一个数字设计高度达 12 毫米，且 12 个钟点数字完全用黑色标出，由于黑白对比分明，大大降低了误读的可能性。时针、分针样式统一，采用实心尖叶形设计，简单却不呆板。在材质方面，钟壳采用木材，钟盘采用铝材，玻璃钟盘盖周边用化学镀金银包边，闪光与厚重的两种材料质感形成对比。

工程师阮顺发在设计三五牌摆钟时，经过悉心研究，采取引摆杆与空心套管座连合在一起，靠一个三角形钢丝弹簧的压力，使擒纵叉与引摆配合在一起，在三角压簧的作用下，产生偏摆现象时，能自动调整使“摆”始终处于垂直状态，即使钟的安放歪斜到摆砣近钟壳，只要通过“摆砣”的惯性冲击就能自动调整摆砣垂直度，不会发生停摆，从而摆脱了手工调节。安装了这种“活摆”结构的三五牌摆钟具有“挂歪摆歪，虽歪不停”的独特优点。这是我国制钟技术上具有独创性的重大突破。

1940 年以前，我国所制造的各类摆钟都采用渐进式打点结构，不能自动调节，只能用手顺着时针拨，且须按一个钟头一个钟头顺拨过去，一旦倒拨就要轧刹、乱敲点。阮顺发设计出自动打点跟踪机构，将 12 只角凸轮和扇形齿装在时针上，使时针不管顺拨还是倒拨到任何一个位置，12 只角凸轮和扇形都会跟踪到一定的位置，保证在任何情况下，不会乱敲点。采用这种结构，可根据需要自由拨动调整时间，不影响走时系统的内在关系。当时间调整后，报时系统能自行调整时间，使三五牌摆钟具有“倒拨顺拨，一拨就准”的又一个独特优点。

之前，我国时钟市场中主要倾销德国制造的 J 字牌 14 天钟、日本制造的宝时牌 8 天钟。阮顺发采用数根钢丝销子构成的形如鸟笼状的齿轮替代轴齿，使走时报时延长到 15 天。1941 年 1 月，阮顺发运用留声机原理，重新设计风轮翼，用机械摩擦，使风轮速度减慢，使打点报时速度均匀、结构简单、减少能耗，能够连续走时报时 18 天。1944 年，阮顺发又改进走时结构，精制轴心轴套，提高光洁度，从而使走时报时延长至 21 天。1964 年，该厂科技人员又采用加长发条尺寸，并应用手表加工工艺原理，推行夹板小孔修正，轴颈抛光研磨，精冲轮齿，提高孔轴光洁度，引摆杆以铝合金代铁制件，使能量消耗得以减少。这样，开一次发条，摆钟可连续走时报时 31 天以上。

阮顺发还应用高精度天文钟上的后退式擒纵结构，将原来的顺齿运行的擒纵轮改为逆向运行。改进后，走时精度由日误差 40 秒减少到 20 秒。1960 年，由于摆钟统一机芯设计成功，零件全部实行按图生产，并规定了光洁度为 Δ6 ~ Δ7 级的误差，对原材料供应也规定了牌号、性质和规格，零部件加工精度为 3A 级，使走时精度提高，日误差由 20 秒减少到 12 秒。后来，由于应用手表夹板小孔修正等技术，提高零部件加工精度，走时精度日误差又从原来的 12 秒进一步减少到 1 秒钟以内。

20 世纪 60 年代初，考虑到农村市场的需求，三五牌台钟也推出过一系列以“双龙戏珠”等传统题材设计的产品，“喜上眉梢”便是这一系列题材中后期的产品，钟座采用浮雕形式，钟盘盖玻璃外框用镀金工艺，深受农村市场喜爱。由于产品质量过关，造型装饰漂亮，还得过轻工部的优秀轻工产品奖（图 2-10）。

1959 年 3 月，当时的上海金声制钟厂试制成功了机械秒表，开创了具有钻石品质的设计风格（图 2-11）。55 毫米直径的钻石牌秒表正好可以用成年人的半个手掌牢牢控制，可以在多个场合下使用。从细部设计来看：刻度字体为等线体，以最强烈的对比和毫无装饰元素的字体来保证使用者能够清晰、正确地判读数据。重要刻度均用了

■ **图 2-10**
“喜上眉梢”三五牌台钟

■ **图 2-11**
钻石牌秒表

■ **图 2-12**
公私合营以后生产的东风牌手表

放大的数字。发条旋钮略粗，加上铣出的直线，让手指有了很好的着力点。在使用产品时让使用者首先关注到“计秒”，其次关注到“计分”，而作为品牌象征的钻石标识则处于更次要的位置。整体设计极其严谨，表盘为超白色，刻度均为黑色，从正面看金属外壳只能见到一条很细的边框，这也是为了标准表盘有足够大的尺寸，能承载足够的信息而做出的设计，这种设计增加了秒表的精密感。

1953 年，天津市各私营钟表商店职工在工会的领导、推动下，与私方经理协商投资方向事宜。天津怡威钟表店经理吴汉臣、吴宗绪与工会负责人张书文协商一致，由该店出资与公私合营的华威钟厂共同研制手表。1954 年年底，在华威钟厂的二楼成立了以公方厂长杨可能、张吉升为组长的手表试制小组，由王慈民（华威钟厂工人）、张书文（怡威表店职工）、江正银（亨得利表店职工）、孙文俊（育华五金工具厂工人）四位师傅进行手表的研制。中国的第一块手表就是由这几位师傅研制成功的，这块手表（五星表）仿制的是瑞士“SINDACO”十五钻三针粗马手表，几位师傅按照该表的样子逐个零件进行打磨加工，于1955年3月24日加工出了“五星表”。也因为这只表打破了“中国无表”的局面，毛泽东批准投资 900 万设立天津手表厂。这是中国第一家手表厂，其产品被命名为“东风”。由于质量可靠，该表享有“东风万里”之美誉。

东风牌手表的前身是五一牌手表，更早的产品则是五星牌，设计风格在东风牌时代逐步走向成熟，以至在需要产品出口到国外销售时，直接更换成了海鸥牌商标。早年的东风牌虽然因其品牌名称具有较强的政治色彩，但在设计上是不折不扣的现代主义风格。正点用高突的长方体表示，12 个点位造型相同，秒位用短线表示，印刷在表盘上，配以长三针，“东风”两字取自毛泽东书法体，配银白平表盘，无任何装饰。表壳边缘弧线与表盘相切并向外延伸，形成饱满的形态，俗称“鲍鱼壳”，从整体来看，产品具有丰满、完整的感觉（图 2-12）。

整个产品让人记忆最深的是秒针上的“红点”装饰，在一片金属本色的产品之中，有如此一颗转动的“红宝石”，使产品有了点睛之笔。从运用材质制造视觉节奏的角度来看，由外壳、12个点位及三钟组成了高亮光的质感，表盘及秒位组成了亚光质感，加上秒针上的“红点”形成的醒目色彩，为相对单调的产品带来了生气，可以认为基本满足了视觉对高级感的需求，这样的组合也符合精密产品的特性。产品底盖设计的6个旋口结构，刻有海浪、天空及东风字样的浮雕，概括的写意线条给人以丰富的想象空间（图2-13）。

■ 图 2-13
东风牌手表底盖图形设计

天津平和机器修理厂始建于1946年，工厂以修理照相机及精密仪器为主业。1952年，厂长刘东林为响应国家提出的发展经济、城乡兼顾、劳资两得的号召，在营业执照上增加了“照相机制造”一项，将平和机器厂改建成既修理也生产照相机的企业，并向工厂追加投资，开始以德国徕卡Ⅲ C型为蓝本仿制照相机。在国家改造政策的激励下，1956年4月18日，平和机器修理厂与万象工艺社、利群工艺社等四家私营企业合并组成天津公私合营照相机厂。1956年6月28日，为向中国共产党成立35周年献礼，天津公私合营照相机厂以日本玛米亚6型120折叠相机为仿制蓝本，生产出我国第一架标准小型折叠式120照相机，并定名为“七一”牌。

■ 图 2-14
幸福Ⅰ型照相机

1956年7月2日，《天津日报》报道了七一牌照相机诞生的新闻，这个消息马上传遍大江南北。时隔几日，英国《泰晤士报》报道：“中国已经能制造照相机了，不远的将来，照相机市场又会多一个竞争对手。”中国能自己制造照相机，这对西方国家来说，确实是一个极大的震动。至1958年年底，由于七一牌照相机结构复杂、零件数量多、生产成本过高，再加上工厂的设备状况不佳、技术力量不足等原因未能形成工业化生产，因此七一牌照相机仅生产50多台就停产了。虽然没有投放市场，但这为之后我国自行设计生产照相机积累了宝贵的经验。在1956年9月，考虑到七一牌照相机的复杂性，面对当时的现实情况，天津公私合营照相机厂的第一任厂领导程根远、李鸿恩与天津市第一轻工业局黄敬局长商定准备投产一种简易相机。样品很快就试制成功了，定名为幸福 I 型并投入生产（图 2-14）。

刘东林时任天津公私合营照相机厂技术厂长，他是个不服输的技术专家。为了设计研发幸福 I 型照相机，他跑遍了天津的各大商场。当时，德国生产的 ALTISSA 牌 120 卷片盒式相机以简单的设计在市场上风靡一时，因此刘厂长购买了 ALTISSA 照相机作为设计母本，带领职工自主研发了幸福 I 型 120 定焦距照相机。

幸福 I 型照相机在设计时采用了“美化”的设计理念，在机身和取景器两大部件之间采用两个三角体作为过渡。事实上，这两个过渡三角体并无实际功能，但是将产品的上下端连为一个整体，并且不会因为上端取景器显得太小而产生不平衡的感觉，所以实现了美化产品的效果。幸福 I 型照相机的机体和内部暗箱均用铁皮冲压点焊而成，产品机壳外表用黑漆布粘贴，箱体后部有红窗计数孔，底部设有三脚架螺孔。后期生产的幸福 I 型照相机在机身上增加了背带挂环，便于携带。随机附带的牛皮盒套上凹印“幸福”二字，还能起到保护相机的作用。当时，每台相机的成本是 14.50 元，市场售价是 29 元。后期为了简化工艺、降低成本，产品机壳外表只喷了一层黑漆。第一代幸福 I 型照相机的正面采用中国青铜器纹样作为装饰图案，极富中国特色，但这种图案与产品特性无关。第二代幸福 I 型照相机的正面采用由下向上的发射状线条作为装饰，通过光效应图形让使用者产生光学产品的联想，同时又突出了工业化产品简洁和刚性的特点。光圈调节处用白线勾描，并装饰了一个五角星，起到了提示使用者的作用。作为初级产品，能够紧紧把握产品的使用价值并使之具有较强的功能已属难得。同时，这款产品还配以适当的感性设计，有效地统一了产品的实用性与审美性，在装饰设计方面也努力体现出产品的特性，这些都是设计师的智慧结晶。

第一代幸福 I 型照相机采用书法体的“幸福”二字作为品牌标识，同时，为了与产品正面的饕餮纹相呼应，采用了相同的纹样作为“幸福”二字的底纹。标识的整体造型为弧线形。第二代和第三代幸福 I 型照相机的标识设计保留了第一代的弧线造型，将品牌名称改用一般字体，并在两个汉字中间增加了手写体的拼音“xingfu”，这样的组合设计与第一代书法加纹样的设计相比，更易于识别。后期生产时，为了降低成本，机身不再贴黑漆布皮饰，而是在外壳上直接涂黑漆（图 2-15）。

■ 图 2-15
三代幸福 I 型照相机的装饰设计

幸福牌照相机是一款箱式照相机，外形简单朴素，面向大众销售。幸福牌照相机的镜头采用固定焦点，光圈是 F11 和 F12，快门速度仅有 1/25 秒，是一台简易照相机。至 1959 年，这款照相机共生产了 75 855 台。幸福 I 型照相机坚固耐用，价格低廉且易学易用。幸福 I 型照相机的诞生满足了人们对于日常生活摄影留念的要求，并为该厂未来的照相机研发积累了宝贵经验。

4“图案”设计带来的新型审美

纺织品的美化设计直接影响了老百姓生活的情趣。1949 年以前，中国花布图案大多仿制国外产品的花色，一般厂方会与上海进口商取得联系，一旦国外有新花色样品寄来，便立刻选择中国消费者喜爱的样品进行研究仿制。上海有一批个体设计师都以此为业。当时的图案的风格大致是深色块面平涂，有少量云纹、线条、印染点子较粗的几何图案，或者是满地小几何纹样等，造型都比较简单、呆板，色彩不多。

1955 年，各地美术家协会会员和人民代表大会代表相继在报刊上呼吁，要求改善人民衣着，美化人民生活。纺织工业部为此召开了会议，各省、市纺工厅、局都成立了“花布图案评选委员会”。特别是 1956 年 6 月，华东文化部和中国美术家协会华东分会在上海联合举办了一次“花布图案评选会”，评选会影响较大，产生了许多优秀的设计（图 2-16）。评选委员会邀请了曾留学日本的设计师陈之佛在会上做《中国图案与花布图案改革工作报告》。他从中国图案宏观的角度阐释了民间工艺的源流和演变在历史长河中的影响，及其所形成的丝织图案和花布图案，从工艺美术角度深入地阐释了印花图案存在的价值。他提出图案设计师要向中国传统建筑、传统家具、传统玉雕和木雕等姐妹艺术学习，向大自然学习，加强进修和写生，扩大视野，吸取新的营养，提高创作活力和灵感。这些内容都成为以后中国印染工厂大批驻厂设计师的工作指南，而以陈之佛为代表的老一辈设计师从日本带回来的“图案”形式之美理念也左右了中国购买者的审美导向。

■ 图 2-16
盖有“上海市花布图案评选委员会”印章的设计参赛手稿

在纺织产业集聚的江苏省，由行业、工厂、专家、经销商店人员组成评委会，每季召开一次评选会，评出中选、落选和获奖花样，组织设计人员调研、交流，陈之佛等名家多次讲课。从此，花布图案设计工作欣欣向荣，图案面貌日新月异，设计队伍迅速壮大。[54] 常州东风印染厂（以下简称“东风厂”）前身是大成纺织染公司二厂（其前身是广益染织二厂），是一个典型的具有历史传承的企业，其设计发展的历程是中国大量印染工厂设计发展历史的缩影。东风厂大量的内销产品主要是满足国内市场的需求，设计的指导思想是丰富印染花布图案类型，以比较一般的工艺体现出精致、高档的感觉，通过控制成本扩大产量，印染国内市场适销对路的产品。其传统的“满园春色”“芙蓉鸳鸯”等大花图案，刻画细腻、意境幽美，其他小花印染花布也深受群众喜爱，“云霞焕彩”具有闪光的丝绸效果，这一时期的图案，深色以朵花为主，但其造型、陪衬、排列都比较讲究，是中华人民共和国成立以来花朵图案设计的高潮时期，另外一种用具有闪光效果的染料和辅以新工艺生产的产品也风行一时。

20 世纪 50 年代，东风厂已经在全国较大的印染厂中建立了交换花样图案的联系制度，厂内设计人员建立了互相帮助机制，平时每月半天到郊外写生。厂内还举办花型展览，并在常州的湖塘桥和戚野堰，以及苏北地区等进行花布展销，征求消费者意见，特别是倾听采购员、营业员、妇女代表、缝纫工人的反馈。此举不仅使得工厂设计师直接了解了市场的审美偏好，为新的花布图案设计提供了参考，而且为人民普及了新的审美趣味。工厂当时还成立了花样审查制度，负责审查花样是否符合好看、好刻、好印、好销、成本低的标准并提出修改意见，使印花布配色更加合理。1956 年，东风厂设计和生产的新花型有 100 多种，完全改变了过去多年来不注意色泽外观，只按一般规律搞每种花型配红、蓝、白、黑等老一套方案的状况。

1957 年，东风厂开展增产节约运动，要求设计人员经常与车间生产部门联系，熟悉生产过程，明确设计与生产部门的关系，使他们懂得如何配合生产，每月还邀请生产技术人员上课，使设计人员增长技术知识，平时还要在每个花样图案定产前进行成本核算，以平衡设计、工艺、成本。这一年，扬州市文化馆举办了一次为期两天半的花布展览会，观众有 3 000 多人，后来东风厂设计的花样参加江苏省花纹图案评选，有 10 多张花样得奖，其中“秋色”获二等奖，“艳菊”“月季花”“桃李争春”“联结同心”得三等奖，还有 6 张花样得表扬奖。东风厂还健全了花样图案评选会议制度，每月进行一次厂内评选；花型色泽小组每月召开 2 ～ 3 次会议，研究改进配色工作；印花车间也定期举行花样审查会议，由车间主任、工段长、计划员及工程师室人员参加提意见。过去，花样设计师常因为不了解哪些颜色可以生产，陷于盲目设计的状况。为此，东风厂的化验室制作了两份标准样卡，其中分还原染料、印地科素染料、纳夫妥染料直接印花部分及还原染料与印地科素染料防染部分、拔染及凡拉明印花部分。除贴制标样外，还标明每百斤单价及所用染料等，对花样设计、改进配色的基础工作、降低成本等都很有帮助。

花样虽经过设计、定产和审查，但在实际生产过程中往往还会遇到具体困难，造成生产与设计的要求和意图不符。东风厂定期组织车间和花样设计室联系。当时，每半月召开一次由主任工程师主持，印花车间主任、技督科长以及花样室（设计室）、化验室和计划科等有关人员出席的联席会议，由印花车间主任逐个对照纸样和生产布样（会前准备半个月的生产资料）分析，说明变动花样的理由，并由技督科长分析技术操作上的问题，对色泽做出鉴定。主任工程师会在会上提出今后设计和生产改进的方向和要求。除花样设计与生产联系的制度外，当时还建立了色泽变动的联系制度，花样在生产前须严格审查配色，当定产前遇有特殊情况必须临时改变色泽时，在不影响美观实用和染料供应等原则下，由技督科鉴定配色，变换底色一律通过计划科布置，并以书面为凭，以明确职责纠正混乱。与此同时，对于好的设计，设计师也是通过工艺的优化及控制来实现的。为了使低档平布织物有高档呢绒的感觉，设计师设计了一款图案，在深色底上用蓝、灰、白三色，不规则粗细点交织成条纹，中间在灰色附近施一白色雪花，以此产生闪光感，并增加一定的厚度。在图案评选时陈之佛十分赞赏，但工艺部门认为这在生产中容易引起串色，达不到设计效果，会造成大面积污损。设计师认为这是生产过程中工艺掌控不当所致，经过反复论证，决定增加色浆的浓度并把辊筒上的刮刀磨快，并勤磨，使运转中的辊筒在色浆槽里蘸的色浆的残余部分立即被辊筒上的刮刀刮净，防止和避免浮浆施入下道色浆内，这样就会避免出现有大面积污损的残次品。由于达到了预期的设计效果，这款布料在市场上取得了很好的反响，还获得了全国一等奖。

1958 年前后，许多花布图案设计的灵感来源于新中国画、中国吉祥纹样，东风厂的设计师吴英俊成功设计了酷似画家齐白石风格的国画色彩极浓的“牵牛花”，深受群众喜爱；当时较为突出的花样还有“百鸟朝凤”“鸳鸯戏荷”“凤穿牡丹”“孔雀开屏”“万紫千红”“满园春色”“百花齐放”“云霞焕彩”等，突破了原来花布设计的风格，在好几个省市都很畅销。

1959 年，全国印染厂都为解决染化材料紧张的问题而优化画布图案设计方案，设计人员及时设计深色单面印花代替深色拔染印花，并以花朵、细条斜格、立体图案等作为底纹设计满底花型，使每匹采用一套满底印花的布节省原材料近 1/3。1959 年之后，每年都有艺术院校毕业生进入纺织、轻工（主要是玻璃、搪瓷）行业，特别是中央工艺美术学院（今清华大学美术学院）染织系培养的学生带来了新的设计理念。除了染织专业的学生外，还有版画、中国画专业的学生转行来从事设计的。他们都经过系统的图案设计训练，有较高的美术素养。设计的花样特点是造型较写实、处理手法多样、注意创新、工整严谨、注重图案意境。

1965 年，东风厂开始在少数大花中试用喷笔，这种设计在大花、小朵花及浅花布中使用较广泛，产品效果良好，颇受群众欢迎，之后又尝试在涤棉产品上使用喷笔，增添了涤棉的高档效果。在实践过程中，喷画技巧由生疏到熟练，创造了许多方法，并总结出“灵活、敏捷、准确”这一操作要求，做到快慢、高低、大小、轻重、长短、曲直随心自如、得心应手，使画面美观、真实、协调。他们还在花筒雕刻方面协调配合，广泛运用网纹喷蜡、网纹勾线等技法，不仅弥补了照相雕刻的不足，而且另具特色，取得了生动、微妙的效果。在其他方面亦有许多技术成就，如黑色染料的制作、设计开刀法、精细花样的缩小、改进刻油纸和刻刀，等等。[55]

作为中国纺织品出口的重要基地，上海的丝绸印染工厂、研究所一直致力于高端产品的印染图案设计，以适应国际客户的购买需要，因而其设计也更加具备国际化的眼光，他们经常分析细分的国际市场的需求，同时具有强烈的成本意识。20 世纪 50 年代初，中国并不具备生产高档的丝绸原料的能力，而苏联对于印染精致的高档丝绸有很大的需求。为了支持正在推进的苏联援助中国的工业化建设项目，完成与苏联的“以货易货”式的贸易任务，国家需要花费宝贵的外汇在欧洲市场购买高档丝绸原料，交由上海的工厂印染出口到苏联。上海因此组织了强大的设计团队进行丝绸图案的设计，他们通过选择适当的图案和工艺控制成本，生产出口苏联的产品，并且做到了让苏联人民爱不释手。对于出口到欧洲市场的产品，他们则尽可能通过设计和工艺来提高产品的附加值，努力为国家换回宝贵的外汇。中国攻克了高端丝绸原料制造的难关以后，上海丝绸印染图案的“花花草草”设计越来越体现出其价值，相关的工厂、研究所建立了比较高效、完善的设计制度、工作机制，特别是多年积累形成的科技情报体系，其中的“产品评价手册”详细记载了国际贸易经销商、设计单位、工艺技术部门对图案设计的评价和改进的建议（图 2-17）。这种技术文献通过工厂之间、行业之间等交

■ **图 2-17**
盖有“上海市花布图案评选委员会”印章的设计参赛手稿

■ **图 2-18**
盖有“上海市花布图案评选委员会”印章的设计参赛手稿

■ **图 2-19**
九星牌翻口面盆，以长江航运客轮图案装饰盆底，1959 年

流对内销产品的设计理念更新产生了积极的作用，促进了内销产品的更新换代，从而为国内购买者带来了新的审美感受。

图案除了在印染行业被大规模应用以外，在其他轻工业日用产品上也不可或缺。这种做法一直延续到 20 世纪 80 年代初，涉及的领域除了搪瓷产品外，还有玻璃、保温瓶行业，后来由于进口了日本轻工业制造装备，可增加产品表面光亮度，使得图案设计大放异彩。由于这三个行业同属于轻工业局，相关设计师会经常因业务工作相聚，都会主动交流设计所采用的图案题材，并自觉地在各自的产品上去应用，所以无意中在市场上出现了很有系列感的产品，即同一个图案、同一个时间段分别在搪瓷产品、保温瓶、玻璃产品上应用，并且还有细小的差异，这些产品对新婚消费者十分有吸引力。[56]

在大力发展重工业产品的环境下，轻工业产品、印染设计中的图案也深受其影响，对于工业化的向往成为 20 世纪 50 年代一个十分特殊的设计现象，在此以前和以后都看不到类似的设计（图 2-18、图 2-19）。因此，不应该将这些设计简单地归纳为一个“工业题材”类型的设计，而是要理解这些设计实际上是当时“工业化发展”这个特定的社会因素塑造出来的。[57]

第三章 Chapter 3

产业初成与设计蓄力

1 “58 型”产品设计的价值

世界手表工业在“一战”后逐步形成，但直到 1949 年，我国仍只能生产机械钟。1954 年，当时的国家经济委员会主任李富春在上海视察时提出：“我国有 6 亿人民这样大的市场，手表工业大有作为，希望上海能生产我国自己的手表。”1955 年 7 月 9 日，上海市第二轻工业局与上海钟表工业同业公会组织 13 家钟厂和建国仪表厂、华康钟表材料行、慎昌钟表店，以及艺星、和成、华成、中苏等 4 家工业社，加上 6 名从事钟表修理的个体技工，共 58 人参加手表试制小组，试制单位和人员分头制造零部件，大光明钟厂工程师曲元德研制“小钢马”，中国钟厂工程师阮顺发试制主夹板。9 月 26 日，分散加工好的 150 多个零部件全部集中到慎昌钟表店，共组装出 18 只长三针（17 钻）细马防水手表，表面上印有“第一次试制样品 1955.10 上海”字样，首批试制品未公开发售。至此，中国不能生产细马手表的历史宣告结束。[手表行业里把擒纵叉称为“马”，“粗马”表示擒纵机构为销钉式的，结构简单，叉销和摆钉都是用圆柱钢丝做的，效率差，使用寿命短。“细马”则指擒纵机构为叉瓦式的，叉瓦和圆盘钉使用硬质玻璃做的（习惯上叫钻石），结构相对复杂，效率高，使用寿命长。] 翌年 5 月，试制工作集中到江阴路（原齐心发条厂仓库）进行，试制队伍扩大到 150 多人，利用简陋设备试制出第二批手表 100 只，定名为“东方红”（图 3-1）、“和平”牌（图 3-2）。但由于零件按实样研制，精度不一，装配成手表正品的只有 12 只，次品 58 只，废品 30 只，日走时误差为 120 秒，因此这批手表也没有上市。

1957 年 4 月，试制小组抽调原火车头闹钟设计工程师奚国桢、原制造医疗针头技术人员童勤奋等参照《苏联工艺学》教科书，结合试制实践，用了 4 个多月，参考了当时瑞士赛尔卡 AS1194 型手表的机芯，画了 150 多张零件图纸，定出 1 070 道工序的生产加工工艺，这些零件图纸和加工工艺说明成为我国自己制定的第一套手表的生产工艺文件。1958 年 3 月，A-581 型机械手表注册“上海”牌商标，定型号“A-581”，寓意为“1958 年第一种机芯”。4 月 23 日，上海第一家能够生产细马手表的手表厂——上海手表厂建成。

为了能立刻形成生产力，建立配套企业成了当务之急。至 1958 年，上海手表工业逐渐开始形成，但关键元器件仍依赖进口。为填补我国钟表工业空白，支持手表元器件、材料基地的形成和发展，上海市政府立刻从文教、冶金、仪表、日用化学、日用五金、科研、财贸等 15 个系统选择一批企业转产，还抽调一批工程技术人员大力发展宝石钻眼、

■ **图 3-1**
第二批试制手表中的东方红牌样表，中国工业设计博物馆收藏

■ **图 3-2**
第二批试制手表中的和平牌样表，中国工业设计博物馆收藏

■ **图 3-3**
上海牌 A-581 型表盘的细节设计

■ **图 3-4**
同心圆表盘设计的上海牌 A-581 型手表

防震器、游丝、发条等元器件加工，以及铜材、不锈钢材、易切削钢材、镍基合金材料、钟表仪器、模具、专用机床生产的专业工厂，使上海钟表工业很快形成协作配套较为完整的手表生产基地。A-581 型机械手表从 1958 年 3 月开始批量生产，当年便生产了 13 600 只，为 17 钻半钢防水表。该手表正式向公众发售时售价为人民币 60元，在生产期间深受全国人民喜爱。1968 年，上海手表厂突破量产 100 万只手表大关后停产，一代传奇就此终结（图 3-3）。

上海牌 A-581 型手表整体设计追求典雅与现代相结合的风格，虽采用大圆表面，却给人以精巧的感觉。从侧面看，表面玻璃呈微球面状，在不锈钢表壳的包围下，外观显得饱满、华丽。在 12 个点位刻度中，或 6 点、12 点位为数字，其他为条状线，或 3 点、6 点、9 点、12 点位为数字，其他为条状线，秒位刻度为短线，或全由数字组成。早期的产品一般将刻度压入表面呈凹状。虽然早期款式、色彩比较单一，但设计严谨，各要素搭配具有逻辑，在 12 点位刻度下放置品牌标识，6 点位到刻度上放置产地及关键技术参数。

由于设计师大多数都了解欧洲名表设计特色，并且具有长期修表、赏表的经验，因此在早期产品推出以后，迅速利用数字刻度字形、指针、表面色彩的变化来扩充产品线，并且取得了很好的效果。如指针设计就有太子妃针（dauphine）、指示针（index）与柳叶针（leaf）三种形状，秒针则有箭头针与平头针两种。据统计，由此造就了百余款上海牌 A-581 型产品。

随着表盘喷塑工艺的开发成功，更新款式的产品也应运而生，这种设计进一步体现了工艺与技术之美，也给我们带来了更加阳光的视觉感受。表盘外圈设计为 5 个同心圆，内圈为斜格网状图形满铺，内外两圈不同图形的处理给人以表盘中间浮起的错觉，增加了立体感（图 3-4）。同样还有一种当时被称为“不眠纹”的表盘设计，其实是一种类似原来平面设计中的发射骨格纹样，也受到市场的欢迎，它暗合了消费者不断追求自身能力扩张的潜在意识。无论是什么纹样的设计都表明，此时的设计师已经不仅是想设计一台“机器”，而是想把自己的设计意识投射到产品上，使之更具质感、更具灵性。

上海牌A-581型手表的底盖采用十二边形旋入式结构。底盖为全钢材质，利用材料自然的色泽和人为刻画对底盖盖面进行设计。外圈刻有厂名（“上海手表厂”拼音），内圈刻有手表型号和品牌标识（图3-5）。

1957年年初，上海市政府根据群众日益增长的物质需求和“一五”计划制造业全面发展的计划目标，决定由上海市计划委员会副主任顾训方牵头，专门成立照相机试制领导小组，由上海市计划委员会轻工业处处长任组长，上海市轻工业局、第一商业局等有关领导参加，由商业一局下属的上海钟表眼镜公司承担组织试制班子。上海钟表眼镜公司接到试制任务后，于1957年9月成立了以公司副经理白斐和吴国城为领导的照相机试制小组，成员包括公司技术科副科长游开琢、冠龙照相器材商店经理乐秀山等6人。上海市四川中路南京东路路口惠罗百货公司大楼4楼的一间办公室被用作试制场地。上海照相机试制小组在成立后参照当时苏联的佐尔基照相机加快设计研发。1958年1月，使用135胶卷的上海牌58-1型照相机试制成功。在58-1型产品的基础上，通过改进设计迅速形成了58-2型产品。为了批量化生产上海牌58-2型照相机，试制小组招兵买马，扩充为上海照相机厂筹建处。

1958年11月，上海照相机厂筹建处和大明誊写用品厂、海通工艺厂、正丰五金工业社、勤联文具厂、施鹤记电镀厂等合并成立上海照相机厂，员工405人，当年生产上海牌58-1型照相机1 000台。上海牌58-1型照相机是我国第一款以工业化流程生产出来的照相机，也是第一款单镜头旁轴取景照相机，在我国照相机发展历史上具有极其重要的地位。

在推出58-1型照相机之后，上海照相机厂发现测距系统频繁使用会导致机构不稳，因此将取景、测距两个系统合并成一个系统，并增加万次闪光灯联动插座，具有1/30秒闪光同步功能，使结构更合理、性能更完善。上海照相机厂将其定名为上海牌58-2型照相机，于1959年9月正式投产。1959年9月，为了庆祝中华人民共和国成立10周年，500台上海牌58-2型照相机被送往北京，上海地区上市300台。上海牌58-2型照相机是中国第一款大批量生产的照相机，截至1961年9月，共生产了6.68万台。后来，因产品滞销而停产。

上海牌58-2型照相机的定位是高端产品。设计师游开琢对欧洲多款照相机进行了研究，发现大多数机械照相机都是出于机械结构精密或者出于尽力追求小型化、轻量化的目的而设计的，并没有给外观、色彩、肌理设计留下多少余地。为了平衡各种要素，试制小组选择了德国徕卡照相机作为范本。从产品设计角度而言，选择徕卡就意味着选择了“功能先行”的原则，也就是说，上海牌58-2型照相机将以纯几何形态来进行设计（图3-6）。

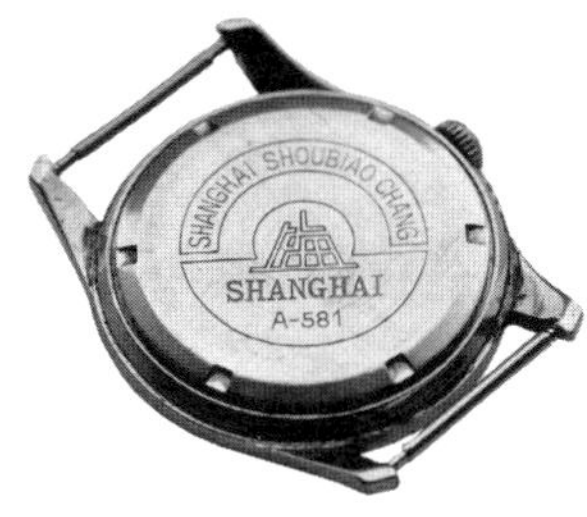

■ 图 3-5
上海牌 A-581 型手表底盖钢印图案设计

■ 图 3-6
上海牌 58-2 型照相机

在设计上，58-2 型照相机参考了当时德国徕卡Ⅲ b 型 135 旁轴照相机。由于做工极为精致，被称为徕卡的上海版。在提起上海牌 58-2 型照相机时，上海照相机总厂的老员工孙云清回忆道："德国徕卡Ⅲ b 型照相机是在 1936 年设计出来的，我们是在 1958 年开始研制的，比他们晚了二十多年，但是我们一起步就到这个水平了。当时，苏联也试制了 135 单镜头反光照相机，但仅凭他们自己的力量是无法完成的。在第二次世界大战之后，苏联获得了德国的工厂设备及工程师，直到 1950 年研制出了佐尔基照相机。我们在研究了佐尔基照相机后发现它不够先进，所以干脆直接研究徕卡照相机了。因为当时领导和工人师傅们都在议论北方已经试制出了照相机，而上海不能比他们差，所以干脆找当时世界上最先进的产品进行研究了。"

58-2 型照相机的整体机身造型是接近 1 ∶ 3 比例的扁圆桶体，精致小巧，便于携带。各个部件的大小比例是依据操作所需的人机工学常识来设计的。顶部为了完成取景等功能增加了一个横卧构件，所有操纵旋钮为圆形，与前者互相咬合，有机共存。

从俯视图来看，右侧胶片旋钮给操作者提供较大力量转动胶片，左侧回转旋钮次之，速度旋钮最小，闪光灯基座嵌在由底面造型避让出的位置上，各部件大小、造型经过设计师精心调整，与品牌标识及编号形成了有机的整体，呈现出独特的设计美感。镜头平时退缩到机身内，使用时可以抽出，因此缩小了产品体积，便于携带。镜头还可以卸下来作为放大镜使用。除机身外的所有部件都是手工制造、手工装配和手工校准的。

58-2 型照相机的整个机体以铝材为基本材料，机身下部及经常与手接触的部位以硫化橡胶装饰，因此在拍照时手更容易握住照相机并且不会留下明显的手印痕迹，同时还便于清洁。卷片旋钮、对焦口、光圈及快门旋钮等其他与手部接触的部分采用金属滚花工艺，增加了摩擦力，以便精确操作。上海牌 58-2 型照相机不仅材质做工精湛，而且经典的黑色和典雅大方的银色搭配更凸显出产品整体的高档感。

■ **图 3-7**
上海牌 58-2 型照相机

58-2 型照相机的顶部和光圈上有该产品的品牌标识。顶部的标识为黑色，与下方文字“中国上海照相机厂”相互呼应，标识右边是产品编号；光圈上的标识为显眼的红色。这款产品的品牌标识是一个简单的几何图案加上“上海”二字。几何图案包括两条中心对称的直线，而中间的圆形被两条直线分隔。这个标识的设计理念与照相机自身的成像原理有关，中间的圆形象征镜片，而两条相交的直线恰如光线一般，透过镜片后将影像记录下来。这样的设计不仅清晰直观，而且与产品本身的特点非常吻合（图 3-7）。

1953 年 5 月，在编制“一五”计划时，中央认为有几种轻工产品一定要搞出来，包括照相机、手表、电视机等。那时，在一无工艺设计及图纸，二无生产设备及场地，三无技术力量，四无新产品试制费用的条件下，各级干部、工人和工程技术人员都努力要为祖国填补轻工业产品的品种缺门。他们千方百计，因陋就简，分类摸索，都希望能早日试制出第一款新产品。

1957 年年初，为了集中力量试制第一款照相机，在上海市计划委员会的领导下专门成立了照相机试制小组。但是，此事一开始就碰到一个难题，那就是要有人去干这件事，轻工业局表示无能为力，派不出合适的人。经过反复研究，最后决定由第一商业局下属的钟表眼镜公司派人组建起试制的班子。因为钟表眼镜公司下设的大商店有修理照相机的业务，所以有一定的修理经验和技术基础，而且有的店设有修理工厂，会磨制眼镜片，具备加工照相机镜头及光学元件的条件。当时，钟表眼镜公司的领导为试制工作提供了极大的支持，为了完成第一款照相机的试制任务，他们派公司生产技术科副科长游开琛为骨干，负责试制工作。

游开琛，1928 年 9 月 26 日出生于福州，1947 年就读于上海光华大学，先学经济专业后转入工科，后来于上海交通大学和浙江大学专修精密机械、电影与照相原理、设计，并在上海沪江大学（后来的上海机械学院，今上海理工大学）随德国专家研习光学冷加工与真空镀膜。游开琛早期在中国银行上海分行工作，后来为了支持商业部门被调到钟表眼镜公司。他虚心好学，肯钻研技术，愿为试制新产品做出自己的贡献。他那时仅 28 岁，面对试制过程中的重重困难，毫不计较个人利益得失，迎着困难上，把全部精力倾注到试制工作中。游开琛从一开始就到处奔走，多方搜集国外照相机资料，经过几个月的调研，提出以徕卡 135 型照相机为试制目标。经过试制小组研究决定，同意试制方案，测绘、研究、仿制和改进工作从 1957 年 7 月开始进行。为了镜头里光学玻璃的试制，游开琛三次去长春光学精密机械研究所求援，经中国科学院学部批准，由长春所承担设计任务，这样才解决了设计数据和图纸的难题。

游开琛还是个工程组织者。他在上海照相机厂组织并培育了一批中国照相机工业的技术人才，还在百忙之中为上海轻工业专科学校编写了《照相机原理与设计》一书并亲自教授，为培养中国的照相机技术人才付出了自己最大的努力。

在“一五”计划末期，随着国民经济的发展，解决城乡货物运输问题，特别是小宗货物的运输问题，已迫切地提上日程。1956 年 10 月，上海举办了日本工业产品展览会，在展品中有 6 种车型的三轮汽车。这种车的特点是灵活方便，适用于城乡短途运输。当时的中国由于农业合作化的发展，城乡交通运输工具紧缺，因此这种交通工具立刻引起了上海各有关部门的注意。在上海市机电局和市计划委员会、市政交通办公室的支持下，先后有上海市货车修理厂（上海重型汽车厂前身）、宝山农机修配厂（上海—易初摩托车有限公司前身）、上海汽车装修厂等几个厂家开始试制三轮载重汽车。后因上海市货车修理厂、宝山农机修配厂转向试制生产重型载货汽车和摩托车，三轮汽车试制成功后，便相继停止制造。真正形成一定批量生产能力的是上海汽车装修厂生产的 SH58-1 型三轮载重汽车。

1957 年 4 月，上海市内燃机配件制造公司组织召开三轮汽车选型试制方案讨论会，经过可行性分析，提出申请报告，获得上海市政府和主管局批准。1957 年 5 月 6 日，该公司成立了三轮汽车工程办公室，何安亭任主任，马睽、杨锡夏、何介轩为副主任，张宝书为总工程师，抽调了有关技术人员，负责设计和试制工作。

为加强对汽车试制工作的领导，统一组织协作生产工作，上海市政府于 1957 年 7 月 18 日成立了由 18 名委员组成的三轮汽车试制委员会。由市计委副主任顾训方任主任，市机电工业局副局长赵琅、胡汝鼎和内燃机配件厂经理王公道任副主任。这两个组织领导机构在组织协作方面的分工为：凡属内燃机配件制造公司内部生产的各种配件由工程办公室提出计划，在公司内协作解决；凡属电器仪表等兄弟公司生产的配件由工程办公室提出计划，由试制委员会协调安排。三轮汽车的选型，经过对日本展品车型品种的比较和试验，决定以 1 吨大发 SDF-8 型为基础，进行部分设计改进。

上述方案取得了市、局领导的同意。设计与试制工作从 1957 年 7 月上旬开始，到

1958 年 1 月 15 日结束，共完成测绘图纸 2 860 份，其中 58-1 型图纸 1 500 多份，58-2 型图纸 1 360 份。从 1957 年 10 月下旬起，发动机、变速器、底盘、车身和总装由 4 个主机厂相继投入试制，即由上海内燃机配件厂（上海发动机厂前身）试制发动机和变速器、螺旋伞齿，上海汽车底盘配件制造厂试制底盘总成，上海汽车装修厂试制车身和负责总装，其他 251 项零配件则分别由上海汽车电机厂、恒大有色铸造厂、交通电器厂、中国机械工具厂、宝铝汽车材料厂、新成汽车配件厂、新华活塞环厂、上海汽车配件厂等 51 家工厂按专业化协作原则试制。

三轮载重汽车试制工作在市、局、公司领导的组织协调下顺利开展，广大职工夜以继日，贯彻干部、工人、技术人员三结合的方针，不断攻克难关。经过两个月的奋战，第一台三轮载重汽车底盘，包括车架、后桥、悬挂制动系统，于 1957 年 12 月 10 日试制成功；第一台发动机于 1957 年 12 月 16 日试车成功；第一辆三轮载重汽车于 1957 年 12 月 26 日总装完成。1957 年 12 月 28 日，在上海汽车装修厂举行了三轮汽车试制成功剪彩典礼，市计委副主任顾训方代表市领导剪彩并讲话。产品一上市便受到用户的欢迎（图 3-8）。

由于四轮载重车被称作“全轮货车”，所以三轮载重车被称作“非全轮货车”。正因如此，其设计理念与前者具有一定的差异。三轮载重车从性能上来讲存在着一定的先天性缺陷。首先，是稳定性问题。在转向时，整车重心只要超出了由三个轮子形成的三角形范畴，就容易侧翻，尤其是在做较小半径转弯或紧急避让时更容易出现这种问题；其次，整车重心越向前移越容易超出由三个轮子形成的三角形范畴，因此当车辆制动时，整车的重心是前移的，紧急制动更容易使整车重心向前移并超出其三角形范畴。

■ 图 3-8
上海牌 SH58-1 型三轮载重汽车

设计工作尽量围绕着设定的目标推进，以尽可能小的车身，适应城市中小巷道路的灵活行驶，因为这些道路不需要过高的车速行驶，同时也为短距离运输提供了工具，特别是要考虑到在广大农村地区以此替代畜力，在城乡物资交流、城乡短途农副产品运输方面的确增加了有效的工具。

一辆看似简易的三轮载重车却也由 2 000 余个零部件组成，并且其复杂程度并不亚于“全轮货车”，其中涉及各个工种，需要使用各类机床，还要有一整套专用工艺设备，所以小批量生产是不经济的。而将这车的设计制造放在上海地区，是根据上海中小型厂多、专业教育程度高、灵活性大的特点，本着充分发挥潜力、减少投资的方针，通过上级领导的统一规划，组织各专业厂协作，以中型厂为主机厂，逐步有计划地发展的。当年参加研发设计工作的原上海汽车制造厂厂长蒋庆瑞认为：工厂专业化具有经济、易于改进零部件质量、提高工艺技术水平的特点。

2 工程类比中的设计

在历经了有代表性的工业产品“设计摸透”以后，需要针对中国未来工业发展的关键产品进行拓展，并展开具体的设计工作，这个时候需要自行决定生产组织的方式，同时考虑到产品迭代的可能性和开发资金使用的效率，尤其要考虑对于特定的行业发展的战略意义。一般会采用工程类比的方式展开设计。

1957 年 10 月，一机部汽车局确定南京汽车制造厂（以下简称“南汽”）仿制苏联嘎斯 51 型轻型汽车，并提供了图纸资料。根据这一决定，设计组确定了“以制造发动机为主与专业厂相结合，采取广泛协作，组织汽车生产”的方针，从研究仿制其发动机入手，以发动机、驾驶室和车架为主，在一机部汽车局的支持下广泛协作，组织配套生产。

1958 年 3 月 10 日，第一辆 NJ130 型 2.5 吨轻型载重汽车试制成功，命名“跃进”牌，这是继长春第一汽车制造厂的解放牌汽车以后问世的我国第二种牌号的载重汽车。同年，国家拨款 800 万元，第一次进行基本建设，开创我国依靠自力更生、艰苦创业的精神制造和发展汽车生产的先例。1959 年，苏联 M21 型发动机试制成功后，按照国家指令，南汽将全部成果移交给北京汽车制造厂，成为井冈山牌轿车的心脏部件（后装备在 BJ212 轻型越野车上，定名为 BJ492 型发动机）。这个时期的产品质量问题较多，生产秩序较乱，通过调整、整顿，生产秩序得以恢复，产品质量、生产能力有了明显的提高。1962 年下半年，随着国民经济的复苏，汽车生产开始回升。同年 10 月，陈毅等中央首长来厂视察，对南汽自力更生制造汽车表示赞许。1964 年 1 月 8 日，朱德视察南汽，勉励南汽“自力更生精神很好，要保持、发扬这种精神”，并为南汽题写了厂名。

1964 年 11 月，国家推行经济办法管理企业，试办“托拉斯”体制，以南汽为主体，与南京市重工业局的南京汽车配件制造公司下属的 8 个配件厂、杭州市重工业局下属的杭州发动机厂、杭州链条厂和常州市政工程机械厂合并，成立中国汽车工业公司南京汽车分公司（以下仍沿用“南汽”简称），按专业化协作原则进行总体规划，根据各厂具体条件确定专业化方向，调整零件分工进行技术改造。改造分两步进行：第一步按年产 5 000 辆水平，第二步按年产 1 万辆生产纲领。1963 年 9 月，试制 NJ230 型 1.5 吨军用越野汽车，于 1965 年正式投入生产，为部队提供装备并出口到相关国家履行国际主义义务。1964 年，南汽为第二汽车制造厂试制了 3.5 吨载重汽车（后移交给广东成为红卫牌汽车）和 20Y 三轴 2 吨越野车。到 1965 年年底，南汽累计完成国家投资 2 000 万元，基本达到年产 5 000 辆汽车综合生产能力，实现第一步专业化协作规划目标。[58]

NJ130 轻型载重汽车的设计从南汽自行组织攻关关键制造技术开始，其标志性事件是，1958 年 2 月 17 日，冲压车间主任韩玉成和支部书记姚连生带领工人操作 250 吨油压机分段压制出第一副汽车大梁，由此拉开了设计工作的大幕。

最早设计的 NJ130 型技术指标都不高，驾驶室采用的是帆布顶和门，车厢后围、侧围均为木质，前围为铁皮，车身为镀金件，这种“混合材料和结构”的车辆共计试制了 3 辆，纯属“简易车”。这是因为工厂缺少大型设备，虽然有苏联嘎斯 51 型作为参考，但仍无法完全仿制。

稍后南汽一边集中于各种制造设备的生产，一边生产了“简易车”248 辆，第二年增加到 1 206 辆。由于当时缺乏轻型载重车，因此 NJ130 问世后居然出现了供不应求的局面。当时，设计面临的问题是将“简易车”向“正规车”过渡，首先是将由“布、木、铁混合结构”的驾驶室改为全金属结构，几乎将车身上所有的铸件的造型由手工制造改为机械制造，在保证其精度的同时大幅度地提高了美观度。[59]

虽然改良后的 NJ130 在最初的两年里只生产了 1 077 辆，但由于严把质量关，这批车受到用户好评，同时也带动了工厂设备的专业化建设，成为设计工作的第一个里程碑。在开发民用产品的同时，南汽还承接了 NJ230 型军用越野车的生产，其驾驶室造型完全等同于 NJ130 型，但底盘提高，使用耐磨轮胎，前大灯加金属网格防护罩，车厢采用高栏板，当时还从苏联进口了一部分耐磨零部件，又从一汽引进了成熟技术，发动机增加到 90 马力，成就了这款加强型产品（图 3-9）。

■ 图 3-9
NJ230 型军用越野车

1968 年，NJ130 的设计再次被更新。由于有了军用越野车的设计经验，这次设计更新时南汽似乎更有底气。首先，南汽在仿制时期不仅是仿外形，还直切关键部件，发动机就是目标之一，在多年修造经验的基础上，他们对轻型载重车使用的 70 马力汽油发动机进行持续不断的改进，形成了经典的 070 型发动机，并以此发动机作为基础开发系列产品，广泛应用于军事、工业、农业等各方面，还曾出口到国外。其次，随着南汽的专业化配套工厂日趋建成，专业的技术培训学校培养了大批成熟的技术工人，在所有“利好”的要素作用下，最成熟的一款产品 NJ134 型诞生了（图 3-10）。

■ 图 3-10
NJ134 型 3 吨长厢轻型载重汽车

摩托车的设计与制造大致也是经历了这样一个过程。其中，二轮摩托车不仅是在部队使用，在邮政、通信保障、部分农村，特别是边疆地区生产、生活乃至体育竞技方面都有很大的需求。摩托车较之汽车设计要显得简单得多，通过工程类比设计可以达到预想的目标。

1956 年，上海市数十家摩托车修理行合并改组，在各区成立摩托车修理合作社，隶属于上海市综合联社。1957 年下半年，技术力量较强的新成区摩托车修理行参照国外摩托车式样，用两个月试制成 3 辆 550CC750 型 4 冲程摩托车，命名为“闪电”牌，第一批投产 50 辆。1958 年 4 月，上海市石油公司杨树浦油库的机修工段试制成 300CC 350 型 4 冲程摩托车，命名为“海燕”牌。

1957 年 2 月，第二机械工业部第四局（航空工业管理局）把仿制苏联乌拉尔 M72 三轮摩托车任务下达给了洪都机械厂、湘江机器厂等 7 家下属单位，要求当年试制成功。乌拉尔 M72 仿制的是德国的宝马 R71 型，但当时苏联根据实际需要在工艺结构上对宝马 R71 型进行了较大的改动。1957 年年底，洪都机械厂装配成功第一辆摩托车，随后对其进行了 3 000 公里道路试验，质量基本达到了设计要求，于是该车被命名为“长江”牌 750 型。1958 年后，长江牌 750 型摩托车被列入了国家计划，洪都机械厂、湘江机器厂和其他分厂分别成立了摩托车制造车间和发动机分厂，并根据订货计划和工厂生产能力建立了摩托车生产线。

1959 年，上海自行车二厂决意主动承担研发新型摩托车的任务。据时任上海自行车二厂副总工程师、研究所所长唐翰章回忆，1959 年，正是我国与苏联的关系“内紧外松”的年代。下半年的一个下午，上海自行车二厂党委书记兼厂长陈世杰突然决定召开全厂职工大会。会上，陈世杰情绪激昂地说，当年朝鲜战场上中国军队所使用的捷克斯洛伐克生产的“佳娃”牌二轮摩托车现在已经无法采购到，部队因为缺少维修零部件，使得许多摩托车无法正常使用，急需国内自力更生填补空白。

当时的情况是，国家重工业（含汽车工业）生产任务重，无法接受摩托车的试制和生产任务，陈世杰想开拓新产品的设计、制造，而自行车厂作为轻工系统的大型企业要转产摩托车，势必要投入大量资金和人力、物力，这又是当时的体制下不可实现的事情。陈世杰说他自己是不懂技术的，但同事之中，有搞过发动机的，有具备修理汽车专长的，有车、钳、刨、铣各专业技能的老师傅。如果大家表态有信心，他就到上级面前去表决心抢任务。此时此刻唐翰章等一群年轻人，早被他的一番鼓动激荡起满腔热血，尽管事前没有一点儿思想准备，却是不约而同地纷纷高举起紧握的拳头，异口同声地表示有信心完成试制工作。

在计划经济时代，这个试制任务不是上级的指令性安排，而是在厂党委书记兼厂长陈世杰的政治思想动员下，在保证“正规计划”（自行车及其零部件任务）的前提下，工人们自立军令状，向上级要来的额外“默认”任务。

陈世杰下令，要以最快的速度在最短的时间内先做 5 辆“争气车”出来，以表上海自行车二厂的雄心壮志。于是，厂里立即成立了临时试制工作班子，由唐翰章和张顺根作为技术方面的负责人，率先行动以带动全局。唐翰章利用自己原来搞航模时与国家体委军体俱乐部摩托车运动队熟悉的关系，借来了一辆摩托车，副厂长李植农、供应科长田松乔以及张顺根等 3 人，则利用他们原消防器材厂的关系，要来了一套他们已测绘的发动机图纸，并借助他们试制过而未成功的发动机木模，铸造出了发动机的铝铸件。发动机任务分配给了机工车间，车体部分按原产品车间的状况，将其分解后摊派给各生产车间，有图纸的按图纸，没有图纸的按实物，全面进入“战斗”状态。作为党委书记兼厂长的陈世杰带领试制工作班子艰难地前进，他甚至天天晚上为工人们亲手送上半夜饭和茶水，还送热毛巾为大家擦汗。这样全厂上下一条心，所有人各自发挥特长，夜以继日地干了一个多月，几乎把全部需要加工的零件都加工出来了。紧接着，唐翰章和张顺根直接负责实际的组装。因为大部分零件都是实测制作的，所以进行组装时，原零件加工的人员都在场听候返修或重新进行加工。如此不到一个星期，总算是组装出了 5 辆能发动行驶一两公里的“争气车”。

组装完成后的第二天上午，正好轻工局党委开会，陈世杰一早就带着 5 辆“争气车”去参加会议，向局领导介绍并表态，这几辆车虽然跑不了几公里，但这是他们一个多月来日夜辛劳研制出来向领导表态的“争气车”，表达的是大家的雄心壮志，并保证再过半年，向局领导献上正式的试制样车。

正式试制工作的首要任务是得到产品的图纸和技术综合要求。经过多方打听，二厂了解到航空工业部的洪都机械厂（南昌）有 250 型摩托车的全套图纸，还做过一些工艺和工装模具，准备生产，只因有更急需的军用飞机任务而未成，这些图纸、工艺、工装，均全部移交给了北京摩托车厂。而北京摩托车厂正在消化这些技术资料并准备开始试制。于是，厂领导决定由李植农副厂长带队，和唐翰章、张顺根、孙德华、张庆珠四人组成取经小组，北上求助。五人主动义务为北京摩托车厂承担华东地区的采购、配套、协作事宜，他们的坦率和诚意感动了北京摩托车厂的团队，同意给他们一套未经试制的测绘图纸。

有了可参考的图纸，紧接着就是生产技术班子的建立和运作。厂技术科立即成立了以王子良、陈志远为主导的摩托车产品组，以谈兴发、谢彦宏为主导的摩托车工艺工装组，自行车和人力车零部件老产品则划归科里的综合管理组和理化组。各生产车间按原分工接受正式试制任务，并明确了专职负责摩托车的车间主任。为了保证正常的自行车和人力车零件生产和保证摩托车的试制，主要科室（生产、供应、质检）都明确了有专职分工的科长。

经过对图纸的重新描绘、校对和整理，改进了外观装饰设计，使之更便于生产。同时，开办产品讲解业务学习班，并按各车间设备能力和特长，制定出零件生产的分工工艺。采购、仓库储存也建立起相应制度，健全了管理制度。那时，领导和群众一条心，很多人把铺盖都搬到厂里，不分白天黑夜地连续作战半年，终于装出了 5 辆崭新的样品车。紧接着又不断进行中长距离试车，精心改进，纠正暴露出的缺陷，使样车在行驶中不断趋向安全、可靠、顺当。

1960 年 8 月，工厂认为条件大致成熟，就自己成立了由副厂长李植农、唐翰章、张顺根等各部门领导 15 人组成的厂内鉴定委员会，并专门邀请了上海市轻工局、自行车缝纫机公司等上级机关和市体委摩托车俱乐部、交通大学、机械学院、上海市邮局以及新民晚报社等媒体单位，一起参与了幸福牌 250 型摩托车的长途行驶及产品各项性能（最高时速、加速性能、油耗、制动性能等）的测试。试验后得出结论，虽然在加速性能和耐久性方面还略逊于国外同级车，但已能满足当时交通及体育运动用车的需求，希望能早日投产并不断提高产品质量，品牌取名“幸福”（图 3-11）。上海新闻纪录电影制片厂闻讯专程来厂摄制了 1961 年上海新闻第 1 号新闻片《幸福牌摩托车》，在全国电影院播放。同时，《新民晚报》《解放日报》《人民日报》等，均发表了不同篇幅的新闻报道。

产品试制成功以后，总后勤部委托八一摩托车队对幸福牌 250 型摩托车进行一次 2 万公里的可靠性耐力试验。北京摩托车厂试制成功的长城牌 250 型摩托车一同参加，进行同等条件下的耐久试验。试验地点在内蒙古地区的大草原。在草原上坑洼不平的荒地里，以双人骑行作荷载，以举枪打黄羊模拟实地作战时的性能和耐久试验。经过 3

■ 图 3-11
幸福牌 250 型摩托车

■ 图 3-12
长江牌 750 型摩托车侧面

■ 图 3-13
长江牌 750 型摩托车俯视图

个月 2 万公里试验后，再在天津内燃机研究所对行驶 2 万公里后的发动机做成套台架试验，幸福牌的各项性能和技术指标都大大超过长城牌。所以，在 1963 年的下半年，总后勤部在北京召开了幸福牌摩托车入选军品的鉴定会议。通过论证，幸福牌 250 型摩托车由此正式入选军品。次年，总后勤部派遣驻厂军代表，并下达年度采购计划，幸福牌摩托车开始源源不断地驶进军营。

1969 年，国营赣江机械厂对长江牌 750 型摩托车进行了一些技术改进，主要集中在边车架、电器开关上，但还是保留了长江牌 750 型摩托车的原有造型和结构。长江牌 750 型摩托车整体造型粗犷，结构坚实，车架不仅承载着各大重要的部件，而且为各部件彰显个性提供了基础。从产品左侧面看，各部件比例匀称协调，逻辑结构关系明确，几乎是毫无掩饰、纯功能性地连接在一起，就像人体的筋、骨、肉一般有机地生长在一起，如同一个健美运动员。

从产品右侧面看，边斗车型简洁、实用，造型设计充分考虑到乘员上下车的需求，边斗车内设花纹橡皮垫防滑，并利用边斗车尾部空间设计了放置物品的工具箱。

从人机关系设计方面来看，长江牌 750 型摩托车较好地解决了人机一体的关系，三名乘员坐上后与机器仍能保持高度的一体性、完整性。所以说，尽管该产品是从“构建一台好用的机器”的角度出发做设计的，但事实上做到了两全其美。虽然该产品没有像现代摩托车那样去刻意追求猛兽奔跑的姿态，但其自身隐含的力量足以让使用者对之产生高度的信赖和期待（图 3-12、图 3-13）。

3 设计催生的产品溢出价值

北极星牌机械闹钟按轻工业部1959年颁布的N1型统一机芯图纸组织生产。N1型统一机芯闹钟分17个组件，机芯零件87个。机芯加工夹板零件的钻孔、绞孔部分采用自动化新工艺，工装加工采用线切割、光学磨新工艺。设计上依然沿着宝字牌的传统风格发展，以对钟盘、钟体乃至把手、撑脚各个部位的美化为指导思想（图3-14）。虽然机壳材料已改为金属，但仍保留了木雕的风格，钟盘设计过于强调“古韵”，装饰纹样繁多，使得产品承载的信息过多、繁杂。虽然如此，但这是一款承上启下的设计，在当时中国广阔的市场中拥有很大的份额。这个设计为处于新老技术交替之时的中国消费者接受新的工业产品样式做了很好的铺垫。

■ 图 3-14
北极星牌 N1 型统一机芯闹钟设计

1940年，以上海协昌缝纫机器公司（后来的“协昌缝纫机厂”）为代表的一些工厂开始生产家用缝纫机。这一时期的本土缝纫机生产机械化程度很低，几乎都是手工操作，劳动条件也差，工作强度高。缝纫机制芯全靠手工操作，材料采用红砂、白砂、黑砂，质量差且易碎。抗战全民族爆发后，美国缝纫机被迫终止进口，上海市场缝纫机供应紧张。一些原来经销欧美缝纫机的商店趁机转型为工厂，生产缝纫机，其中有一些还生产工业用电动缝纫机供应市场。抗战胜利后，因美国胜家缝纫机卷土重来，导致这些工厂资金亏损殆尽。1948年，由于通货膨胀，原料短缺，不少缝纫机工厂倒闭歇业，仅存厂商70余家，312名职工，年产缝纫机1 400台左右，其中少量产品以ButterFly（蝴蝶）为品牌出口香港。

中华人民共和国成立后，缝纫机工厂得到国家的大力支持。1950年，协昌缝纫机厂共有600余个机头，300台整机，总计约16万港元货值的蝴蝶牌缝纫机由上海发往香港转口外销，这是中国解放后第一批出口的缝纫机。1952 年，缝纫机统一由中国百货公司上海采购供应站包销，出口部分则转由中国土产出口公司上海分公司出口。由于早年已经在海外 79 个国家和地区注册了“蝴蝶”品牌，1956 年，JA1-1 家用缝纫机得以顺利重返国际市场，并由一开始年出口数千台发展到年出口数万台，位居中国缝纫机出口前列。到 1959 年，蝴蝶牌缝纫机的出口市场发展到 50 多个国家和地区，其中出口到苏联、东欧市场的比重较大。

20 世纪 60 年代初，中苏贸易中断，上海缝纫机出口受到影响。1962 年，上海出口缝纫机 14.92 万台，1963 年骤降到 6.1 万台。协昌缝纫机厂出口的蝴蝶牌缝纫机从 1962 年的 13.6 万台降为 3.6 万台。到了 20 世纪 70 年代，世界缝纫机生产和销售中心从欧美转向亚洲，中国缝纫机工业空前发展。1977 年，全国缝纫机产量 420 万台，出口 28.4 万台，其中上海出口 24.25 万台。1978 年，全国缝纫机出口 38.63 万台，上海出口 34.38 万台。1979 年，全国缝纫机出口量 49.67 万台，上海出口 42.58 万台。上海缝纫机主要出口到中国香港，以及新加坡、伊朗、叙利亚、科威特、阿联酋、阿尔及利亚及尼日利亚等国家。

蝴蝶牌 JA1-1 型缝纫机定位为“家用”，而且是当时家庭财产中的“当家花旦”。该产品虽由 159 个部件组成，但仍可分成“机头”“机架”“台板”三大部分，这三大部分造型均有值得圈点之处。

在蝴蝶牌缝纫机的整体机身的装饰纹样方面，设计者大胆采用了花边与刺绣相结合的图样，使人不禁联想到“宋人之绣，针线细密，用线一、二丝，用针如发细者为之。设色精妙，光彩射目”的苏绣。黑色的镀铬机身搭配金色的蝴蝶纹样，透露出一股不言而喻的华丽与高贵，操作台上醒目的蝴蝶图案犹如在呼唤消费者将其购买回家一般。在物资匮乏的年代，设计者倾其所有，将蝴蝶牌缝纫机的每个部位都进行了最大限度的装饰，每当人们看见“蝴蝶”，便为之着迷（图 3-15 ~图 3-17）。

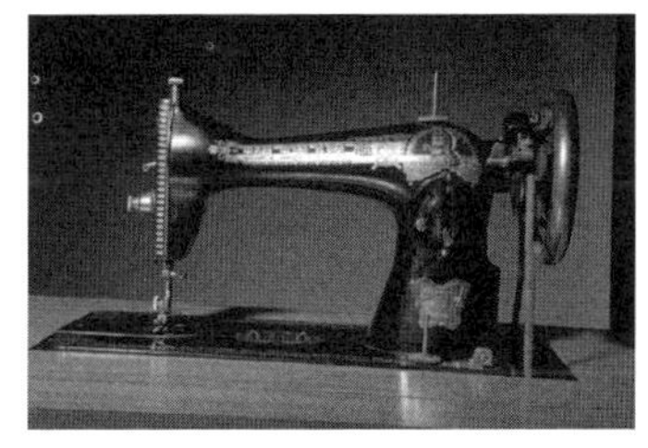

图 3-15
蝴蝶牌 JA1-1 型缝纫机

图 3-16
品牌标识以浮雕形式安装在机头的醒目位置上

图 3-17
印于蝴蝶牌缝纫机机身上的装饰纹样

流线型机头创造了很强的“雕塑感”，形态在包容各种结构的同时显得张弛有度，采用流线型造型并非仅出于美学标准考虑，因为在机头的两侧有较复杂的结构要求，所以体积被设计得较大，而中间部分周长为 40 厘米左右，使用者用虎口可以轻易将其握住放平并塞进台板下方的箱体内，或从箱体内取出。这种流线造型让使用者在近距离操作该产品时觉得更加“亲切”，而黑色机身配上镀铬的部件显得更有高级感（图 3-18）。虽然机架是一个承重构架，但有踏板连动皮带轮，底部还有可供短距离移动的边脚小轮，结构较为复杂，所有造型依据铸造工艺“顺势而为”，一气呵成。

机板是木纹贴面，作为与使用者肌肤接触最频繁的部分，“木纹”可以让消费者更加安心使用，同时在金属材料制造的机头、机架之间起到了缓冲的作用，增加了视觉的丰富性，提升了产品的质感。当机头收纳，台板铺平时，常有人以缝纫机当写字台写字，可谓“一物多用”。

据《上海地方志——轻工业态》第七章《缝纫机》第三节“工艺技术”记载，30 多年间，协昌缝纫机厂一直没有停止过对色彩及表面色泽的研究。早年，机头上的黑漆是采用环氧红作为底漆，以提高机壳的防锈能力，面漆则使用氨基漆，改善了表面色泽。1964 年，工厂组成攻关小组，将一般红漆改成铁红环氧底漆，头度漆改为铁黑环氧底漆，同时改变醇酸氨基烘漆配方，原一般炭黑改用高碳素炭黑，用 339 清漆罩光，除彻底解决了反锈问题外，还大大提高了底漆与面漆的结合度，在经过氧化镁热管加热和碳化磷加热后，极大地提高了表面光洁度和色泽。至 1969 年，工厂从日本引进了静电喷漆设备，直接应用于产品生产。

蝴蝶牌缝纫机的细部装饰主要为贴花和标牌两种，前者是平面的，后者稍微立体，像浅浮雕。这款产品的配套部件有 121 种，其中的“装饰件”主要就是指贴花与标牌，1952 年时由三立石印局承担制作。公私合营后，三立石印局并入创立于 1920 年的中国最早生产贴花的胡融达贴花印刷社和曼丽贴花印刷社，改名三立贴花印刷厂，1967 年改名上海贴花厂，专门生产缝纫机和自行车贴花及标牌。

在机头显要位置，品牌名称结合正面、侧面两个飞翔的蝴蝶形象占据了很大的面积，显示出一派生机盎然的气息。在黑底上使用金色描绘使产品显得高档，立体的标牌外形就让人体验到了动感，毛底和突出的字体增加了产品的质感。机头底板上的蝴蝶装饰具有家族族徽的意味，除了装饰作用外更是一种品质的保证和承诺。在机头加油孔位置则用镀铬工艺配合蝴蝶图形进行装饰，以示具有功能，同时也与纯装饰部分有所区别，总之，产品细节装饰丰富而不累赘，统一而又富于变化，削弱了缝纫机作为“工具”的形象，使之成为家庭的“视觉中心”，让使用者能以更加愉快的心情使用这件产品。

据《电子工业史料》记载，中国在 20 世纪 30 年代尚未形成广播收音机工业，江苏仅有的一家企业后来因抗日战争爆发而迁至湖南，更名湖南电器制造厂，1939 年 1

月又迁至广西桂林，改名为资源委员会中央无线电器材厂，并分别在昆明、重庆建立两个分厂。1946 年 8 月，昆明分厂迁建南京板桥镇，更名为国民政府资源委员会中央无线电器材有限公司南京厂。1948 年，南京厂以进口整套散件方式组装生产过美国飞歌牌 806 型五灯收音机 3 180 台（图 3-19）。1949 年 12 月，南京厂定名国营南京无线电厂（熊猫集团前身）并开始装配环球牌五灯收音机，开创了中国无线电制造业的历史先河。

■ 图 3-18
机头左侧镀铬盖板

1952 年，第二机械工业部第十局向南京电工厂、南京无线电厂下达了研制收信放大管和广播收音机的任务。1952 年 11 月 20 日，工厂试制成功 6SA7、6SK7、6SQ7、6V6、5Y3 全套五灯收音机用的国产化收信电子管，并且还利用美国飞歌牌收音机的余料装配了一批红星牌 501 型五灯收音机。1953 年 3 月 25 日，工厂试制成功国内第一批全部国产化五灯中短波广播收音机，定名为红星牌 502 型，并在当年批量生产 5 000 多台投放市场，从此结束了我国收音机依靠进口散件装配的历史（图 3-20）。

■ 图 3-19
飞歌牌 806 型五灯收音机

1956 年 1 月 11 日，在国务院副总理陈毅、谭震林，公安部部长罗瑞卿等的陪同下，毛泽东视察南京无线电厂，参观了收音机生产线，看到国产化收音机十分高兴，并鼓励再攀技术高峰。同年，“熊猫”商标诞生并在国际注册，成为中国电子工业在国际上的第一个注册商标。1956 年 4 月 30 日，南京无线电厂试制成功国产熊猫牌 601 型六灯三波段收音机。1957 年，首批 4 万多台熊猫牌 601 型收音机率先进入中国港澳地区，以及东南亚和南美国际市场。随后 601-1、601-3G、601-4A 等型号相继问世。

■ 图 3-20
红星牌 502 型收音机

1955—1956 年，南京无线电厂克服了大面积注塑、喷涂等工艺难关，使得产品的造型能够更好地传达其产品的先进性。由于在已经完成的各种产品设计中积累了经验，设计师对于这款产品的设计更为游刃有余、得心应手。从整体来看，熊猫 601 型收音机外形为上窄下宽的梯形，外轮廓拐角以圆形过渡，新的注塑工艺的运用使产品具有一体化和流畅的感觉。产品以中间镀铬的装饰线为分界，上下尺寸分隔接近黄金分割（80 毫米：190 毫米），舒适匀称。上半部分形成向内倾斜的造型，下半部分则形成向外倾斜的造型，这既是美观的需要，也有人机工学的思考。下半部分面板如果垂直于水平面，要看到面板上的信息肯定不够方便。下方两个大旋钮与中间的品牌标识相呼应，形成了憨厚可爱的感觉，有大熊猫的气质。扬声器周围的装饰线条应用强调了“有声”的特点。面板上的控制结构有套式旋钮两组，左边外套钮为音调控制，中心旋钮为音量控制及电源开关，右边外套钮为波段转换开关，中心旋钮为电台调谐。打开左边的旋钮即打开了收音机，此时右上角的绿色指示灯和下方面板的红色指示灯慢慢变亮，再扭转右边的调谐旋钮使指示灯绿光最大，收音机便能播放节目了。熊猫 601 型收音机为三波段超外差收音机，可供收听国内外中短波调幅广播电台节目之用。另外，该款收音机还备有扩音器插孔，可外接电唱机播放唱片（图 3-21）。

601 型不仅要满足国内广大消费者的需求，而且也是一款出口产品，因此除了造型之外，其色彩、肌理材料的设计细节也非常重要。601 型的主体颜色基本为同一色系，外壳为自然胶木色（深褐），内壳为米色，一深一浅的搭配和熊猫的颜色极为相似。上方扬声器的部分为浅棕色，下方面板以深褐色为底搭配金色的数字刻度和文字。光滑的胶木外壳与扬声器部分的织料及面板上精致的刻度印刷字迹都体现出产品的高级感。熊猫牌 601 型收音机的中央以一只正在玩耍的熊猫图案为品牌标识形象，可爱的熊猫与产品整体外形相得益彰。

无线电收音机在早期就确定了三人设计的形式，即由三位设计师联合完成设计，其中一人负责电路板，一人负责材料，一人负责造型和色彩，三个人互相配合完成工作。南京无线电厂的设计师哈崇南主要负责造型和色彩设计，他早期设计的落地组合音响成为那个时代的标杆产品，他与无线电收音机、电视机设计的同行们倡议成立了中国美术设计协会，后来发展成为中国工业设

■ 图 3-21
熊猫牌 601-1 型收音机

计协会。正是不断积累的设计的力量，使得南京无线电厂在以后历次企业转型过程中不断推出新产品：1990 年，南京无线电厂研制成功中国第一部国产化自动插件机；1992 年，在工厂建立中国第一条自行设计的录像机生产线，后又与日立、松下合作，形成录像机规模生产；1995 年，南京无线电厂正式更名为“熊猫电子集团公司”；1996 年熊猫电子 H 股、A 股分别在香港联交所、上海证交所挂牌上市。经过多年发展，熊猫电子早已具备了为国内外客户提供完整解决方案的能力，已发展成为国际化的电子信息产品专业制造商。

第四章 Chapter 4

工业布局与设计转移

1 “三线建设”与设计的扩散

三线建设是指从 20 世纪 60 年代中期到 70 年代末期在中国三线地区开展的一场以备战为中心、以军工为主体的经济建设运动。它是我国在特定社会历史条件下做出的一项战略决策。这一决策的形成和实施与当时的国际局势和中国的周边国际环境有着密切的联系。

“三线建设”最早出现在关于“三五”计划实施内容的讨论会议中。1964 年 2—4 月，国务院先后召开了工业交通长期规划会议和农业长期规划会议，对“三五”计划做出初步安排。在此基础上，国家计委会在 4 月底提出了《第三个五年计划（1966—1970 年）的初步设想（汇报提纲）》，规定了“三五”计划的基本任务：第一，大力发展农业，基本上解决人民吃穿用问题；第二，适当加强国防建设，努力突破尖端技术；第三，与支援农业和加强国防相适应，加强基础工业，并相应地发展交通运输业、商业、文化、教育、科学研究事业，使国民经济有重点、按比例地向前发展。与“一五”“二五”计划相比，这个初步设想在指导思想和基本方针、任务方面有重大改变，即把以发展重工业为中心，建立中国工业化基础，改变为把大力发展农业、基本解决人民吃穿用问题作为发展国民经济第一位的任务。反映在基本建设投资分配上，增加了农业投资的比重，国家计划在“三五”时期对农业投资 200 亿元左右，占全国基本建设投资总额近 20%，大大高于“一五”计划时期 7.1% 和“二五”计划时期 11.3% 的水平。“三五”计划的提出，符合当时的实际情况，得到了广大干部和群众的拥护，被形象地称为“吃穿用计划”。

5 月 10 日，毛泽东听取了中央计划领导小组关于“三五”计划的汇报，并表达了他的一些想法：第三个五年计划，原计划在二线打圈子，对基础的三线注意不够，现在要补上，后六年要在西南打下基础，在西南形成冶金、国防、石油、铁路、煤炭、机械工业基地。经过讨论，大家取得了一致的意见，决定把毛泽东主席的意见和原有的计划安排结合起来，在逐步解决吃穿用问题的同时，加强三线基础工业的建设。

“吃穿用计划”显然没有体现上述思想，当时的基本判断是：只要帝国主义存在，就有战争的危险，要搞三线工业基地的建设，一、二线也要搞点军事工业，在加强农业生产、解决人民吃穿用的同时，应迅速展开三线建设，特别强调加强战备。三线建设历时 16 年（1964—1980 年），大致经历了以下三个阶段。

第一阶段（1964—1968 年）是总体布局和打基础的阶段。根据中共中央的决定，铁路、矿山、国防等几支庞大考察选址工作队，从1964年下半年开始，先后对西南、西北和中南地区进行了勘察，初步选定了一批厂址和线路，拟定了三线建设的总体布局。在第一阶段主要是基本建设方面的工作。三线建设的重点放在西南地区，大部分投资集中于以成昆、湘黔、贵昆等铁路，以攀枝花、酒泉钢铁厂和重庆工业基地为主的铁路、冶金和国防工业建设上。为了保证三线建设能在短时间内形成生产能力，当时对一、二线经济建设采取了“停、缩、搬、分、帮”等措施，利用沿海地区支援内地建设的办法，在将一部分工厂、工程内迁的同时，从沿海地区抽调干部、工人和技术人员来支援内地新建项目的建设，形成全国人民支援三线建设的高潮。为了抢时间、争速度，立足早打、大打，在建设中提出了“边勘察，边设计，边施工”的办法，多头并起、建设迅速。许多在沿海地区大城市工作的干部、工人和技术人员，放弃较好的工作和生活环境来到大西南深山中。当时提倡先建厂、后建家，虽然三线工程中生活设施十分简陋，但是，广大职工为了国家的国防事业克服困难，以高昂的斗志进行工作。

1964—1968年，我国西部三线建设取得了重大成就。在这期间先后开始了修筑贯通西南的川黔、成昆、贵昆、湘黔等几条重要铁路；新建、扩建了攀枝花、包头、酒泉等大型钢铁基地和为国防服务的10个迁建、续建项目；在川、黔、甘等地建设了一批为国防服务的石油、机械、电力项目。这些项目使得西部三线战略大后方基地初具规模，并带动发展了一大批西南城镇，使其从农业村镇成长为制造业城市，为“后三十年”的发展打下了坚实基础。

第二阶段（1969—1972年）是三线建设的全面铺开阶段。1969年3月，苏联边防军入侵我国黑龙江省珍宝岛地区，制造了严重的流血事件，此后又在新疆等地制造了多起流血事件，严重威胁我国安全。中共中央认为，战争威胁更加急迫，决定大力发展兵器工业，加速三线建设的步伐。这一时期的备战工作不同于第一阶段，这是因为在第一阶段中国的备战工作仅是常规性的。1969年4月，中共九大以后，备战工作突破了常规性范围，很快进入突击性阶段。同年6月，林彪错误地估计了国际形势的严重性，提出了一个庞大的脱离实际的国防建设计划，即“大规划”。在11月召开的有各大军区司令员参加的会议上，决定在1970年把建立庞大的国防工业体系的“大规划”全面铺开，形成全军全民大办国防工业的局面。这次会议制定的方案中仅兵器工业就要求3年内新建95个项目，改建、扩建93个项目，总投资估计需要120亿元，新增职工90万人。按照这些规划，1969年国防费用比1968年猛增了34%，1970年和1971年又分别递增了13%和17%，形成了由国防工业带动三线建设的又一个高潮。

在这一时期，全国三线建设的重点地区，除继续在西南、西北地区外，又增加了湘西、鄂西、豫西地区。根据中共中央的决定，当时在三线地区集中了全国一半以上的投资，各行各业齐头并进，三线建设全面铺开。

第三阶段（1973—1980年）是三线建设的扫尾、配套阶段。进入20世纪70年代，国际局势出现了相对缓和的局面。越南战争和平谈判取得了新的进展。中国的对外关系出现了良好转机。在1971年第26届联合国大会上，中华人民共和国在联合国的合法席位得以恢复。1972年，中美双方在上海签订《中美联合公报》，中美关系逐步转入正常化。中美关系的缓和直接推动了中日关系的改善，1972年9月，日本首相田中角荣访华，两国签署了建立外交关系的联合声明。中国同西欧和第三世界国家也开始建立和发展了友好合作关系。

在三线建设期间，国家投资近2 000亿元，共建成全民所有制企业2 900个，其中大中型骨干企业近2 000个，钢铁工业企业984个，有色金属工业企业945个。仅就西南三省和西北四省区及晋西、鄂西、豫西、湘西的部分地区统计，全民所有制大中型企业数、职工人数和固定资产净值已占全国的1/3以上，其中西南云、贵、川三省的企业数又占上述三线地区的46%，固定资产净值占40%，工业总产值占32%。

到20世纪80年代，在西部地区集中了全国1/3的军工企业、2/5的国防科研院所、1/2的军工固定资产，以及2/3的军工人员。

在三线建设的过程中，1965年的全国设计工作会议是新中国历史上绝无仅有的一次由中央部门牵头、国家领导人主持、中央各部门负责人参与的和设计师直接对话的全国性政策制定会议。这次会议深刻地影响了中国设计的发展，将成本与功能优先的理念刻入了中国设计师群体的灵魂深处，是至今仍指导着这一群体的工作方针，因而也是中国工业化崛起过程中关于设计的里程碑式的事件。

对中国来说，1965年是非同寻常的一年，中苏关系的实质破裂，中南半岛逐渐浓烈的硝烟味，使所有人都绷紧了弦，而对印度自卫反击战的胜利与原子弹的成功研制也使中国人获得了空前的自信，中国的领导人能够更从容地谋划未来一段时间内的军事战略及国家发展策略，具体内容包括：保障战时国家军工体系的正常运转；全面提升国家整体工业化水平；进一步保证人民群众日常生活的物质需求；巩固工农阶级的政治联盟。这一切都离不开设计人员的工作。

全国设计工作会议由国家基本建设委员会于1965年3月16日至4月4日在北京举行。出席这次会议的有中央工业、交通、财贸、农林各部下属设计单位的负责人，各省、市、自治区设计部门的负责人以及一部分先进设计工程者。会议期间，当时的党和国家领导人刘少奇、邓小平、彭真、李先念、谭震林、陆定一、康生、李雪峰等接见了出席会议的全体代表。时任中共中央政治局委员彭真和中共中央政治局候补委员、国务院副总理薄一波到会做了重要报告。

会议过程中各地代表提供了大量的材料，对过去几年中的国家重要设计工程当场进行了详细的讲解，并广泛交流了开展设计革命运动的经验。来自石油工业部、铁道部、化学工业部、冶金工业部、第一机械工业部和上海、南京、沈阳等城市设计单位的代表，在大会上介绍了这些单位开展设计革命运动后，人们精神面貌的变化和工作上出现的新气象。特别是石油工业部的设计人员以自力更生的精神，排除万难，发展和运用采油、炼油新技术的经验，使到会代表受到很大的启发。会上，各地区、各部门的代表纷纷以石油工业部为榜样，寻找自己同石油工业部的差距，掀起了学石油工业部、赶石油工业部的热潮。

在“三线建设”逐步启动的大背景下，政治动员、成本控制与紧张的人力资源成了与会国家领导与设计工作者们共同关心的问题。

首先，在政治方面，会议指出，5 个多月以来，在我国设计工作战线上已经出现了前所未有的大好形势。在广大设计人员中，无论青年设计人员还是老一辈专家，都积极投入了这场革命，自觉检查和批判了设计思想、设计方法上的主观主义、教条主义和资产阶级个人主义思想，提出了许多改进设计工作的积极建议。由于广大设计人员政治觉悟和政策水平的提高，设计工作战线上正在形成一种革命化的新作风。几个月来，成千上万的设计人员纷纷下楼出院，到现场中去，到群众中去，进行调查研究和现场设计，工作效率大大提高。据统计，仅北京地区下楼出院、深入实际的设计人员就有 1 万多人。第一机械工业部第一设计院自 1964 年 11 月到 1965 年 2 月底完成的设计任务，相当于 1963 年全年任务的 90% 以上。

其次，在成本控制方面，与会的相关设计部门代表表示，不少单位已经把设计思想革命的成果运用到设计工作中去。有的单位在这期间就做出了一批正确体现党的方针政策、技术上先进、经济上合理、符合多快好省原则的好设计。还有更多的设计单位按照边整边改的精神，对一些正在施工或尚未施工的不合理的设计做了修改。修改后的设计，由于实行专业化和协作，采用了合理的工艺流程，并适当降低了辅助工程和非生产性建设中过高的标准，因此一般都能做到既保证工程质量，又节约投资。据统计，仅中央工业、交通各部门就修改了 800 项设计，为国家节约投资数亿元。

不少设计单位还着手改革了一些不合理的规章制度，并且在总结 15 年经验的基础上，初步制定出适合各部门具体情况的设计工作纲要或设计条例。这些规章、条例逐步加以完善以后，就可以更好地指导今后的工作。

最后，关于提高业已紧张的人力资源使用效率问题，会议指出，以上事实说明，设计革命运动已经有了一个良好的开端，取得了初步成效。但是，设计革命的任务还远远没有完成。根据 5 个多月的实践，设计革命必须进一步做好下面 5 个方面的工作。

第一，要在设计工作中坚持政治挂帅的原则。设计工作不是单纯的技术工作，设计思想的正确与错误，设计方案的好和坏，直接关系着党的总路线能不能彻底执行，并且在一定程度上决定我国社会主义建设事业的发展速度，因此，在设计工作中必须坚持政治挂帅。所有的设计人员都要用毛泽东思想武装自己的头脑，站稳革命立场，端正思想方法，改进工作作风，同时刻苦钻研技术业务，掌握过硬的本领，做出更多符合党的路线和方针政策的好设计，为社会主义建设事业服务。

第二，树立深入实际、联系群众的革命化作风。设计方案是主观精神的产物，设计人员只有深入实际，摸清情况，才能做出符合客观规律的设计；设计是否正确，又必须回到实际中去检验。所以，设计人员必须继续下楼出院，到生产现场、施工现场、科学研究单位去，参加劳动，调查研究，掌握第一手资料。要进一步开展现场设计，凡是能在现场做的设计项目都应该在现场进行设计。设计部门还要广泛运用解剖麻雀的方法，挑选典型设计方案，总结经验教训，使设计水平不断提高。

第三，改革不合理的规章制度。要坚决地、有步骤地对那些不适合我国实际情况的、妨碍生产力发展的标准、规范、程序和制度加以改革。凡是条件成熟了的要立即改，能改几条就改几条，能简化多少就简化多少。与此同时，要逐步建立起一套符合党的路线和方针政策的、有利于调动设计人员积极性的规章制度。

第四，要做好整顿设计队伍和提拔新生力量这两项工作。

第五，健全设计工作的领导机构，加强对设计工作的领导，促进设计部门领导干部革命化。

会议认为，做好以上五方面的工作，作为设计革命运动来说，可以说基本上完成任务，但是从长远来看，要达到设计工作革命化的目标，还要做更长期、更艰苦的努力。重要的是，要培养出一支用毛泽东思想武装起来的、政治上和技术上都过硬的又红又专的设计队伍；要发动与设计工作有关的部门在管理工作上进行必要的改革；要在设计工作中大力采用和发展新技术，推动经济建设部门进行技术革命。会议认为，设计部门采用和发展新技术意义十分重大。设计部门采用了新技术，就可以推动设备制造部门、原材料生产部门和施工单位等也来研究和发展新技术。因此，会议号召广大设计工作人员，树立雄心壮志，敢于打破常规，敢于攀登技术高峰，在技术革命中发挥积极作用。[60]

2 产品设计的军、民融合之路

三线建设取得了巨大的成就，这是客观事实，然而问题也是客观存在的。进入 20 世纪 80 年代，三线建设遗留下来的问题与国内国际形势的变化越发不协调。鉴于此，国家着手对三线建设进行调整改造，初步工作为缩短基本建设战线，调整投资方向：一些生产任务严重不足的企业开始转向民品生产；对极少数选址不当、难以维持生产，或者重复建设、重复生产的工厂和科研所，实行关、停、并、转、迁。在初步工作完成后，三线地区的调整开始与国家军队改革裁撤计划互为支撑，为减轻财政压力、解决军人复原后的就业问题，三线地区的军工产品结构开始进行重新布局和调整。但这种布局和调整绝不是企事业单位简单的位移，产品的调整才是三线建设调整的核心和灵魂。在三线调整之初，三线调整的组织部门和多数三线企业单位就注意到了产品调整的重要性。国务院三线建设调整改造规划办公室成立之初召开的第一次成员会和制定通过的《对三线企业调整改造开展调查研究的汇报提纲》都明确强调应注意三线产品的调整。其要点包括：一是要以产品为龙头，提高重点产品的综合生产能力，实行产品合理分工，解决重复生产的问题，并组织各种工艺中心，提出有利于实行专业化协作的政策性措施，克服“小而全”“大而全”的弊端；二是按照“军民结合，平战结合，军品优先，以民养军”的方针（即“16 字方针”），在确保军品生产和科研任务的前提下，发挥国防科技工业的优势，积极发展民品生产，军工生产民品，起步要高，批量要大，技术要先进，形成自己的拳头产品；三是要充分发挥三线科研技术力量的优势，使科研与生产紧密结合，大力开拓新的领域，开发新的产品。经过几年的改造，凡是调整搬迁同产品开发结合的企业，一般迁入新址后生产发展都较快，经济效益回升明显，具有较强的发展后劲[61]，其中以第二汽车厂（今东风汽车集团有限公司）的建设与转型最具代表性。

早在 1952 年年底，一汽建设方案确定之后，毛泽东就作出了“要建设第二汽车厂”的指示。次年，一机部组织拉开了第二汽车厂（以下简称“二汽”）筹建工作的序幕，并在武汉成立了二汽筹备处。1953—1955 年，筹备组在武昌选择二汽厂址，编制总体平面布置方案，并与苏联专家接触谈判。

1955 年春，国家建委、一机部和汽车局指出：“二汽厂址定在武汉，从经济条件讲，城市利用率大，投资较为节省；武汉位于全国中心，产品好销好运；但从国防条件看，武汉离海岸线约 800 公里，工厂比较集中，万一发生战争，正处于敌人的空袭圈内。

武汉厂址介于沙湖与东湖之间，空中目标显著。”因此否决了在武汉设址的方案。

1955年9月7日，国家计委正式决定二汽厂址由武汉迁至四川成都东郊的保和场一带。甚至在成都郊区牛市口附近已经建了近2万平方米的职工宿舍，但是因为高层在选址和规模方面一直未能达成共识，到1957年3月27日，只好宣布第二汽车厂项目暂时下马。而此时已经集聚起来的千余名有志于祖国汽车工业的干部，由中央组织部和一机部干部局统一分配到机电部、国家科学技术委员会、第一汽车制造厂、富拉尔基重型机床厂、洛阳拖拉机厂、沈阳重型机器厂、武汉锅炉厂、南京汽车配件厂、长春客车车辆厂、兰州石油机械厂等20多个单位，去充实这些单位的领导力量和技术力量。

在1958年6月下旬，二汽的建设又被重新提了出来。当时入朝志愿军要回国，在讨论部队如何安排的问题时，毛泽东指示调一个师到江南建设二汽。副总理李富春指示："长江流域就湖南没有大工厂，二汽就建在湖南吧！”1958年年底，一机部六局（即汽车局）组织力量在湖南开展了选址工作。1960年2月3日，六局向一机部提交关于建厂若干问题的报告。报告说："二汽于1957年下马，我国已通知苏联取消这个项目。1958年，中央又重新提出上马。同年冬和1959年春，我们在湖南进行了初步选址工作，我们倾向长江方案，故建议部尽速确定。”1960年4月，一机部批复同意筹建二汽，还办了一个800人的技工训练班，但由于国家当时正处于经济困难时期，因此该项目二次上马后仍然停留在纸上谈兵的阶段，一直未能付诸实施。

经过两上两下的研究，正式筹建终于在1965年年底开始。同年12月，中国汽车工业公司决定成立新的二汽筹备处，由饶斌、齐抗、李子政、张庆梓、陈祖涛五人组成领导小组，在建厂方针、人员组织、工艺设备、产品设计试制以及到基地勘测选址等各个方面进行紧张的筹备工作。1966年4月，陈祖涛领导了工厂选址工作。陈祖涛是红军将领陈昌浩的儿子，1951年从苏联莫斯科包曼最高技术学院机械系毕业回国，不久便被派回莫斯科联络苏联援建一汽事宜，作为驻苏代表，陈祖涛与苏联专家合作，负责工厂设计和生产准备工作，曾经只身前往民主德国（东德）、联邦德国（西德）采购解放牌载重汽车驾驶室需要的薄型钢板，为三年建成一汽做出重大贡献。随着二汽总体布置的基本明确，确定了二汽车身厂厂址在十堰地区张湾西南的镜潭沟内。经过几次现场勘测和走访有关单位，掌握了关于镜潭沟的地理、水文、气象等宝贵资料，使工厂设计有了依据。在这个基础上，1966年11月，《二汽车身厂工厂设计纲要（第一版）》由二汽车身厂筹建人员在基地制定出来，对二汽车身厂的车间布置、工艺投资、能源消耗、人员组成、设备类别、建筑面积都有了较完整的设想。

二汽的筹建工作是在《第二汽车制造厂建设方针十四条》（以下简称《十四条》）的指导下进行的。一机部华中勘测大队、铁道部第二设计院、中南建筑设计院等单位从1966年春开始，也在建设现场紧张地进行实地勘测、工厂土建设计和铁路设计，为即将开始的二汽大规模建设做准备。1968 年下半年开始，二汽车身厂筹建人员又参与了车身产品设计、试制试验、定型工作。1969 年 6 月至年底，二汽车身厂基地筹建工作主要是为大批职工陆续进厂做准备。由于当时二汽建设总指挥部制定的是“先工业后民用，先厂房后家属区”的建设方针，因此迎接工人“进沟”不可能盖正式家属宿舍，而只能搞芦席棚简易住房。在镜潭大队农民的支援下，先后盖起了芦席棚食堂、芦席竹木泥四结合的临时住房和临时机加车间共约 3 000 平方米，还沿河沟修了一条“水上公路”，挖了一个深 8 米、直径 4 米的水井，架设了 1 500 米电线。在 1969 年年底，还建了一栋 1 132 平方米的三层楼房。

当时建厂的指导思想被浓缩到《十四条》之中，其主要精神为：在建厂的总指导思想上，要开创中国式的汽车工业发展道路，使我国汽车工业的布局、品种、产量和技术水平大翻身；在工厂生产组织方面，改全能厂为专业厂，扩大各专业厂的职权。工厂内不设脱离生产实践的研究、设计、试验机构，实行设计研究、试验试制和生产相结合；在工厂管理方面，要建立一套有利于发展社会主义经济的科学管理规章制度；在产品开发方面，产品必须从我国的实际情况和方便用户的角度出发，总结我国汽车工业的经验，自行设计并建立自己的汽车系列，以适合我国的自然条件；产品要好用、好造、好修、省油，做到技术先进，坚固耐用，成本低廉，保持世界第一流水平；在工厂设计、土建设计、工艺设计方面，要赶超世界先进水平；在工装设备方面，必须大量采用新设备，特别要广泛采用简易、高效、专用、组合的设备。在《十四条》的总体指导下，1969 年年初，在湖北省的十堰市召开了二汽建设现场会议，成立了第二汽车制造厂建设总指挥部。1969 年下半年，十万建设大军陆续进入十堰基地，9 月 28 日，第二汽车制造厂大规模施工建设正式拉开序幕。

回顾二汽的建设过程，“包建”工作方式具有决定性的意义。所谓“包建”是指一个成熟的工厂负责为新建的工厂提供设计、工艺、制造设备、技术人员乃至成熟的产品的工作。1965 年年底，一汽收到包建二汽部分专业厂的通知，任务包括二汽车身厂、车架厂、车轮厂、中小件冲压厂四个专业厂。二汽的筹建工作主要还是在长春逐步展开，全国相关工厂、科研院所、大专院校协同支援。宋咨景曾任上海汽车发动机厂党委副书记，后任二汽政治部组织处副处长，在他的回忆中，上海作为国际大都市和我国主要工业基地之一，汽车零配件制造业发展较早，在生产经营、工艺技术、人才等方面占有优势。20 世纪 60 年代后，上海汽车拖拉机工业形成了专业化生产的格局，在出产品的同时，培养造就了大批各类专业人才，为支援全国汽车工业建设在物资和人才方面奠定了基础。国家在 20 世纪 50 年代确定沿海工业支援内地发展工业的方针，且要求这种支援是真心实意的。因此，当国家实施“一五”计划建设一汽时，上海支援了一批优秀高级工程技术人员和能工巧匠，为一汽消化国外引进技术、迅速出车和形成大批量生产能力注入了强大活力。1964 年年底，筹建二汽的主要负责人把上海汽拖行业实行的专业化生产和管理模式作为该厂建厂方针之一，并以小厂包建大厂的方式，要求上海包建5个专业工厂。1968年，国家计划委员会下达《关于上海市负责包建第二汽车厂建设项目任务书》，1970—1971年，上海支援该厂众多的优秀干部、管理人员、技术工人、大批的物资和设备，培训了大批青年工人，保证了所包建的各专业厂的建设，出色完成生产任务。

上海市汽车拖拉机工业公司根据上海市机电工业局下达的包建第二汽车厂任务，确定以上海汽车底盘厂为主，上海汽车传动轴厂配合，包建二汽传动轴厂，达到年产传动轴12.5万辆份、减震器15万辆份的生产能力；以上海汽车配件厂为主，上海制动器厂配合，包建二汽水箱厂，达到年产水箱节温器15万辆份及空气滤清器、机油滤清器、真空增压器12.5万辆份的生产能力；中国软轴软管厂配合黄河仪表厂包建二汽仪表厂软轴软管部分，达到年产12.5万辆份的生产能力；上海汽车钢板弹簧厂包建二汽钢板弹簧厂，达到年产7.5万辆份的生产能力；上海标准件公司包建二汽标准件厂。此外，上海汽车厂、上海汽车发动机厂、上海合金轴瓦厂、上海粉末冶金厂、上海工农动力机厂等抽调部分职工支援。以上多项支援工作于1971年基本结束，涉及上海120多个单位，支援管理干部、工程技术人员和技术工人1 363人，代为培训青年工人2 000名，自制专用设备186台、工艺装备2 200多套及众多的生活用具（主要是上海汽车底盘厂支援），保证了第二汽车厂的建设按计划完成、出车，为二汽建设出了一份力。

以由上海汽车底盘厂为主包建的二汽传动轴厂为例，当时本厂和传动轴厂抽调了近300名优秀干部和技术骨干及炊事员支援二汽。这些支援人员怀着为祖国汽车工业打翻身仗的决心，克服种种困难，放弃上海优越的生活条件，奔赴鄂西北山区去建设二汽。由于选调干部和技术工人多数是原单位的厂级领导、技术科长、车间主任和生产能手，具有丰富的企业管理经验、较高的技术专长，善于组织生产，而且在抽调干部和技术骨干时，又按业务、按岗位、按工种对口的要求挑选，所以他们一到职上岗，工作就能得心应手，使这个厂的设备调试、试生产的工作迅速走上了正轨，继之企业管理八项基础工作整顿，都处于全二汽系统各单位的前列。总厂领导，特别是饶斌，把传动轴厂看作上海包建工作的先进典型，倍加关爱，多次亲临该厂调查研究，指导工作，召开现场会，在全二汽推广该厂的有关经验，并确定传动轴厂为全员质量管理的试点单位。会后，传动轴厂厂部根据饶斌“产品质量是发展二汽的生命线”的讲话精神，借鉴上海工厂所创的管理模式，加强“一序一卡”管理，结合学习日本汽车厂和北京内燃机厂全面质量管理的经验，对全厂干部和职工开展培训，进一步充实干部、职工全面质量管理的知识，建立以部件为单元的全面质量管理点，完善检测手段，运用“不良品统计管理图”和工位器具（防止产品磕碰伤）等措施，保证了传动轴、减震器、转向机等产品质量稳步提高。以后，该厂把上述行之有效的管理方式固定为企业管理制度加以贯彻，并且与产品创优活动结合起来。所有这些，都证明了上海汽车

■ 图 4-1
二汽试制的 1 吨平头越野车

■ 图 4-2
二汽试制的 2 吨平头越野车

工业对二汽的支援是真诚的、无私的、慷慨的，包建工作是成功的，意义重大，影响深远。

1964 年 5 月，党中央、国务院根据当时国际形势提出一、二、三线的战略布局和建设大三线，要求尽快建立三线地区生产基地。国家经济委员会（简称国家经委）、第二机械工业部等有关部委开始了调整一、二线建设三线的工作，同时向上海市下达支援内地三线建设的任务。此外，在 1967—1971 年，汽拖行业的 16 家企业对四川、江西、青海、云南、贵州等省市汽车工厂建设进行了全力的支援，对受援工厂生产任务的完成和企业管理的加强起了重要作用。

在产品设计方面则主要由一汽“包建”。到 1973 年上半年，二汽各生产车间土建安装工作基本完成。建厂初期，设计了军用的平头越野车，1975 年 6 月 15 日，车身厂和各专业厂的两吨半越野车生产厂基本建成，改变了早期在简陋的厂房中调试产品的状况，让已经设计完成的 EQ240 军用越野车能够顺利投产（图 4-1 ~ 图 4-3）。EQ240 军用越野车是二汽的看家产品，也是当时部队的制式装备，也因为是比较单纯的军用产品，因此在外观设计方面显得比较中庸，但使用功能却未因此而打折扣。战争的检验使得 EQ240 更加注重通用设计，产品结构简单、结实，部件能够互换，便于快捷生产，造型不追求个性。

■ 图 4-3
早期汽车的设计和试制工作都是在用芦席搭建的简陋厂房里面进行的

随着部队采购车辆数量的锐减，二汽急需要一个新产品来维持生存。在 EQ240 的基础上，基于“以军为主、军民结合”的原则，1975 年 7 月 EQ140 型 5 吨载货车生产提上日程，在开发设计前，一机部曾明确指示：“EQ140 载货车要保持解放牌 CA10 的主要优点，性能指标不亚于 CA10。”而当时在二汽从事 EQ140 产品开发的设计人员很多都是当年开发 CA10 型的人员，他们把 CA10 型的设计成果融合到了二汽的产品当中，实际上是一汽将自己 CA10 型的后续换代设计成果无偿转让给了二汽。因此，它与一汽的换代产品基本上是处于同一产品等级。关键时刻，获得美国麻省理工学院硕士学位的孟少农从陕西汽车厂调到二汽任副厂长、总工程师，和陈祖涛一起成为二汽技术上的领导人物，重点组织攻关提高产品质量（图 4-4）。

EQ140 的“民用转向”真正启动始于 1978 年，EQ140 整体造型采用了平直表面，发动机舱盖折边清晰可见，被设计成顶置翻盖式，从正面前大灯、转向灯等部件进一步与车身融为一体，更具“现代产品”的特点，从侧面看造型线条干练、硬朗、冷峻，静态形象略有动感，符合产品特性。

EQ140 产品色彩以灰蓝、蓝色为主，也有军绿色。EQ140 改进型设计更具流畅的风格。进气栅以竖式线条装饰，令人感受到产品的“野性”和爆发力，在很长的一段时间内，这个设计是东风车的特色，早期产品配合浮雕式的毛主席手书字体“东风”两字作为商标，后期产品镶嵌东风标识。考虑到原零配件的通用性，前大灯雾灯仍为圆形，但被设计成嵌入一个长方形的面板之中的形式，进一步与车身其他部位的设计形成统一的风格，早期面板多为银色，后期大多为灰色（图 4-5）。

二汽的兴建源于 20 世纪 50 年代以来三线建设的特殊背景，即准备在他国入侵、沿海工业遭到打击时，我们仍能保持工业基础，保证重大工业产品的生产，保障战时物资供应。因此，与一汽建设时的“全能厂”建设目标不同，二汽是以“专业厂”作为建设目标的。所谓的“专业厂”就是单一以军工汽车及相关产品生产为目标的企业。这样的定位反映在其产品设计方面也走过了一条从“通用设计”到“民用转向”到“集

■ 图 4-4
孟少农与他的二汽设计团队

■ 图 4-5
第一代东风牌 EQ140 型载重汽车

成设计”的道路。

在产品结构调整中，调整军工企业单一军品生产结构，建设军民结合型企业，又是其重中之重。1977 年 12 月 6 日，邓小平在听取军工部门汇报时指出：“有些军工厂可以接受一些民用产品的生产。”1978 年 3 月 24 日，邓小平听取全军后勤工作会议筹备情况的汇报时指出：“军工厂平时以民用养军用。”1978 年 6 月底，邓小平听取汇报时指出：“六机部提出八个字：‘以军为主，以民养军。’以民养军，包括搞出口船，换取外汇。把民用船水平提高了，也可以促进军用船。”1978 年 7 月初，邓小平在听取军工生产情况汇报时指出：“军工企业要走军民结合的道路，在国家的统一计划下，以军为主，搞军民结合。重点放在平时，至少拿一半转到民用，战时可以转产，这是一个大方针，这个道路是对的。”[62] 十一届三中全会后，党和国家根据国际形势和国内经济发展的需要，重申军工要坚持走军民结合的道路。1984 年 11 月，邓小平同志强调军队工作要服从国家建设这个大局、支持国家发展经济问题。

在这一思路的指引下，军工企业按照军民结合原则，突破单一军品生产格局，建立军民结合的生产组织和经营机制，面向市场，使三线军工产品结构调整取得初步成效，民品产值大幅度增长，三线地区的军工企业，1980—1987 年的民品产值每年平均递增 40%，1987 年的产值已占全国军工企业民品产值的 50% 左右。这些军工企业开发了一批国民经济需要的重大技术装备，主要有民用支线客机、铁路货车、重轻型汽车、4800 马力机车柴油发动机、煤矿液压支架、钻井和采油机具、日产 700 吨的水泥回转窑、铁矿砂大型烧结机、成套新型纺织机械、成套制丝卷烟机械、新型食品机械、粮油加工设备、包装材料和设备、新型光机电医疗仪器和核医疗仪器、大理石和花岗岩成套加工设备、航空管制雷达和光纤通信设备、无线电话、程控交换机等。[63]

国家经济转轨后，三线地区军工部门的特点是行业多、品种多、批量少。当时军品任务极少，急需转产民品，为提高经济效益，迫切希望生产一些批量大一点儿的产品。因此，军工单位也积极生产一部分轻工机械，搞一部分消化吸收，既有需要，也有可能。例如，中国船舶总公司划出 5 个停产军工厂，专门试制成套先进轻工制造所需要的设备，把这项任务专门提到总公司办公会议讨论。负责人认为，轻工设备生产任务较重，既然国家把任务交给我们，如完成不好这项民品任务，将有损公司的信誉。所需外汇，除国家供应外，总公司先拿一部分，对下属相关各厂、所、校提出了要求，5 个专产厂外组织专业化协作，需要哪个厂的人，就优先调动，需要哪个厂的材料就优先给，需要哪个厂加工的零部件，就优先加工。通过参与民品业务，资金状况的缓解极大地调动了中国船舶总公司转产民品的积极性。

以重庆为例，在实行军民融合后，重庆军工技术大量向地方扩散，带动了一批以军工技术为基础的地方产业崛起。同时，随着大量民间资本向军民结合行业涌入，重庆进入了“军民结合、寓军于民”的新的发展阶段。其间，军方与地方在汽车、摩托车、仪器仪表、船舶、航天航空等领域共同建立了较为完备的科技研发体系，长安集团、建设集团等一批军民结合的具有国际竞争力的大型企业集团应运而生，市场配置资源的功能得到发挥。在这些举措的带动下，重庆1/3的工业总产值来源于军转民企业，1/3的工业总产值来源于民口配套（军口）和军口溢出企业，1/3的科技资源分布在军方。2000—2004年，重庆军工系统获得部级以上科技成果奖50余项，其中国家级30项，占全市科技获奖数的1/3以上。2004年，重庆国防工业完成工业总产值426亿元，占全市规模以上工业总产值的20.2%；实现工业增加值86.7亿元，占全市工业增加值的15%。在重庆工业企业50强中，军转民、军口溢出和民口配套（军口）企业达22家，占到44%。军民结合已成为重庆科技和经济的重要支柱。在科技发展方面，军民结合既促进了军民两个领域的双向技术交流，又增强了国防科研生产能力。随着军民科技的融合度、依存度不断提高，一个集军民科技优秀人才、研发平台、研究成果于一体的军民结合创新体系应运而生，军民结合已成了发展军民两用技术，促进科技经济融合的重要载体。

如前所述，20世纪80年代，我国国防科技工业实行了以经济建设为中心的战略转移，党中央做出了"国防科技工业要由过去单纯为国防建设服务，转变到为整个社会主义建设服务"的战略决策，很多军工企业走上了军转民道路。重庆军工科技优势得到充分发挥，培育出"嘉陵""建设"等知名摩托车品牌。

随着民品增加和市场经济体制的建立，军工企业的民品部分越来越受到来自体制方面的限制，于是一部分实力较强的军工企业通过改制成功上市，其中最为著名的是长安、建设和嘉陵3个集团公司，通过改制和公司治理结构调整，大大增强了企业的创新实力。

至20世纪90年代，随着军转民的发展，许多民营经济积极参与社会分工，为军工企业搞配件、搞销售，它们的发展也获得了巨大成功。同时，由于民营经济存在体制与机制上的优势，许多军工企业的人力资源、技术资源纷纷外流，注入民营企业，从而催生了像力帆、宗申和隆鑫这样的大型集团公司。

中国嘉陵集团（时称嘉陵牌摩托车经济联合体）成立于1980年9月26日。它是以嘉陵机器厂为龙头，联合浦陵机器厂、红山铸造厂、华伟电子设备厂和南川机械厂共同生产嘉陵牌摩托车的联合企业。1980年年底和1981年年初，又先后吸收了工农弹簧厂、电影机械厂和长江橡胶厂。该联合体由8个成员厂各派一名厂级干部组成管理委员会，嘉陵厂干部任主任委员，推举副主任委员一人，管委会负责研究、审定和处理联合生产中的重大问题。下设办公室，检查管委会决议的执行情况与综合统计工作。还由各厂派人组成计划组、技术组、财务组、维修服务组，在管委会授权下，处理有关问题。联合体各厂生产摩托车所需物资，主要由各厂主管部门按计划供应，部分由嘉陵厂协助解决。各成员厂通过供货合同为嘉陵摩托车总装厂生产和提供零部件，总装厂按双方商定的成本价格支付费用。总装厂负责销售，销售后所获利润，按各厂所提供零部件目标成本在总目标成本中所占比例进行二次分成。[64]

1978 年，当中国历史掀开改革开放新的一页时，和众多兵工企业一样，生产单一军品的嘉陵厂面临着对于出路的选择，是等着上边给项目、伸手要资金或者继续靠军品吃饭，还是另谋出路、积极主动开发民品？以孙寿彭、郭俊德为首的厂领导及时解放思想，开始探索民品生产的路子。经过反复调查，嘉陵相中了民用摩托车，但是遭到了不少兄弟企业的嘲笑，因为当时工厂代号为“451”的嘉陵厂在川渝八大军工企业中，只能算是“老幺”。

当时开发摩托车的捷径就是引进国外技术。1979 年，嘉陵先后与南斯拉夫托马斯公司、日本本田公司进行了谈判。但在谈判中，外方提出的合作条件一个比一个苛刻。南斯拉夫托马斯公司提出，发动机必须用他们的，中国摩托车不能进入有他们销售点的市场，除了巨额技术转让费外，还要另付 1.5% 的技术提成费等；日本本田公司提出帮助建一条 20 万辆车生产线，须付 5 000 万美元，建成后 20% 的关键件还要从日本进口……

为了给国人争口气，嘉陵做出了“自力更生，艰苦奋斗，造出争气车”的决定。摩托车试制工作一开始，困难便接踵而至：无图纸资料、无专用设备、80% 的材料不对口、工模具制造跟不上……没有条件，创造条件也要上！有些精密零件，如发动机活塞，当时根本没法做，能工巧匠们就用手工一点儿一点儿磨出来；没有抛光机，就利用废旧设备改制；塑料、橡胶跟不上，职工就把自己的旧凉鞋拿来做原料……全厂直接参与试制的 802 位同志，在没有一分钱加班费的情况下，不少人主动放弃星期天；在没有一分钱奖金的情况下，许多同志熬过了一个又一个不眠的夜晚。从 1979 年 4 月 20 日开始组建摩托车研究所，6 月底完成对购买的本田样机解体测绘工作，到 9 月 2 日解决试制样机所需金属材料……在一无技术资料图纸、二无专用设计、三无原材料的情况下，仅用四个半月，于 1979 年 9 月 15 日，嘉陵第一辆“争气车”组装成功！

1979 年 10 月 1 日，5 辆嘉陵 CJ50 摩托车在天安门广场绕场行进时，引起了全国轰动，并得到了中央领导的充分肯定。1980 年，嘉陵摩托车投放市场后，立即引起强烈反响。不久，中国大地上便刮起了“嘉陵旋风”，嘉陵摩托车驰骋在中国城乡，以至于在很长一段时间内“嘉陵”成了摩托车的代名词。伴随着首辆民用摩托车的诞生，嘉陵从此走上了一条成功的“军民结合”之路。

1980 年，国家开始经济调整和改革，对那些经济效益差、产品无销路的企业实行关、停、并、转。嘉陵牌摩托车经济联合体其他厂在联合前都不同程度地存在着生产任务不足的问题。例如，生产小型民用汽油机的浦陵机器厂，1980 年亏损 55 万元；电影机械厂 1980 年的工业产值不到 1979 年的 1/3；南川机械厂的产品型号老，没有销路，生产任务也严重不足。它们都急于寻找新的出路，要求联合。在国务院《关于推动经济联合的暂行规定》的推动下，由省、市委和国防工办牵头组成了嘉陵牌摩托车经济联合体，共同生产。联合体成立后，军工企业转向民品生产，实行了军民结合；同时军工企业发挥自己的优势，带动了一大批民用企业，搞活了经济，获得了迅速发展。整合转轨后的嘉陵牌摩托车经济联合体具有以下突出的特点。

第一，它是由跨部门、跨地区、跨行业并具有不同所有制的企业组成的较为松散的经济联合体。嘉陵厂、红山铸造厂属兵器工业部，华伟电子设备厂属总参通信部，长江橡胶厂属化工部，浦陵机器厂与电影机械厂系重庆市机械局所属地方国营企业，南川机械厂系涪陵地区南川县属企业，工农弹簧厂则是重庆机械局所属集体所有制企业。联合体“不改变联合各方的所有制、隶属关系和财务关系”，实行“利益均沾、平等互利、独立核算、亏损共担”的原则，是一个真正打破条条框框，破除过去传统的企业组织形式，按照专业化协作的生产方式组成的联合企业。

第二，它是军工企业实行军民结合的一个比较突出的典型。当时的军民结合有两种形式，一种是军工企业自行生产民品，另一种是军工企业同民营企业实行联合，共同生产民品。嘉陵厂首倡的嘉陵牌摩托车经济联合体走的就是后一条路，它充分地体现了中央提出的“军工企业的民品生产，要以地方为主，统一规划，合理安排”，以及“使重庆真正成为西南三省的枢纽，把重庆经济区搞好，出路就是把军民两家结合起来”的要求和精神，对于重庆地区的经济发展具有重大的经济意义和促进作用。

第三，联合体既积极争取同国外进行经济合作，又坚持独立自主、自力更生为主的原则，体现了中国人民为四化建设而积极进取的精神。在研制和生产摩托车过程中，联合体为不断探索发展民族工业的新路子提供了有益的经验，也就是主要依靠自己的工业基础和设计技术力量，掌握主动权，并积极发展同国外平等互利的经济合作。胡耀邦同志曾称赞这是一个“很开眼界又长志气”的典型。

在市场经济的刺激下，嘉陵的设计与研发能力在JH125-7A这一车型上得到了全面体现。JH125-7A延续了嘉陵过去一贯的摩托产品汽车线条的设计理念，保持并强化了GS款车型的运动风格。同时，将此前通过合资获得的本田GL系列的车把、鞍座、脚蹬的三角关系优化移植，有效解决了运动车款长距离驾驶易疲劳的缺憾，实现了运动感和舒适度兼备。

新型车架经过反复调校，与发动机匹配极佳。强度、刚度、韧度胜任超负荷和各种道路运行。车架的大口径钢管采用菱形结构装配，关键部位均有内衬或支撑，强度更高，承载能力更强也更耐久。同时，有效调整振动频率，使动力输出更平顺、损耗更低、振动更小。根据人机工程学，油箱下侧部分与鞍座“贴合”设计，驾驶者双腿和车体自然贴合，人车一体，极大地提升了舒适性和操控性。把手采用凹陷浅花纹设计，含特殊橡胶成分，手感明显改善，冬天不发硬，长时间把握不疲劳；把手末端配平衡块，有效降低震动，长时间驾驶手掌、手臂不发麻。平衡轴利用偏心重块所产生的反向震动力使发动机获得良好的平衡，减少发动机震动，降低噪声，延长使用寿命。双层设计平衡轴从动齿轮，与主齿轮啮合，实现了啮合面积最大化，确保主从动齿轮精准无缝啮合，大大减少了主从动齿轮之间的冲击，克服了传统平衡轴发动机齿轮传递动力及平衡轴旋转时产生的阻力问题，有效解决了传统平衡轴消耗发动机功率的问题。

嘉陵 1981 年率先开展国际合作，与本田合资；1987 年，积极探索企业集团和股份制试点，成立“中国嘉陵集团”；1991 年，嘉陵被国家确定为全国首批 55 家试点企业集团之一；1995 年，“中国嘉陵”股票在上海证券交易所上市，成为摩托车行业首家上市企业。中国嘉陵还荣获中国摩托车之王、全国优秀企业“金马奖”、全国质量效益型先进企业、中国管理百强等称号。迄今为止，嘉陵牌摩托车已累计投放市场 1 800 多万辆。嘉陵不仅创造了自己的辉煌，而且引导、促进了中国摩托车行业的形成和发展。时至今日，中国摩托车产业不仅养活了超过 1 000 万的相关从业人员，还带动了橡胶、塑料、电气、玻璃、钢铁、有色金属等相关产业的发展。

三线建设规模之大，持续时间之长，在我国基本建设史上是空前的。虽然在建设过程中出现了一些问题，但由于参与者的努力，取得的成就是巨大的，为开发西部地区奠定了重要的物质基础。因此，必须客观公正地正确认识三线建设，切不可因为它存在的问题而否定它在开发西部地区中的重要作用。

从工业生产能力看，三线建设形成了 45 个专业化生产基地和 30 个各具特色的新兴工业城市。如以重庆地区为中心的兵器工业基地，沿长江的船舶工业基地、航空工业基地、航天工业基地和核工业基地；四川攀枝花钢铁基地，重庆的铝材加工基地、仪器仪表基地、重型运输设备基地、德阳的大型发电设备基地，川、黔的电子工业基地，云、贵的有色金属工业基地，四川的天然气工业基地，映秀湾、龚咀和乌江渡等大型火电站，四川的华蓥山、芙蓉、渡口煤炭基地和相应的大型火电厂，贵州六盘水的煤炭基地及火力发电基地；在西北地区和“三西”地区建成了甘肃酒泉钢铁厂、刘家峡发电厂，湖北十堰市汽车厂、丹江口发电厂；建立了天水工业区、汉口工业区和银川工业区。同时，在三线地区兴建了成昆、襄渝、湘黔、枝柳等四条铁路干线和上万公里公路。基本上建成了以国防工业为重点，以交通、煤炭、电力、钢铁、有色金属工业为基础的机械、电子、化学工业相配合的门类齐全的工业体系，进一步缩小了内地与沿海地区的经济差距，“据统计，1965—1975 年，内地工业产值增长 143.9%，快于沿海 123.3% 的速度，内地工业产值占全国工业总产值的比重由 1949 年的 22.4% 提高到 1975 年的 39.1%”。[65]

3 区域协作中的轻工业配套

随着三线工业建设的展开，新兴城市规模日益扩大，由于当时的条件限制，这些城市主要围绕着重工业项目的建设来运转，其原则是“先生产，后生活”，早期对于保障人员生活的轻工业项目安排得并不十分周全。但是这些城市工人对于日用产品的迫切需要问题日益显示出来，集中表现为轻工、纺织工业急需配套，这种配套也是在各个省市建立完整的工业体系思想的重要内容，在这样的情况下，以上海为主的轻工业、纺织工业乃至服务业的“内迁”开始了。

1958 年 8 月，毛泽东在视察天津时对地方工业的发展提出了具体的要求：地方要想办法建立独立的工业体系，首先是协作区，然后是各省、市，只要有条件都应建立比较独立的但情况不同的工业体系。1958 年，国家计划委员会将全国划分为七大经济协作区，1961 年调整为六大经济协作区，具体包括：东北区（辽、吉、黑 3 省）；华北区（京、津 2 市和冀、晋、内蒙古 3 省区）；华东区（上海市和鲁、苏、浙、皖、闽、赣 6 省）；中南区（豫、鄂、湘、粤、桂 5 省区）；西南区（川、滇、黔、藏 4 省区）；西北区（陕、甘、宁、青、新 5 省区）。各大经济协作区均设有中央局和大区计委，负责协调大区内各省、自治区、直辖市之间的经济联系，并组织各种经济协作，这对当时国民经济进行调整的任务起到了一定作用。陆续“内迁”的轻工业、纺织工业和持续进行的国防工业体系一样，考虑了在协作区内的互相支撑和互补的要求。

1956 年，上海共计有 272 家轻工业、纺织工业的工厂迁往甘肃、河南、安徽等地，并且是实现资金、设备、技术和人员一次性转移。其中，轻工业涉及造纸、食品糖果、制革制鞋、塑料制品、钟表材料、牙膏、香皂、文具、轻工机械等各个门类，并且要求到达指定地点以后能够迅速投入生产，如上海勤丰陶瓷厂在迁往兰州以后仅用一个半月就投入了正常的生产。这些工厂带去了成熟的产品、工艺技术和管理体系。但是由于新厂位置偏僻，并且会吸收一部分当地劳动力进入工厂，因而在产品成本计算方面与原来有较大的出入。甘肃省轻工业厅在 1956 年 10 月曾经对于迁入的若干轻工业工厂的生产状况进行调查：

搪瓷厂以 1 000 个 34 寸洗脸盆进行利润统计发现，上海成本 2 147.26 元，兰州成本 2 283.66 元，兰州比上海高出 136.57 元，如果都以原来上海出厂价 2 356.83 元为基准计算，上海的出产产品每只销售后可以盈余 209.57 元，兰州的只能盈余 73.17 元；保温瓶以打为单位，如果是最经济款的产品，计算结果是，在上海的生产成本是 17.85 元，兰州则需要 18.87 元，较之前者增高 1.02 元，按上海的出厂价每打 17.41 元计算，上海的赔 0.44 元，兰州赔 1.46 元。如果按照中档产品铅壳的 5 磅保温瓶计算，上海的生产成本每打是 53.22 元，兰州则需要 56.90 元，也按当时的出厂价 54.59 元计算，上海盈余 1.73 元，兰州赔 1.95 元。胶鞋厂球鞋以打为单位计算结果，上海 34.89 元，兰州 37.68 元，兰州比上海成本每打增高 2.79 元，按上海每打现行出厂价 36 元计算，在上海盈余 1.11 元，兰州赔 1.68 元。

调查报告认为，从上面各厂现行实际成本与迁兰州后的成本核算对比结果，显然兰州有所增高，其原因是原材料除兰州能供应外，主要需要外地供应，运费、电费比上海高得多，企业管理费和车间经费也有增高等，均为成本增高的主要因素。但是，迁到兰州生产也有其有利因素，首先，是其生产的产品在甘、青两省销售减少了上海至兰州间的运费及商业方面的手续费和上缴利润。其次，各厂迁兰后将要纳入国家计划轨道，经营管理方面也将逐步提高，尤其各工厂由于生产关系的改变并在社会主义建设高潮的影响与鼓舞下，劳动生产热情更加高涨，因而劳动生产率也不断提高，这都是将来生产时降低成本的有利因素。再次，关于盈亏问题，从上面各厂成本计算看来，除搪瓷厂外，保温瓶、胶鞋两厂还要赔钱，主要是因为我们把两个生产条件各不相同的上海生产的产品和兰州生产的产品统统按上海出厂价计算的结果，因为在兰州生产就可以减少上海至兰州间的成品运输费用，将来到兰州生产以后，我们认为不能把上海的出厂价作为兰州的出厂价，应该是成本加由上海到兰州的运费作为这里的出厂价是比较合理的，这样并不是提高售价，而是恰恰等于上海产品运兰的销售价格。如果商业部门按上述原则执行，各厂不但不会赔钱，而且将会逐渐有盈余而为国家积累资金。

搪瓷、胶鞋、热水瓶三厂在上海均非全能厂，为了解决协作关系，迁到兰州后均成为全能厂，其生产能力如下：热水瓶厂年产竹壳保温瓶 50 000 打，铁壳 10 000 打；甘肃中百公司 1956 年计划销售 35 000 打（当时该厂生产能力较强）；胶鞋厂年产球鞋 864 000 双，中百公司 1956 年计划销售 150 万双，生产只能供应需求的 50% 多一点；搪瓷厂年产 10 万打，中百公司 1956 年计划销售 12 万打，看来将来销售也不成问题。

各厂产品在上海虽不是名牌，但质量方面基本上还是好的。如搪瓷厂在今年第一季度上海厂际竞赛评比中被评为质量一等奖；胶鞋由设计人员了解了西北人脚面高的特点后，回去进行了试制与改进，并寄来 7 双样品，商业部门座谈后基本满意，并希望能多生产一些；保温瓶虽不是名牌并有个别爆炸现象，但实际上上海制胆厂还是给长城等名牌厂加工制造瓶胆，基本上问题不大。因为这三种产品均为人民生活日用必需品，预计今后需求量会越来越大，根据这个情况，我们今后要继续努力提高质量，改进花色品种，争取满足人民日益增长的生活需要。

上海在轻纺工厂外迁以后，服务业企业的外迁成为上海支援全国的重要内容。首先，金融业有 1 955 人报名参加中国人民银行西北区行工作，占整个金融业职工的 1/4。截至 1955 年 9 月，服务业方面共迁出 73 户，从业人员 960 人，另有 3 484 人以个别劳动力形式输送到各地。

上海特地选择了一批经营有特色、在社会上有影响、产品质量和服务质量优秀的商店进行整体搬迁，包括迁往洛阳的老介福棉布店、万国药房，迁往鞍山的国华照相馆、大光明洗染店、老正兴菜馆，迁往兰州的信大祥绸布店、泰昌百货公司、王荣康西服店、培琪西服店、美高皮鞋店、国联照相馆等。这些商店在迁往当地后，不仅保留了原有字号，还对当地服务业的发展发挥了示范推动作用。迁至兰州的信大祥绸布店打破兰州传统的柜台售货方式，让顾客可以自由地到每一个货架前挑选商品，营业员不仅主动帮助顾客挑选商品，还送货上门，这些都给兰州商业带来了新风，对提高兰州全市商业的服务态度和服务质量产生了良好的促进作用。迁往鞍山的国华照相馆不仅带去了先进的拍摄器材，还经常派人到上海和广州学习、引进先进技术，对鞍山照相业新技术、新工艺的发展起到了促进作用。如在 1963 年，国华照相馆就曾派人赴上海学习，引入工业品照相喷修业务，开东北三省工业品照相喷修之先河。（工业品照相喷修业务是指将工业产品拍照后，为强化其效果而进行的画面修饰，属于广告设计范畴，在没有电脑的时代，喷修技术对传播产品品质信息具有决定性作用。）

中国标准缝纫机公司陕西缝纫机厂位于临潼县秦始皇陵东侧，是专业生产标准牌家用和工业用缝纫机的大型全民所有制企业，隶属西安市第一轻工业局，1985 年前隶属于陕西省轻工业厅。其前身是创建于 1946 年的上海惠工铁工厂，1951 年 6 月 16 日由上海市财政经济委员会地方工业局投资 10 万元，实行公私合营，改名公私合营上海惠工缝纫机制造厂。1956 年，在对私营工商业社会主义改造中，先后有 52 个缝纫机商号和小厂并入该厂，使用“标准”作为品牌名称。到 1966 年，职工由 1951 年的 145 人增加到 1 200 人，年产缝纫机由 1951 年的 3 927 台上升到 14 万台，成为全国主要缝纫机生产企业之一。1967 年，根据国家调整工业布局规划，上海惠工缝纫机制造厂迁到陕西，1971 年年底又迁建临潼县，改名陕西缝纫机厂，仍然使用“标准”牌，搬迁，1972 年 6 月投产，年生产能力 14 万台。1981 年 11 月，以该厂为骨干发展横向联合，成立中国标准缝纫机公司，改名为中国标准缝纫机公司陕西缝纫机厂。该厂是一个含有铸锻、表面处理、热处理、机械加工和装配的整机制造厂，主要生产和经营标准牌家用缝纫机和工业用缝纫机，品种有家用机和工业用平缝、包缝、绷缝等 5 个系列 24 个品种。标准牌产品是中国缝纫机行业的名牌产品，在国内外市场久享盛誉，尤其工业用缝纫机是国内技术力量最强、品种最多、产品水平最高的厂家，产品远销 20 多个国家和地区。20 世纪 80 年代，工厂通过从国外引进先进技术设备，技术水平大大提高，与日本三菱电机株式会社进行技术合作生产的 GC6-1 型高速平缝机系列产品，已达到当时国际先进水平，深得用户称赞。1980—1990 年，该厂多个产品荣获国家银质奖、轻工业部和陕西省优质产品称号。

至 1990 年，陕西缝纫机厂共生产各类缝纫机 493.8 万台，累计利税 2.39 亿元，是同期国家固定资产投资的 3.56 倍；1989 年，生产缝纫机 31.85 万台，其中工业机 7.17 万架，工业总产值 9 701.03 万元，利税 2 526.66 万元；1990 年，生产缝纫机 17.1 万台，完成工业产值 8 707 万元，利税 1 633 万元。1983 年和 1985 年，该厂两次获得轻工业部提高经济效益成绩显著企业奖；1984 年，获国家经委引进技术改造现有企业单项奖；1986 年，获国家经委“六五”技术进步先进企业全优奖，并被评为陕西省六好企业；1987 年，被陕西省政府授予省级先进企业称号，获省经济效益先进奖；1988 年，获全国轻工业先进集体、全国轻工业出口创汇先进企业、轻工业部科技进步金龙腾飞奖，被晋升为国家二级企业；1989 年，获轻工业部质量管理奖。1999 年，西安标准工业股份有限公司成立，2000 年在上海证券交易所上市。

轻工业、纺织工业乃至服务业的“内迁”，既有配合重大工业建设项目急需的考量，也有提高地方参与工业建设主动性、积极性的设想，避免由工业建设全国一盘棋带来的一些弊端。其长期目标是逐步改变生产力布局的不平衡和不合理状态，充分合理地利用各地区人力、物力资源，在全国建立完整工业体系的同时，试图在地方也建立不同水平、各具特点的工业体系。从设计发展的角度来看，伴随着制造技术体系、成熟产品的转移，同时促进了优秀的设计在中国的进一步扩散。

第五章 Chapter 5

国际交往与设计助力

1 产品彰显的国家形象

国家形象是一个国家对自己的认知以及国际体系中其他行为体对它的认知的结合，它是一系列信息输入和输出产生的结果。国家形象被认为是国家“软实力”的重要组成部分之一，可以从一个方面体现一个国家的综合实力和影响力。因此，国家形象的塑造与传播深受各国政府的重视。20 世纪 60 年代开始，解放牌载重汽车、万吨水压机、大型矿山专用车、通用车床、红旗牌轿车陆续出现在国内外各大工业展览会、博览会上，与中国传统的丝绸、陶瓷等手工艺品一起展示着中国工业发展的形象，成为国家形象一个重要的组成部分。其中，红旗牌轿车的设计最具震撼力。

老一辈汽车设计师孟少农有一句名言：造载重车是小学生水平，造轿车是大学生水平。中国轿车设计起步较晚，因为在当时国人的概念中，轿车不是必需的生活用品，所以在共和国成立初期引进苏联技术时，并没有安排引进轿车制造技术。随着中国国际交往发展的需要，党和国家领导人都十分渴望坐上自己设计制造的轿车，因此中国自主的轿车设计从确定设计方针开始就承担了展现国家工业化水平、彰显和传播国家形象的任务。

1957 年 5 月，长春汽车制造厂开始研制小轿车，确定了法国西姆卡和美国福特 Zephyr 两车作为参照仿制。当时在副厂长兼副总工程师孟少农的亲自参与下，进行了整车设计、造型设计、发动机及底盘设计和协作产品安排。当时选定以法国的西姆卡品牌产品为车型基础，但发动机采用德国奔驰 190 型，设计的原则是仿造为主、自主设计，并取名“东风”。1958 年年初，设计图纸基本齐全，到 1958 年 4 月，全厂动员加速试制。第一辆样车于 1958 年 5 月 12 日完成，并决定向党的八大二次会议献礼（图 5-1）。样车到北京后即送中南海，停在小花园内，供代表们观看，并将厂里事先印好的简要说明书分送至各代表桌上，供代表们阅读。5 月 21 日下午 2 时，毛泽东在会议休息时间来到了小花园，亲自参观并乘车绕小花园一圈，然后高兴地说：“我坐了我们自己的小车子了。”刘少奇、朱德、周恩来等领导相继查看了样车。“东风”在京期间深受北京市民喜爱，“东风”驰过，沿途群众都热烈欢呼、鼓掌，一路都开绿灯，可以直驶中南海。回厂后，厂内确立了新的目标，要设计制造更加高级的红旗牌轿车。

1958 年 6 月，一汽从吉林工业大学借来了 1956 年出厂的美国克莱斯勒 69 型轿车，后来经过厂里努力，又找来一辆 1957 年美国通用公司最高级的凯迪拉克轿车和美国福特公司最高级的林肯轿车，周恩来、朱德则分别送来一辆法国雷诺、斯柯达 440 型供设计参考。接下来，设计团队把克莱斯勒样车拆了，用“开庙会”的办法，大家“抢件”，各自绘图制造或直接照样制造，凡是一时无法制造的零部件，如液压变速箱阀体、发动机缸体、发动机的复杂零件，以及一些协作产品，则暂先装用原车件，然后在一个月内装成了第一辆红旗车。这可以看作用最短的时间实现“设计摸透”的创举。

同时，设计部门在总厂厂长的直接领导和关怀下开始了第一次“正向设计”。这种设计的原则仍然是“仿造为主、适当改进、自主设计”，按程序制作总布置和内外车身模型，设计发动机底盘零部件。整车布置是按厂领导意图设计的，就是要宽敞、舒适、大方，有气魄、有民族风格，并且安全可靠。因此，主要总成结构都参照了国外样车，而结构参数则按自己的布置要求决定。对部分短期内无法制成的总成，则采取两条腿走路方针，即一方面试验研究原样机结构，另一方面先设计较为简单、可靠的总成予以替代，如液压变速箱即是一例。发动机则采用克莱斯勒和凯迪拉克两机之长，利用克莱斯勒缸体，按照厂里生产条件，适当改进，又利用凯迪拉克先进的燃烧室，仿造其结构参数，设计了新缸盖。另外，对非攻破不能成车的零部件，则组织“三结合”突击队进行攻关。当时一汽共组织了 28 支突击队对这类零部件进行攻关，如活塞环、挺杆、活塞、高压油泵、减震器、雨刷机构、门锁机构、风窗玻璃升降机构等。对协作产品，组织了若干与协作厂一起组成的突击队，负责如风窗玻璃、风扇皮带、火花塞、点火线圈、分电盘、化油器、雨刷电机、暖风电机等的攻关，各设计人员分赴协作厂共同工作。

1959 年 4 月，首辆按图纸制成的红旗样车完成试制，被送往北京。当时对于首台红旗样车，北京有关方面的评价是毁誉参半，汽车局于 5 月份开会，在激烈的争辩中批准了试产，要求当年国庆前送京 30 辆，另外再加检阅车 2 辆。这就是以后被称为红

■ 图 5-1
东风牌轿车

旗牌CA72型的轿车，又称为二排座红旗（图5-2）。CA72型定型以后于1960年3月16日在民主德国莱比锡国际博览会上展出，并得到了极大的关注和好评。莱比锡博览会是中国从20世纪50年代初期开始对欧洲公共外交所利用的平台，该博览会是欧洲乃至世界上最古老的博览会，也曾是世界上最大的博览会。由于其独特的地理位置和办展传统，冷战期间，莱比锡博览会也是东欧规模和影响力最大的博览会，并有众多西欧展商和观众参加。[66] 同年，红旗轿车相继参加了日内瓦展览会等重要展会，《世界汽车年鉴》中有了中华人民共和国的专栏，“红旗”也由此成为世界级名车。

■ 图 5-2
参加国庆活动的红旗牌 CA72 型轿车

1964年6月，综合性轿车厂正式建立，将设计试验部门划归轿车厂领导，成立轿车设计科。这一举措将轿车质量大大提高了一步，当年生产的轿车已经具备了较高的质量水平，北京有关部门使用后给予了好评。下半年，一汽决定重新设计新型的三排座“国车”。这是一种更大型、更豪华的轿车。

1966年，三排座红旗高级轿车诞生，定名红旗牌CA770型，其中C代表中国，A代表第一汽车制造厂，第一个7代表当时轿车的固定编号，第二个7代表此型号为7座位车，0代表这款车的基本型编号。此后，CA770型主要作为国家主要领导人和国宾接待用车。这是红旗牌第二次“正向设计”的成果。从设计思维方式来看，红旗牌高级轿车是在中国哲学思想指导下的物化表现，基于中国传统造物的理念来设计一件现代的工业产品，因此所有人都认可这是一辆高级轿车。从造型设计来看，红旗牌高级轿车体现的是中国的国家形象，强调其整体车型要有昂首挺胸的气势，其线型采用中国明式家具的形态，细节则融入中国宫灯、向日葵的形态，又必须符合产品使用的功能。上述设计思维体现出了意识形态，但从整车设计来看，意识形态要素所占比例并不太大，也没有人为造成滑稽的印象，相反为整车的高级感增加了分量。从工艺技术的角度来看，红旗牌轿车得益于一汽在设计、制造载重汽车时积累的家底，加之不断更新的设备、工艺，当时条件下的集成水平可圈可点。特别值得关注的是，内饰材料、工艺的精选和手工加工的大量介入，使得 CA770 型的高级感更加得以张扬。红旗牌轿车的设计为后人留下了一笔独具价值的工业遗产（图 5-3），外国元首到中国访问的愿望之一就是坐上红旗牌轿车。

CA770 型的具体设计要求是：国家领导人用车，也用于国事活动、迎接外宾等，车型彰显技术先进、可靠，庄严大方，有民族风格。在设计原则和主要参数确定后，新车型设计工作严格按设计程序进行，其具体设计中总布置设计要紧凑合理，在保证内部空间尺寸实用舒适，并突出后排座舒适性的前提下，力求外形长、宽、高的尺寸最小，以保证汽车的机动性并减少风阻。新车型采用了当时世界上最先进的框形车架，既降低了整车高度，又保证了车内部宽敞三排座外形美观大方、有民族特色的设计原则，内部布置适宜，比较宽敞，力求性能卓越，但以安全可靠、舒适为第一。设计时，首先考虑降低车高而不牺牲内部尺寸，以提高车辆的行驶平顺性和稳定性，所以大胆采用了先进的框形车架新结构，不仅降低了车高，而且减轻了重量；采用了之前红旗牌轿车没有采用的液压自动变速箱，以提高操纵方便性；增加空调设备，重新设计了发动机的冷却系统和消音系统，既降低了排气噪声，又降低了高速运转时的动力消耗；取消原来的大膜片真空加力装置，而代之以安全可靠的双套双管路气顶油加力装置，以提高制动性能；取消原钢板弹簧前悬架结构，而代之以螺旋弹簧新悬架结构，以提高行驶稳定性和舒适性；取消了原动力转向，而代之以萨哥诺（Saginaw）循环球转向机，以提高安全性和可靠性；结合中国道路实际情况，重新确定了前后悬架参数，改进了前轮定位，以提高稳定性和舒适性。在内饰方面则用木料、丝织品等高档材料装饰，在体现民族风格的同时塑造顶级配置的特点。新车的设计比起原两排座汽车的设计，无论在布置上、结构上还是安全可靠和舒适性上，都提高了一大步，使新设计的三排座 CA770 型接近了当时先进国家的大型轿车设计水平，这是我们第一次放开手脚独立自主、大胆创新的设计尝试。事实证明，设计是成功的，也证明了中国人有志气、有能力独立设计相当水平的轿车。

■图 5-3
红旗牌 CA770 型高级轿车

担任 CA770 型车身造型设计的贾延良就读于中央工艺美术学院建筑装饰美术系，师从留法归来的著名设计教育家郑可教授，于 1963 年冬天来到厂里设计处实习，在校期间他就设计了北京牌 BK651 型城市公交车，积累了一定的经验，毕业后被轿车科科长吕彦斌招入 CA770 型设计组。

红旗轿车设计师一直坚持“基于现代高级轿车主流风格，追求中国民族化的设计”的理念，经过一系列功能及设计要素的精练才成就了产品。其开发成功还有“设计管理”上的因素，原副厂长孟少农为红旗轿车制定了“设计策略”，当时称为“基调”。轿车科科长由著名建筑家梁思成的学生，毕业于清华大学机械系和建筑系的吕彦斌担任，由此形成了内行领导内行的局面。厂内各部门、各岗位互相协调、紧密配合，全国各科研机构、企业相互配套、协作。据贾延良回忆，在设计 CA770 型之前，大家都在思考如何把中外各车型的优点结合起来，造出有中国特色的高级轿车。当时，德国轿车造型显得庄严，英国轿车显得绅士和保守，日本轿车小巧伶俐，美国轿车张扬个性，苏联伏尔加车型线条动感，这些设计手法都成了 CA770 型的参考对象。

由于制造经验和国外有差距，工艺水平、原材料质量和整体工业水平还落后于国外，一汽制造的 CA770 型和国外同类型轿车相比还存在一定差距，主要表现于小毛病多、可靠性差等方面，所以在以后制造过程中还有许多的改进，同时开始了红旗 CA772 型保险车的开发设计。当时设计的要求是“上八达岭不换挡”，于是进行了 8 升大 V8 发动机设计，马力为 300 匹，是当时国内最大的汽油发动机。一汽设计的 V8 发动机也可以和国外轿车上采用的最大发动机相比，是一个全新的设计，事实证明，这个设计也是成功的。在这期间，一汽又进行了扩大 CA770 型用途的设计，试制了 CA771 型小三排和 CA773 型两排座轿车。与此同时，一汽还进行了许多特种车的设计，如带翻转小座的检阅车、救护车、殡仪车、CA630 型面包车等。

20 世纪 70 年代末期，中央号召赶超世界工业水平，汽车局要一汽设计更先进的轿车。根据此精神，一汽设计试制了 CA774 型新三排座轿车，还是由贾延良负责车身造型设计。此车外形略小于 CA770 型，设计更紧凑，性能指标高于 CA770 型，样车送北京审查以后得到了各方好评，遗憾的是没有量产。为了赶上世界造车先进水平，汽车局曾经安排一汽与德国保时捷汽车公司合作，对方送来了中国市场汽车设计项目建议书，但是与其他各汽车公司的合作谈判一样，这种仅仅局限于企业之间的技术合作往往注定不会成功。

在一汽的红旗牌轿车成为中国国家形象的承载者和传播者的同时，上海牌轿车作为红旗牌轿车必不可少的补充，以其规模化的产量、出众的性能，成为中国高端技术集成设计和工业制造进步的典范，也是国宾车队中不可或缺的一员。1955 年 11 月，为贯彻上海市政府“发展生产，加快对私营企业改造步伐”的指示，上海机电工业局（当时为上海市第一重工业管理局）决定筹建 8 家专业公司，其中包括内燃机配件制造公司，也是解放后上海建立最早的专业公司之一，这就是上海汽车工业的雏形。随着国家政治经济管理体制的不断改革和国民经济发展需要，为把内燃机配件制造公司逐步建设成为上海市汽车拖拉机工业现代化管理体制的大型公司，上海机电工业局于1956—1963年对该公司的体制做了四个阶段重大的调整改组，使该公司由低水平的内燃机配件制造公司逐步成为具有当时国内较高水平的汽车拖拉机专业化制造公司，行业协作门类比较齐全，并具备了批量生产三轮载重汽车和小批量生产轿车、拖拉机的能力。

上海汽车制造初步纳入了专业化管理的轨道，使各企业明确各自的产品发展方向，以便建立新型的产品协作关系。至1958年，上海汽车工业规模得到扩大，产品配套能力有所增强。1958年3月，按照上海市委市政府指示，上海成立电机工业局，原上海机电工业局改为上海机械工业局，同时对各专业公司做了新的调整。上海市内燃机配件制造公司与上海市动力设备制造公司合并，定名为上海市动力机械制造公司，归上海机械工业局领导，这是上海汽车工业实施的第一次管理机构的调整。至1958年末，原有的292家工厂减至204家。通过调整改组，首先为汽车拖拉机零配件制造工业创造了向整车整机发展的有利条件；其次形成了汽车拖拉机发展的合理布局，如上海汽车厂迁往安亭，为安亭汽车工业区打下了初步基础；最后，通过对一批小厂的裁、并、改、合，使零配件生产进一步走上专业化道路，为加强技术改造、发展生产创造了条件。

1958年，上海汽车装配厂成功试制轻型越野车。厂长何介轩受一汽成功试制东风牌轿车的影响，萌发制造轿车的想法，获得了工程技术人员和老工人的认同和支持。当年5月，装配厂成立了由厂长、工程技术人员和老工人结合的试制工作小组。第一辆轿车的试制底盘采用无大梁结构，用南京汽车厂的M20型4缸50马力发动机。车身的四门二盖、前后翼子板以及底盘中的许多零件，都依靠手工敲制，或在普通机床上加工而成。车身则全靠手工榔头敲制，一个车顶须敲打10万次才能成型。

在试制开始时，一机部汽车局获悉上海在试制新的轿车，认为奔驰轿车技术质量要求高，我们的制造水平比较低，建议参考苏联伏尔加轿车。当时担任一机部顾问的苏联专家组组长奥斯比扬院士来上海视察，听取了有关工厂介绍并看了工厂设备场地，很担心能不能造出合格的轿车，他曾坦率地说：看来根据你们的条件造玩具汽车还比较合适。但上海坚持原方案，并将第一批试制的轿车进行1 000公里道路试验，暴露出问题，以便在第二轮试制中加以改进。

在当时的条件下，上海市动力机械制造公司所属各主机厂和配套厂迅速掀起了一场领导干部、工人、技术人员三结合，“土”法上马，大搞技术革新，自己武装自己，攻克关键技术的群众运动。上海汽车底盘厂承担前后悬挂和转向机等18个总成的制造任务，只花了7个月，便完成了全部总成试制。上海内燃机配件厂承担精密度要求很高的6缸发动机试制，样机试造出来后，在试车中功率达不到要求，有经验的老师傅经过反复研究，摸索出相位角度规律，使整机功率等指标达到设计要求。上海郑兴泰汽车机件厂和公司技术科科长魏仲根一起对螺旋伞齿轮反复进行理论研究、参数计算，结合操作，经过无数个日夜的奋战，终于试制成功轿车螺旋锤形伞齿轮。工人同志们自行设计制造了车身焊接拼装台，攻克了车身焊接精度关，在不到5个月里完成了车身试制和总装。

■ 图 5-4
上海汽车装配厂所生产的第一辆凤凰牌定型小轿车参加国庆10周年活动，特别用“凤凰”装饰了前脸

上海牌轿车的整个设计过程，是集聚工业设计要素，并且将工业设计思想付诸实践，同时将工业设计的能级放大的过程。第二轮研制，也就是后面批量生产的SH760是以奔驰220S型为样本来做的。因为上海市政府支持自己造车，所以从机关事务管理局交际处划拨了一辆原型车做样车。1959年9月28日，轿车试制成功，先期定名为“凤凰”牌。在车头的发动机上，一只栩栩如生的凤凰展翅欲飞，与一汽东风车上的金龙形成了南北呼应，呈现出“龙凤呈祥”的意境。1960年，经过改进的凤凰牌轿车又小批量试制了12辆（图5-4）。

在1959—1961年，上海轿车试制工作几乎停滞，至1964年，国民经济开始好转，上海轿车试制才得以重新启动。鉴于轿车结构复杂，零部件门类繁多，高新技术密集，需要大量投资，关系到国民经济的发展速度，上海市委和市政府领导给予了极大关注和支持。这一发展汽车工业的重大决策，为上海轿车改进设计、完善工艺装备赢得了时间。时任副市长宋季文亲自主持召开有关轿车制造的钢铁、纺织、化工、石油、轻工等15家工业局和专业公司负责人会议，就建立轿车制造协作网络事宜做了部署。协作网络的建立，为轿车小批量生产创造了极为有利的条件，各承担生产轿车项目的单位，克服试制工作量大、批量小、成本高的困难，支持轿车生产，使恢复生产的工作进展顺利。

1963年下半年，宋季文在上海市机电一局副局长蒋涛的陪同下，视察上海汽车装配厂，听了该厂关于缺少冲制轿车车身等大型模具和必要工艺装备的汇报后，指示市经计委和机电一局以技术革新项目拨付经费，落实市政府恢复轿车小批量生产的决定。为此，机电一局向所属单位下达凤凰牌轿车试生产计划。有关单位成立了凤凰牌轿车试生产及生产准备技术领导小组，促进了各单位进行技术文件的整改和工艺装备的补充工作。经过一年的努力，制造了 10 辆轿车，并为 1964 年进一步扩大小批量生产做好了准备。从 1958 年开始，上海市政府对汽车工业增强了投资力度，该年度的投资量为上一年度的 18.2 倍，除 1961、1962 两年因国家经济困难，投资额减少外，以后历年的投资量总体上逐年增加，加速了全行业技术改造的进度，促使行业中 42 种产品成为全国第一流产品，为轿车批量生产创造了条件。

轿车是强调“感性价值”的产品，并且确定了未来以批量的方式来生产的目标，因此，以创造感性价值为天职的工业设计当然不可能缺席。从上海汽车装配厂的轿车项目准备情况来看，大量国际轿车设计的成功经验已经积蓄成全体参与者的设计动力。奔驰 220S 轿车由于其简洁的设计和各种技术的有效配置而成为 20 世纪五六十年代奔驰轿车的标杆产品，为国际汽车界所津津乐道，由工业设计创造的舒适、简约、有机的产品美学特质特别受到中产阶级的追捧，创造了十分可观的经济价值，也再次诠释了奔驰品牌的优越特性。可以认为，上海轿车的工业设计活动的内容，不仅是造型、技术的协调，更多的还有今天工业设计所常涉及的市场目标的考量。因此，车身设计共分为三种颜色，黑色主要用于国宾接待和部长级别用车，白色主要是国有大企业用车，蓝色是文艺团体艺术家用车。

新车研制完成后，上海汽车装配厂将凤凰牌轿车正式改名为“上海”牌，型号为 SH760（图 5-5），并进行了 25 000 公里长途道路试验。在产品鉴定会上，与会者一致认为上海牌轿车启动顺利，加速有力，操作灵活，高速稳定，外观造型完整，主要零部件可靠，通过鉴定，并颁发技术鉴定证书。当产品投产以后，著名的画家李慕白专门创作了宣传画《我国自制的小轿车》，为此带动了一大批专业和业余的画家创作这一题材的作品（图 5-6）。

■ **图 5-5**
上海牌 SH760 型轿车

■ **图 5-6**
宣传画《我国自制的小轿车》

20 世纪 60 年代，在设计上海牌 SH760 型轿车的同时，衍生设计了上海牌检阅车（图 5-7）。这种主要用于领导检阅、大型活动开道等特殊场合使用的产品并没有让设计师采用复古设计，相反，设计师义无反顾地走上了现代主义的设计道路。检阅车前脸为左右对称的三段式造型，横向水平镀铬线充满了垂直面，给人以强烈的统一印象，同时也强烈地传达了精湛的工艺带来的工艺美感。双前灯设置让人目光聚焦于此，侧面以上方一条贯通前后的镀铬线为主要设计要素，具有从视觉上延长车身尺度的作用，下方较宽的镀铬线有今天轿车中礼宾踏板的设计意思，依靠着简洁的造型和体现技术工艺之美的元素，共同营造着车辆的豪华感，由此可见设计师已经领略了工业设计的精髓。可以认为，上海牌检阅车的设计是为 SH760 后继车型的诞生做了一次概念性探索，其设计的精华在后来的一代 SH760A 上面得到了恰当的体现。

1991 年 11 月 25 日，最后一辆上海牌轿车驶下总装配生产线，至此，上海牌轿车共计生产 77 041 辆，可以认为这是计划经济时代唯一一款批量生产的轿车。将上海 SH760A 与当时中国同期设计的红旗 CA770 作比较，我们可以清楚地发现，相较于红旗牌轿车设计师大量使用民族元素，上海牌轿车设计师则使用了抽象的造型，但也兼顾了中国人的审美偏好，车身上所有重要部件都用镀铬线条勾画，使前大灯、前后挡风玻璃、门、拉手等部件为整车增加了品质感。

■ 图 5-7
上海牌检阅车

2 品牌承载的文化内涵

中华人民共和国成立初期，时任政务院副总理兼中央文化教育委员会主任郭沫若建议组织“建国瓷”的设计和生产，一来为保护传统工艺，二来是为了“表现新中国的岁月”“创制新中国的国家用瓷和国家礼品瓷”。郭沫若的建议得到了国家领导人的赞同，周恩来指示，我国作为瓷器发明大国应有标示新的历史内涵的新瓷器，它们要一改过去只服务于封建王朝达官贵人的状况，而要在以后的国庆典礼时摆放在人民代表的餐桌上，以及作为外交场所代表构架礼仪和气度的装饰和陈设。这无疑是用好“China- 中国”这个大品牌的好主意。

经由时任中央美术学院院长徐悲鸿推荐高庄来主持设计工作，设想三年完成任务，可由国家定制，在民间烧制。1952 年 2 月，由轻工业部科学研究所和设计专家组成“建国瓷设计委员会”，时任中央美术学院院长江丰、实用美术系主任张仃为负责人，实用美术系陶瓷科主任祝大年，教师郑可、梅建鹰会同景德镇陶瓷学院、浙江美术学院负责设计和制作。在开始设计时，对于如何体现“国家形象”设计师着实进行了一番研究，无论是院校来的设计师还是景德镇等地的民间艺人都进行了深入的思考。在悉心研究传统明清官窑的基础上，设计师将在国外学习的经验大胆融入其中。祝大年早年留学日本，抗战期间曾经担任“中央工业研究所”陶业厂厂长；郑可留学法国， 1936—1937 年在参加巴黎世界博览会期间又深度考察了包豪斯的教育和实践，创办过“美术供应厂”；梅建鹰则留学美国，也受过系统的现代主义设计教育。他们带领试制班子从写生入手，简化了繁缛的纹样，将缠枝莲改进为梨花、梅花灯纹样，特别是梅建鹰，他强调借鉴西式餐具功能性良好的特点，将水彩画风格、油画风格融入其中，同时保留了青花工艺特色。祝大年的建国瓷设计方案成为最终选择，他的设计风格清新、简洁，没有古代官窑的繁复，器皿形态也根据现代生活的要求进行了更新，显示出设计师对传统工艺的深刻理解，更体现了设计的创新精神。在这个过程中，周恩来总理特批借调千余件故宫收藏的陶瓷供研制参考，经过三个多月的努力终于成就了“建国瓷”（图 5-8）。

■ 图 5-8
祝大年设计的“建国瓷”部分产品

1953年国庆前夕，第一批“建国瓷”50个品种完成，经过历史博物馆陈大章、故宫博物院沈从文共同鉴定确认品质。1959年以后，“建国瓷”一直是人民大会堂餐具和驻外使馆用餐具，共计73 566件，其中景德镇烧制24 531件，包括中西餐具、茶具、咖啡具、烟酒具、花瓶、花盆及其他纪念礼品。

难能可贵的是，设计小组的设计工作拓展了民间艺人的设计手法和工艺手法，革新了传统的制作流程以及生产管理方法，为生产出口创汇的陶瓷奠定了良好的基础，直接导致了既适应国际市场需要，又具有浓郁中国风格的产品产生，增强了产品竞争力，同时也直接推动了1956年中国第一所工艺美术高等院校——中央工艺美术学院的建立，几乎所有参加设计研制的教师都进入了该校，并在以后的产品设计中发挥着持续的作用。由于“建国瓷”设计的开端和与当地陶瓷设计人员的合作，使得这些设计人员能进入高等院校进修，系统学习设计。同时，“建国瓷”的设计与生产也促进了景德镇工厂生产体系的组织和陶瓷研究所设计体系的完善，保证了以后承担的类似任务的完成。

特别值得一提的是曾经参加了“建国瓷”设计的傅尧笙，他通过长期的创作积累，设计出既有中国传统特色又有现代感的“青花梧桐成套餐具”（图5-9），在1979年德国莱比锡国际博览会上获得了金奖。这套设计是受到唐代文学家王勃《滕王阁序》意境的启示，由此激发灵感而创作的。他既保留了中国传统山水表现的技法，在构图上大胆引入现代装饰技巧，又重新阐释了中国绘画中“密不透风、疏可走马”的原则。傅尧笙在保留中国传统吉祥纹样作装饰的同时，运用了青花“分水”的技巧，增加了产品的高级感。所谓“分水”就是十分富有经验的工艺师，用茶油调稀蓝色的釉料，使之烧成以后呈现出淡淡的蓝色，用来表现景物在水中的倒影。这套产品后来扩展为成套西餐餐具，共计100余件，甚至还针对东欧国家人民的用餐习惯增加了若干产品，受到全球消费者的青睐。由于这套产品的成功设计，后来

■ 图 5-9
青花梧桐成套餐具

■ **图 5-10**
美加净牙膏和洗发水包装设计

■ **图 5-11**
美加净系列化妆品包装设计

使用新工艺制造的同一图案的产品也被作为国礼赠送给外国元首。同时，这一设计还激发了景德镇设计高级成套餐具的热情，在以后的设计中使用了更加复杂的工艺，也更加注意产品套系设计，以期获得更好收益的出口贸易订单。

出口贸易产品同样也是国家形象的传播者，这一点在设计“美加净”牙膏新包装时就有所强调。设计师顾世朋选用了红白两色作为主色调，其灵感来自中国传统美人“红唇白齿”的意象，而新设计的英文品牌“MAXAM”采用的是以“X”为中心的左右对称的字母排列方式，这样可以让国外的消费者易读、易记、易识别（图 5-10）。“MAXAM”在多国注册了商标，在树立中国工业产品良好形象的同时也为国家换回了许多外汇。后继在中国出口商品交易会（以下简称“广交会”）上推出的高端产品包装采用了具有民族气息的包装结构和装饰纹样，同时又符合国际高端化妆品的规范，因而受到国际客商的欢迎（图 5-11）。顾世朋每次参加广交会，除了亲自向海外客商介绍自己公司的产品以外，还注意研究海外经销商、生产商展出的化妆品，以便掌握国际消费的动态，设计团队将“美加净”发展成一个完整的化妆及美容产品谱系。

3 国礼展现的制造实力

1958年，为迎接来年的10周年国庆，一机部十局下达任务，由南京无线电厂研制一款体现十年发展新水平的高级电子音响产品，用来装备北京十大工程之一的人民大会堂。经全厂职工近一年的努力，至1959年5月研制成功了一系列产品。其中，熊猫牌1501型落地组合音响属国内首创，由特级收音机、四速自动落片式电唱机和双速盘式磁带录音机组合，形成收音、录音、电唱三用机。这是我国自己研制、设计、生产的第一代收音、录音、电唱三用机，几乎集成了当时国内最优质的元器件和各系统终端的产品。周恩来指示将其作为国礼赠送给来访的社会主义国家和友好国家的元首。

1501型落地组合音响机长144厘米，宽43厘米，高74厘米，外观为深棕色，木质材料。右边半圆形部分为收音机，左边部分上层是录音机，揭开上面盖子才能看到内部的两个磁盘，下层是电唱机。音响前面板下部有“南京无线电厂制造”字样。熊猫牌1501型的造型华丽大方，加工工艺精湛，具有浓郁的民族风格，产品在电声综合性能上也达到了当时国际同类产品的先进水平，是国内当时民用电子音响高水平的产品（图5-12）。

20世纪60年代末，中国开始援助非洲坦桑尼亚和赞比亚修建坦赞铁路，并制造铁路车辆。1976年，坦赞铁路全线通车，周恩来总理赠送给两国总统的礼物——政府公务车受到关注，其内饰、家具的设计需要既有现代感又要符合列车行驶的要求，同时体现中国工业制造的水平。承担该项设计任务的是毕业于中央工艺美术学院建筑装饰系的朱仁普，他当时非常渴望有机会到非洲进行实地考察，但条件不允许，只能依据相关图片资料想象，来整体布局总统休息间、用餐间、卫生间、会议室、瞭望区等功能区域，与其相关的家具、设施、室内装饰及材料更成为设计的重点。为此，国内著名的家具设计专家被召集到一起协助设计，最终确认沙发采用玻璃钢胎及铸铁圆盘底座，大会议桌也十分具有现代感，配套产品由当时中国顶级的制造工厂用最高工艺水平来完成。设计组还攻克了瞭望区的大面积弧形玻璃的制造难关。瞭望区采用夹层玻璃，上下两层为6毫米钢化玻璃，中间夹高透明度塑料薄膜，具有防弹作用。玻璃由上海耀华玻璃厂承担制造，按图纸曲线一次成型，安装完毕后效果很好。虽然公务车内的家具设计非常具有现代感，但过重的底部结构增加了车辆的总重量，必须按总工程师的要求减重。由于公务车的外观及表面装饰已经完成，朱仁普只能从底部结构开始，他请高级车工将底部8个铸铁圆盘分别从内侧切掉2/3厚度，重量由原来的50公斤减少到 20 公斤，达到了预期的效果。

■ **图 5-12**
熊猫牌 1501 型落地组合音响

■ **图 5-13**
露美牌成套化妆品造型包装设计

进入 20 世纪 80 年代，中国的国际交往日益增多，中国国家领导人出访赠送给各国夫人的礼品需要跳出传统丝绸、陶瓷、传统雕刻的范围，最佳的选择是化妆品，但是这个时候中国没有成套的化妆品，上海乃至全国的化妆品档次都偏低。1980 年，项目负责人吕也博，时任上海市轻工业局副局长，拥有改良香皂配方的经验，与项目协调人邵隆图一起和同事们对国内外市场上的化妆品进行了艰苦的调研和分析。在众多的包装设计方案中，原上海人民印刷八厂副厂长刘维亚的设计最终获选。包装以白底、红带、金线、灰字为基调，因为红、白、金、灰四色可以组成华丽、和谐的组合，同时又彰显着女性“红唇白齿”、粉妆玉琢的视觉特质。产品品牌名称中文定为“露美”，英文定为“Ruby”，经过反复推敲设计，中文“露美”两字在纸盒包装上使用，英文“Ruby”则在产品容器上使用（图 5-13）。二者的设计都强调线条优美，张弛有度，恰似女性的曼妙身姿。在露美产品设计成功后，由邵隆图负责开设了一个露美美容院，将产品延伸至服务领域，这是全国第一个美容院。中国美术学院吴小华回忆起当时浙江省也受到露美成套美容用品成功的鼓舞，提出要设计高级成套美容用品，他作为主设计师，专门跑到上海拜访刘维亚，请教设计经验。为了进一步强化这种品牌印象，露美化妆品所有的广告及宣传物料，包括橱窗陈列、路牌广告、灯箱，以至百货商店的货架、拎包、说明书、礼盒等几乎无一例外地采用了红白基调。这套产品的贡献不止于国礼，还在实质上推进了新产品的开发和品牌化的运作，让高级化妆品能够进入市场、进入普通百姓的生活。经过品牌推广，不少父母都购买这套产品作为结婚礼品送给女儿，而露美美容院也成为新人消费的场所。

从此以后，中国经常从已经成熟的品牌中挑选国礼赠送给外国元首。对于拥有“自行车王国”之称的中国而言，将自行车作为国礼具有特别的意义。1989 年 2 月，时任美国总统老布什在钓鱼台见到了老朋友邓小平和时任中国总理李鹏，李鹏送给老布什夫妇两辆天津自行车厂生产的飞鸽牌自行车。过去曾任驻华联络处主任的老布什和夫人芭芭拉当年就喜欢在北京街头骑车，而这一次这位美国总统直接就跨了上去。2020 年，上海的凤凰牌自行车在更新设计以后，由上海美术学院丁蔚结合现代工艺，采用中国传统纹样进行局部的装饰，使得产品焕然一新，独具时尚感，因而也被选择作为国礼赠送给友好邻邦的国家元首。

第六章 Chapter 6

产业升级与设计赋能

1 优质生活的指标：工业品“三转一响带咔嚓”

1949年，中华人民共和国成立之初，轻工业的生产水平很低。当时全国轻工业系统的总产值仅有48.4亿元，按同年的全国人口5.4亿人计算，每人年均产值还不到9元。在当时的轻工业总产值中，包括了大量手工业产品的产值，真正属于现代工业生产的轻工业产品的产值比重就更小了。主要轻工业产品的产量，大多数也很低，不仅比工业生产先进的国家低，而且也大大落后于我国历史上的最高水平。

在1950—1953年，我国轻工业生产迅速发展，年平均增速达到31.4%，主要轻工业产品产量有了成倍增长，接近并随后超过了历史上的最高年产量。随着轻工业的发展，新产品、新品种日益增多，如造纸工业生产的卷筒新闻纸、感光纸、绝缘纸、油毡原纸，制革工业生产的工业用轮带革和纺织工业用的皮辊、皮圈革，文教用品工业生产的打字机、计算器等。在产品产量增加和品种丰富的同时，其质量也在不断提高。这一成就不仅对整个国民经济的恢复和发展起到了积极的作用，而且为实行“一五”计划打下了良好的基础。

中国“一五”计划的工业建设以建设重工业为中心，计划规定重工业投资的比重大，轻工业投资的比重小，轻工业投资比重又比纺织工业要小。按照当时的计划安排，在按工业管理部门分类中，轻工业部投资只有6.9亿元，占整个工业投资的2.6%，在工业中按两大部类的投资分配，消费资料工业的投资只有29.8亿元，占工业总投资的11.2%，与生产资料工业的投资比例为1 ∶ 8。

当时，我国对轻工业投资安排较少，除了由于重工业的基础薄弱，亟须扩大，以促进国民经济的全面发展，还有以下因素：

（1）在轻工业中私营企业比重大，一般占80%左右，许多轻工业企业的设备利用率比较低，原料供应不足，生产潜力比较大；

（2）在消费品生产中，人民生活需要的许多产品，有相当大的一部分可以依靠手工业生产来补充；

（3）在公私合营企业的公积金和私营企业的盈利中，逐年有一部分可以投入扩建和新建项目；

（4）轻工业企业的建设同重工业企业比，周期比较短，投资比较少，收效比较快，如果在执行中发现某些行业生产能力不足时，可以在年度计划中考虑追加建设任务。

轻工业在“一五”计划中虽不是建设的重点，但是由于轻工业与城乡人口生活需求密切相关，所以发展轻工业的任务还是很重。它必须有计划、按比例地发展，以适应整个国民经济的需要。这主要有以下几个方面的原因：

（1）轻工业产品必须满足人民增长的需要。当时轻工业基础薄弱，技术落后，生产结构不合理，一方面有些行业生产能力有余，另一方面有些产品在数量上或在品种、规格、质量上却不能满足需要，有些社会需要的产品还不能生产。“一五”计划提出，1957 年社会商品零售总额计划比 1952 年增长 80% 左右，要求轻工业生产增长必须与社会商品零售总额增长速度相适应；

（2）轻工业还要配合重工业和其他事业的发展，如重工业需要的工业技术用纸，新闻、出版单位需要的新闻纸和凸版印刷纸，酸碱工业需要的盐等；

（3）轻工业也要积极为“一五”计划积累建设资金。而轻工业积累资金一般具有更多、更快的特点，它在为社会主义工业化积累资金中负有重要的责任。[67]

由于轻工业在发展过程中缺少高层的统一规划与政策指引，导致在一段时间内劣质商品充斥市场，这一状况被当时主抓国家经济工作的陈云评价为“偏重积累、忽视改善人民生活、在建设上不顾国力条件急躁冒进的倾向。这一倾向造成生活消费品的紧张，引起人民不满意”。1956 年，陈云在 11 月 19 日商业部会议上指出：“经济建设，1953 年是小冒（进），今年冒（进）得还大一点。只要吸取教训，今后不再冒，商品供应就不会再这么紧张。经济建设和人民生活必须兼顾，必须平衡。”在随后的日子里，陈云下了很大的功夫抓平衡。在同年 12 月 30 日主持召开的国务院常务会议上，陈云再次强调要压缩基建规模。“在物资分配方面，过去照顾基建多，照顾生产少。今后应该首先保证生产，其中主要部分应该保证最低限度的民生，有余再搞建设。这样，基本建设就不容易冒（进）了，也可以避免东欧国家的错误。”[68] 陈云强调：计划指标必须切合实际，必须兼顾人民生活与国家经济建设，制订计划必须确保财政收支平衡、银行信贷平衡和物资平衡。自此以后，我国轻工业开始走上了一条有序发展的道路。

陈云之所以在中央政府大多数成员都聚焦重工业时将目光放在轻工业上，是因为他认为农业和轻工业互为支撑，两者不可分割，是国民经济的基础。而轻工业的大发展将会把城市与农村联结起来，丰富的商品与粮食将极大地强化工、农政治同盟，一头增加农民的购买力，另一头促进城市工商业的发展，减少或消灭城市的失业现象，使得工商业繁荣、国家税收增加，减少了财政上的困难，使物价更趋稳定。这样可以进一步促进正当工商业的发展，打击投机，使城乡交流更趋活跃。

20 世纪五六十年代，由于工业水平的落后与国家资源的紧张，中国社会物资供应长期处于紧张状态，至 20 世纪 60 年代末，为满足人民群众日常生活的物质与精神需求，国家开始将所有的原料、技术与人力集中到若干行业中去，具体到百姓口中，被标志化为“三转一响带咔嚓”——自行车、钟表、缝纫机、收音机与照相机。

自行车方面主要是集中力量提高生产力，以上海为例：1955 年，为提高生产力，生产链条的新星机器厂并入上海自行车厂成为该厂链条车间；1956 年，大顺、大康、亚同、自立、钱顺兴等小厂并入裕康五金制造厂，成为专业生产飞轮的工厂；同年，中信、王华昌等 22 家小厂并入大兴车厂，专司前叉生产；王百龄和百龄方记两厂合并为“上海自行车零件五厂”，负责脚蹬的生产；1958 年，利利五金车条厂并入礼康钢丝制造厂，成为“礼康辐条厂”，承担自行车零件生产自动化要求最高的辐条生产任务。上海自行车行业的高速整合极大地提升了行业的产能与设计能力。

1955 年，第一机械工业部组织力量在上海自行车厂设计一辆新的 28 寸自行车，命名为“标定车”（标准定型的自行车）。上海自行车厂在技术、物资等方面做了大量试制准备工作，于 1955 年 12 月制造成功 10 辆样品车，并全部达到设计要求。

1956 年，上海自行车厂将标定车投入批量生产，并以此为标准统一了国内自行车零部件的名称和规格，为自行车零部件互换通用创造了条件，同时也意味着我国自行车制造开始走上了工业化道路。

1957 年，上海自行车厂设计试制了永久牌 31 型轻便车，该车采用回转式车把、钳形闸、焊边车圈、单支撑和书包袋，车轮直径为 26 寸（1 寸≈ 3.33 厘米）。由于在设计之前参考了国外大牌自行车的设计，在整车上采用了大量当时与国际同步的设计，因此投放市场后获得了消费者的普遍认可，销量惊人。1958 年，国家决定在 1959 年举行第一届全国运动会。要求上海制造符合正式比赛规则的赛车。上海自行车厂接到任务后立即组织力量，在分析国际名牌赛车的基础上设计了永久牌 81 型公路赛车，并于 1959 年 1 月生产 300 辆样车，5 月成批生产。该车自重 14 公斤，车架选用优质无缝钢管，把手、前后轴皮、前后闸等零件均采用铝合金，传动部件采用高级合金钢，后轮为外四飞。在 1959 年 8 月的第一届全运会上，上海队依靠永久牌 81 型公路赛车以优异成绩夺冠。该车填补了国产赛车的空白。

1961 年，上海自行车厂成功研制了永久牌 102 型机动脚踏两用车，这种车可借助汽油发动机驱动，也可用人力骑行，极为符合中国人的使用习惯。1965 年，该厂对 102 型进行了结构改进，改为 103 型。1970 年，经过再次改进，永久牌 104 型两用车问世。在之后的 10 年里，上海自行车厂又对 104 型进行了持续改进，直到 1981 年才完全定型。定型后的两用车被定名为永久牌 107 型，该车采用薄壳结构，缸体为铝合金，其内壁镀以硬铬，增加了耐磨性。后因生产任务变更，该车被转让给上海自行车二厂，二厂在此基础上增加了蓄电池，使其成为中国首款油电两用脚踏车。

1964 年，一款对中国自行车设计产生巨大影响的车型诞生了，该车便是永久牌 PA14 型。1958 年，在上海市轻工业局会议上，上海自行车行业提出了质量赶超英国兰翎牌自行车的目标，并要求扩大自身品牌的产品线。上海自行车厂立刻投入研发工作，并于 1964 年年初成功研制出永久牌 PA14 型高级自行车，并小批量试制 200 辆。前叉和链条等主要部件采用锰钢制造，使产品强度有了保证，并提高了加工精度，同时采

■ **图 6-1**
永久牌 PA14 型高级自行车

用镀镍工艺和 6 种色漆，使整车重量、骑行轻快性、构件强度、挡碗耐磨性、电镀油漆质量、成车装饰性和轮胎性能等 10 项指标达到兰翎牌的质量要求，全面提高了永久牌自行车的产品质量和市场占有率（图 6-1）。

上海照相机工业的发展是我国照相机工业发展的缩影，从中也可以看出上海轻工业产品在全国的地位。1924 年，钱景华在上海静安寺路 1447 号开设景华工厂，之后成功研制出的景华环像摄影机获国家特别专利，这是上海照相机工业的起源。中国的照相机工业是中国特有的时代背景下的产物，计划经济时期政府的引导促使照相机工业迅速发展。无论是出于军事和国防的需要，还是基于中国消费者市场对照相机的需求，中国在极其简陋的条件下不仅生产出了照相机这种“精密仪器”，还制造了与照相机工业相关的所有产品——镜片、放大机、印相机、胶卷、印相纸等。在中国照相机工业中，上海的技术、产品和销量都处于全国顶尖水平，是全国照相机工业的代表。

1956 年，在国家政策的支持下，全国各地的照相机厂如雨后春笋般涌现。北京、天津、上海、南京、广州、重庆等城市相继建立了照相机厂，用四年初步建立了我国照相机工业的基础。但是，计划经济体制导致诸多厂家缺乏对市场的研究，盲目上马相机产品，所以全国范围内虽然品牌众多，但产品雷同。1961 年，我国经济出现困难，照相机工业颇受影响。1963 年，按照中共中央提出的“调整、巩固、充实、提高”八字方针，上海照相机工业进行结构调整：上海照相机厂专门生产较高档照相机；一分厂、二分厂独立，分别更名为上海照相机器材二厂和上海照相机二厂，专门生产曝光表、闪光灯等配套摄影器材和中档照相机。

1961 年 3 月，上海照相机厂研制出上海牌 58- Ⅳ型 120 双镜头反光相机。双镜头反光相机简称“双反相机”。由于该机零件多为手工制作，机械性能难以达到要求，特别是快门不稳定，一直未正式投产，只在试制期间生产了 11 台样机。1962 年，上海照相机厂发布了“上海”品牌名称，将上海 58- Ⅳ型进行调整后定名为上海 - Ⅳ型。该机采用弹性滚轮自动停片装置，以 f2.8 大口径取景，直读式调焦，首批于 1963 年 7 月正式投入生产。上海牌双反相机的诞生标志着我国照相机生产技术走向成熟，为我国照相机制造业树立了一个典范，它以有限的工艺水平获得了最大的技术效益。

1963年9月，由于国家规定不能使用地名作为品牌名称（但对上海破例保留了几个，如上海牌手表和上海牌汽车），上海照相机厂将“上海”牌更名为“海鸥”牌，上海 - Ⅳ型变成了海鸥 - Ⅳ型，这是海鸥 4 型系列照相机产品的奠基机型。海鸥 4 型 120 双镜头反光照相机因款式新、质量优而深受消费者喜爱。1964 年，该产品首次参加广交会，年底便出口 2 300 台，开创了中国照相机出口的先河。1968 年，上海照相机厂正式使用“海鸥”注册商标，并相继推出了 4A、4B、4C 等型号。从此“海鸥”飞出上海，成为中国照相机工业的标杆。

海鸥 4A 型照相机的最大特点是采用了机械式上胶卷结构，快门与上胶卷联动起来，适用于高速摄影，其主要顾客是新闻记者等专业摄影人士。在刚开始销售时，一般摄影爱好者很难买到该款产品。海鸥 4A 型照相机在生产过程中做过多处改动，例如，在中期机型上将“上海照相机厂”的字样改为“中国上海”；在中期产品的后半期，在调焦钮上安装了防滑胶皮，使其更具高级感与专业感，同时推出一批黑面板机型，丰富了产品线；在后期产品上，将调焦钮及照相机底部三脚架螺孔改为塑料材质，前面板一律改为黑色。

如果说海鸥 4A 型照相机是海鸥 4 型的升级版，那么 1967 年开始研发的海鸥 4B 型照相机则是 4 型的简装版。作为当时中国人较为熟悉的照相机，4B 型定位于“简装品”，首先从使用的角度来构思设计，即如何使技术更好地为消费者服务，然后再考虑形态、色彩、材质、肌理等体现感性价值的设计要素。因此，设计该款产品的直接目的是“实用”，即外观和结构不求太复杂，但成像必须清晰，操作一定要顺手，适合大批量生产加工，价格低廉。总之，这是一款操作简便、价格适中的“全民相机”。

海鸥 4B 型在造型和功能上继承了 4 型系列的经典设计。上海 58-IV 型 120 双镜头反光相机的基本结构参照了德国禄莱克斯 120 双镜头反光相机，那是当时专业摄影人都渴望得到的一款专业相机。考虑到产品的特性和用途，海鸥 4B 型选用了简洁大方的黑色。在材质方面，机身整体选用铝壳，部分按钮采用塑料以降低成本。机身材质表面的肌理选用“鳄鱼皮”纹理，不仅外观具有高档感，而且从消费者使用的角度考虑，这种纹理有一定的防滑作用。

海鸥 4B 型双反相机的品牌标识有三种形态：相机顶面的钻石形标识，内有的英文

■ **图 6-2**
海鸥 4 型双镜头照相机系列中的核心产品

■ **图 6-3**
20 世纪 70 年代典型的工人家庭生活景象

字母与海鸥的图案组合；相机正面上端是汉字“海鸥”，字体采用柔美飘逸的书法体；相机正面的镜圈上刻印“海鸥”二字的拼音。三种不同形态的品牌标识分别置于不同的位置，仿佛在时刻提醒人们这是一台海鸥牌照相机。

位于机身侧面的卷片、对焦及快门等按钮，由于需要经常与手部接触，表面被设计为“齿轮”纹理，以便增加摩擦力，方便使用者精确操作。海鸥 4B 型双反相机背面右下方的两个小孔是“红窗计数器”。在卷片时，先开启计数红盖板，再慢慢转动卷片钮。当拍摄 16 张时，在标有“16”的红窗中出现“1”字即为第一张胶卷，若拍 12 张要注意标有“12”的红窗。海鸥 4B 型双反相机受欢迎的另一个原因是配有设计高雅、做工精良的相机套。该相机套选用了典雅、大方的褐色，在色彩方面男女通用，同时还在重要的拼接处加上了缉线的缝纫工艺，不仅美观，而且增强了牢固性。相机套正面是海鸥图案，利用皮革自然的特性，采用浮雕工艺展现出品牌标识的特色。相机套侧面有大小不一的方形和圆形镂空，这些镂空是考虑到操作相机按钮的需要。整个设计既考虑到外观的设计美感，又满足了功能上的需求。为了实现美观又好用的目的，海鸥 4B 型双反相机的产品说明书特别采用了图文并茂的形式，为使用者提供各种相机操作方面的指导，使该款相机更易于被普通老百姓接受。海鸥 4 型产品形成了完整的产品谱系。图 6-2 中最前方的红色相机是香港回归纪念版产品，在推出时特别在正面使用了“SEAGULL”字样。

“三转一响带咔嚓”中的“一响”指的便是收音机（或半导体），拥有一台收音机是当时一个家庭生活富裕的象征（图 6-3）。

1972 年 6 月，上海市仪表局所属上海无线电二厂设计生产了红灯牌 711-2 型收音机，采用箱式造型，所有线条都为直线，显得有棱有角，整体感觉稳重凝练。在红灯 711 型系列收音机诞生之前，国产电子管收音机的外形基本上都是由黄金分割的木制机箱中间加一根金属装饰条，上部分装喇叭，下部分装度盘。红灯 711 型则打破了之前收音机左面一个音量、音调套筒旋钮，右面一个调谐、波段套筒旋钮这种千篇一律的造型，带有新鲜感。

首先，产品以不对称的形式布局出现。控制面板左下角装有音量控制、高音调节、低音调节三个小旋钮，左下三个小旋钮的数量平衡了右侧大旋钮的体积，于不对称中求得平衡。其中突出了两个高低音调节旋钮，这是上海牌 131 型等高级收音机才有的独立高低音调节功能。其次，喇叭布右上角的猫眼和左下角红灯标识一大一小，遥相呼应，平衡中显现出动感。

无线电收音机传统的设计材料应用的思路是用原木制作外壳，这种选择虽然外观美观，但材料成本及加工成本较高。711 型系列收音机产品外壳采用合成板材制成，便于标准化、大批量生产，外表裱贴木皮，喷漆后抛光，能够体现出较高的美观水平。喇叭布以缎纹为底，有红色、金色等多种选择，搭配深色硬朗的机身外壳以及面板中间、下沿的高亮度金属装饰条，显得柔中带刚，古朴典雅。

红灯牌 711 型系列收音机的猫眼有两类，分别是 6E1 和 6E2，采用 6E2 的红灯牌 711-2（图 6-4）是红灯牌 711 系列中产量最大的产品。接通电源，打开红灯牌 711-2 型收音机的开关，右上角的方形猫眼便会发出蓝绿色的光芒，面板的下方也会透出红色的光，犹如一盏红灯笼照亮中央面板的波段刻度。面板左下角的三个小旋钮可分别调节音量、高低音，面板右上角的大旋钮是调谐旋钮，当电台频道调谐准后，猫眼处的绿光就变成一条竖直线，很像中午时分猫的眼睛，所以谐调指示才被称为猫眼。猫眼的设计不仅在功能上方便了使用者，而且增添了趣味性。

红灯 711 型收音机的一大设计亮点就是在保持价格低廉的同时并没有放弃对品质的追求，例如，设计师想方设法在喇叭布的图案设计选择上有所突破。喇叭布以金银线钩图，有花草、烟火、几何、海浪等多种花型可供选择，极大限度地丰富了产品线，不仅显现出设计的精致，充分体现了中国传统的古典美，而且满足了不同消费者的喜好。

711 型收音机的品牌标识以三个元素组合而成，分别是汉字“红灯”、红灯的英文“Red Lantern”以及灯笼图案。正面喇叭布左下角处饰以汉字“红灯”商标，颜色上选用了传统的中国红，由于喇叭布的颜色与字的颜色比较接近，因此用白色勾勒出字的轮廓，使得标识更为醒目且更有立体感。两个汉字均用金属压膜制成，永远不会变形，从某种意义上增加了品牌和收藏的双重价值。正面喇叭布与面板的交界处以及收音机的背面是灯笼图案和英文字母“Red Lantern”的组合。

711 型收音机的造型一直保留到红灯牌 711-2B 型晶体管产品，作为前者的替代品，增加了音乐、语言、戏曲三档音色选择开关，这种功能过去一般只有在高端产品中才设置。产品同时采用了上海无线电十一厂的高质量扬声器和相关的优质元器件，说明了设计为延长产品寿命而做了努力，并且在 1981 年国家广播电视工业总局举办的全国晶体管台式收音机主观试听中获得最高分。

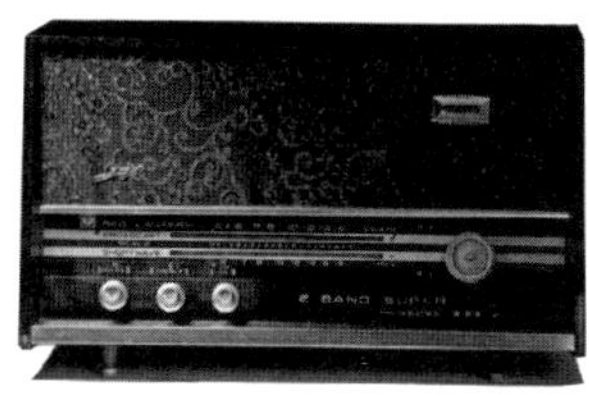

■ **图 6-4**
红灯牌 711-2 型收音机

■ **图 6-5**
红灯牌 753 型晶体管收音机

后续产品红灯牌 753 型晶体管收音机（图 6-5）的设计目标是小型化、便携式。当时的中国没有通电的地方还很多，所以采用直流电源，方便边疆、农村、牧区、哨所等场所使用。由于这款产品结构简单、性能可靠、价格低廉，不仅受到上述地区人们的欢迎，也是大城市的居民争相购买的对象。从红灯牌产品谱系来看，这是从电子管向晶体管过渡的产品，但设计并没有停留在原来的观念上进行小修小改，而是抓住晶体管收音机的特点进行全新的设计。产品立面设计宽与高之比接近 3 ： 1，基本上是整数比，而不是黄金分割，从整体形象上给人们以崭新的视觉冲击。底部品牌标识部位向机体内部收缩，形成了“负空间”形态，这种设计首先使整个立面具有了强烈的节奏感。同时，不锈钢材料与机体上两条装饰线条的材料一致，在黑色的机体上闪耀着寒光，这种对比也在一定程度上刺激着购买者的感官。

从细部的设计来看，扬声器部位也同样采用“负空间”设计，除了强调与整体设计的逻辑一致以外，更是用其造型实现了更好的扬声功能。产品面板为塑料仿皮质肌理，增加了产品的高级感。在体积不大的产品上共有三处品牌信息，最显眼的是产品底部的设计，其次是扬声器部位的红灯笼图形，是整个设计的点睛之笔，大面积的黑色底面上，红白相间的标识图形显得格外耀眼，最后是在调谐面板上出现的英文品牌名称，精致而不张扬，衬托了面板上的主要信息。

2 更新工业生产技术和体系中的设计

1986年9月29日，第1 281 502辆解放牌载重汽车开下了一汽的总装配线，这个数字几乎是当时全国汽车产量的一半，以CA10型为核心的老解放牌载重汽车经过整整30年的生产以后终于停产，接替它的则是中国第一款建立在遵循市场需求原则下进行设计的载重汽车——解放牌CA141型。

1962年，一汽开始进行CA10B型汽车的换代产品CA140型5吨载货汽车的开发工作。它采用新的顶置气门发动机、单片离合器、带同步器的变速箱、单级减速后桥，以及冲压焊接桥壳、车身、车架、车厢和悬挂系统。一汽于1964年试制出3辆样车，驾驶室前风窗由第一轮的整块全景曲面玻璃改为两块平面玻璃。这批样车在新疆、云南、湖北、黑龙江和吉林等地区进行了使用试验，得到用户好评。1966年2月，CA140型汽车第三轮设计完成，后试制出6辆样车并在中南和西北地区进行了使用试验，1967年5月定型。但后来此项工作因故暂停。在1968—1969年包建二汽产品时，一汽把有关CA140型的全部产品技术储备都用到二汽产品上了。

在CA141型的设计研发过程中，工业设计首次从幕后走向前台，与工程部门齐头并进，携手完成了这一事关交通运输核心产品的换代工作。1980年7月，一汽确定了关于解放牌载重汽车换代产品CA141型5吨载重汽车（图6-6）的研制任务，并在《CA141型5吨载重汽车设计任务书》中提出了下列总设计原则：新型车要在老产品的基础上进一步升级改进；总成和零部件在满足性能要求的前提下，尽量不改或少改；要充分考虑换型过渡的可能性和现有生产工艺的继承性；要充分利用现有设备和工装；要使新车型的各项性能赶上或超过第二汽车厂已经投产的EQ140型5吨载重汽车。根据上述原则，在调查研究的基础上，一汽于1980年10月开始CA141型汽车的方案设计工作。但当方案设计完成以后，发现原任务书中关于“轮距、轴距及车架的长度与CA10B相同”的规定对提高汽车的一些主要性能不利。经审议，并经厂领导多次研究，于1981年3月下达了修改补充CA141汽车和发动机设计任务书的通知，并据此进行第一轮试制图的设计。1981年5月，除供油系统外，全部设计完成，同年10月试制出第一辆样车，到年底共试制出6辆样车，并开始了全面试验工作。

1981年12月，第一次工厂鉴定会举行。会议认为CA141型试制图纸可以作为一汽“六五”计划换型改造工程扩初设计用图，初步试验没有问题的部分零件可以提前发图进行生产准备工作，另外可继续进行各项试验。针对试验中暴露的问题，1982年第一季度完成了第二轮设计。此轮设计主要缩短了车头前面两个悬置点之间的距离，改善了车厢和车架的刚度匹配以及发动机的悬置等。同年4月中旬，第二轮试制开始，6月末召开第二次工厂鉴定会。会议肯定了CA141型新车主要性能已符合或超过设计任务书的要求，认为该车型的经济性和动力性比现产品有较大提高，但也提出了一些改进意见。

1983年上半年，对第二轮CA141型样车进行了全面性能试验、台架扭转试验、MTS道路模拟试验及5万公里可靠性试验等。对发动机也进行了整机性能和1 000小时可靠性试验等。在这期间总共进行了217项试验，基本上完成了国家级鉴定试验准备工作。1983年9月23日，在一汽召开了国家鉴定会，共有67个单位参加。CA141型5吨载重汽车顺利地通过了鉴定。

CA141型的设计具有鲜明的工业设计特点，即在技术相对成熟的条件下，推出在造型、色彩、材料等方面具有创新性的设计，并以此协同各类总成、零部件设计的优化，结合创新或引进的国际成熟的加工工艺技术，来达成通过工业设计优化整体产品的目标。在这样一个过程中，首先不同于CA10型时代以技术引进和实现制造突破为目标，CA141型的设计能够更加从容地考虑提升产品感性价值。这一点从《CA141型5吨载重汽车设计任务书》中表述的希望CA141型成为“成熟产品”一词上可以强烈地感受到，在以后的各种设计和试制、评价过程中无不体现出这种追求。在这个过程中，反复被提及的关键词有“新车型美观的外观”“驾驶方便舒适性”“操作平顺性”等，都与工业设计密切相关。

其次，“成熟产品”也体现在对其形成系列产品具有重大的决定作用上，也就是在此基础上稍作变化即能延伸出一系列各种不同特殊用途的产品。最后，产品向国际同类产品看齐，不管是设计理念还是技术手段，甚至产品评价标准都尽可能地接近国际行业通用的水准。

■图6-6
解放牌CA141型5吨载重汽车

如果说CA10型这一代产品中倾注的工业设计力量靠的是老一辈工程技术人员自发投入的话，那么到CA141型这一代产品时，工业设计的工作已进入正向开发流程。这款产品整体设计采用平直表面作为车身设计的主要语言，其外观给人以“刚毅”的感觉。作为设计的重点，驾驶室造型设计强调为驾驶员提供良好、宽阔的视野，因而采用了一体化的大幅玻璃，在左右两柱处增加了弧度，保证了车辆转向时有良好的视角。发动机罩顶部与侧面平直表面以较小半径的弧面相连接，在日常光线照耀下，显出了锐利的“筋线”，与侧面车身的加强筋形成呼应，这种横向的筋线达到了传递产品速度感的目的。

从正面来看，由于考虑到需要使用CA10型原有零部件，CA141前脸的设计也颇费了一番心思。左右前大灯置于一个塑料外罩统一的造型中，增加了整体感，中间进风口设计了一横条，上写品牌名称。上部进风口设计成线状，左右两侧置转向灯，由左至右形成视觉节奏。经过设计的前脸比较正确地传达了产品的特点、性格。

在似乎是“美学”主导的设计工作背后，设计师仍然在为其整体功能的优化而努力着。CA10型时代就确定了解放牌载重汽车“军民结合”的设计原则，到CA140型时代，这种原则并没有因为考虑了市场因素而被削弱。经过实践检验，CA10型确认的发动机舱“侧翼式”打开方式是极其合理的，但到了CA140型时代，整体造型发生了变化，如何保持这种产品优势成了设计攻关的一个课题。经过反复思考，设计团队决定采用“翻转型”方式打开发动机舱，在保持整体造型的基础上，延续了产品的特色功能。为此，其车头的扭力管总成采用了磁控旋弧焊工艺，甚至为此研制出了专用旋弧焊机。该工艺的实际应用在我国汽车制造中为首创，也是在工业设计思想指导下进行新技术开发的有益尝试。

20世纪80年代，南京汽车厂的轻型载重汽车的设计也走到了十字路口，所谓“南汽二代车型”（即平头轻型载重汽车）的设计再一次拉开了帷幕。在一机部汽车总局的指导下，南汽联合了国内生产同类产品的江苏、江西、安徽、福建、武汉5个省市12个单位的30余人，探讨新车型设计，在筹备期间就基本确定了联合开发新系列产品的型谱，开始进行了基本车型的试制、试验工作，着手产品结构的调整。鉴于跃进牌汽车产品的落后情况，早在1978年上半年，时任江苏省委第二书记柳林在赴日本访问之际，与日方探讨了从日本引进汽车工业的技术问题。柳林回国后立即同江苏省省机械工业厅和南京汽车制造厂领导到北京会见时任一机部副部长饶斌和汽车总局领导，就有关引进方式、产品方向和专业化协作等问题进行商榷，随后即指示组织成立江苏省机械工业厅引进轻型载重汽车技术工作组，工作组以南京汽车制造厂为主体，按部、省会谈精神开展工作。与日方接触后，工作组决定与日本五十铃汽车公司谈判引进五十铃“KS”系列轻型汽车技术。经过双方会谈和商定，1979年2月，五十铃汽车公司海外事业开发室一行7人携带一辆KS22型载重汽车到达南京汽车制造厂进行适应性试验。随后，中日双方又就技术引进和合资经营等事项进行了多次会谈，终因返销及偿还贷款问题未能达成协议。但在最后的模具合作商务谈判中，双方就南京汽车制造厂购买日方的五十铃 KS21 型驾驶室二手模具事宜签订了合同。这批模具被日方整修后经中方验收，于 1983 年 5 月全部运抵南京汽车制造厂。

从 1979 年开始，南京汽车制造厂在进行市场调查和收集国内外汽车产品资料的基础上，参照五十铃公司的 KS22 型载重汽车，进行 1 ~ 3.5 吨的轻型载重汽车系列的设计，主要有 NJ132（2 吨）、NJ133（2.5 吨）、NJ142（3 吨）、NJ143（3.5 吨）4 个基本车型，并按不同产品型号的要求对发动机也进行了相应的研究。

1980 年，南京汽车制造厂在设计试制新系列产品时，考虑到产品从开发到投产需 6 ~ 7 年，因此决定利用准备引进的日本五十铃 KS21 型驾驶室二手模具和老产品底盘部分总成及零部件，开发 NJ131 型 3 吨载重汽车，作为二代产品正式上市前的过渡产品。设计工作自 1980 年年初开始，至同年 10 月试制出 5 辆样车。该车型采用平头驾驶室，改变了原车布置，提高了发动机功率并改进了车架。新的车架总成装配了老产品的前后桥、变速箱，可选用柴油机或汽油机。1980 年 10 月，样车和 70L 改进型发动机的试制完成，车身通风格栅、前大灯、雾灯、转向灯合成一个整体，在黑色或白色的整个饰面上形成前脸，显得十分有逻辑，微曲面的车头体现了东方人“曲而不屈”的中庸设计思想，全景式挡风玻璃具有很好的视野。1981 年 6 月，5 万公里可靠性试验完成。随着五省市联合开发二三代产品的规划改变，1982 年八九月间，在研究“六五”计划后三年产品换型和技术改造的方案中，经中国汽车工业总公司同意，确定以 NJ131 型 3 吨载重汽车为正式换型目标，从而使 NJ131 型汽车脱离了原定过渡性质，正式成为该厂的第二代产品。1983 年开始，该厂在以 NJ131 型为目标进行“六五”计划期间产品换型和技术改造的同时，又对 NJ131 型汽车进行了两轮试制，并于当年 11 月完成 2.5 万公里可靠性试验。

1983 年 3 月，NJD433A 型柴油发动机通过国家技术鉴定，并荣获国家 1983 年优秀新产品奖。随后开发的 70L 改进型汽油发动机也投入生产。1984 年 2 月，南汽完成了 NJ131 型汽车的第三轮试制任务，并在海南汽车试验场完成了 5 万公里可靠性定型试验。同年 10 月，在南京召开了技术鉴定会，NJ131 型（装 NJ427A 发动机）、NJD131 型（装 NJD433A 柴油机）、NJ131A（装 NJ70L 发动机）三种型号的载重汽车通过国家技术鉴定，并获得 1984 年度国家科技成果三等奖。1985 年，NJ131A 型和 NJD131 型载重汽车投入批量生产。1985 年 8 月，NJG422A 型发动机和 NJ136 型载重汽车，以及委托沈阳松辽汽车厂试制的 NJ136AS 型双排座 2 吨系列载重汽车通过国家技术鉴定。至此，南汽完成了新一代跃进牌轻型汽车系列的开发和更新换代，形成 2 ~ 3 吨级汽车兼有、汽油柴油发动机兼有、单双排座兼有、长短轴距兼有的轻型载重汽车系列，连同 NJ221 越野车系列，共计 15 种车型 29 个品牌，其轻型汽车品种质量在国内具有较高的水平。

毋庸置疑，造型改进后的NJ131具有强烈的工业设计特征，但与其说这是NJ131产品带来的设计感，不如说是全世界的汽车产品经过20世纪70年代电子技术革命洗礼以后的成果，日本五十铃KS系列轻型车等都是这种革命的缩影。

虽然NJ131型3吨平头轻型载重汽车（图6-7）的外观来自日本，但南汽在其技术匹配和集成方面的努力一直没有停止，几乎是在NJ130型底盘和发动机等关键总成没有改变的情况下进行改型设计的。NJ131型设计的成功填补了当时中国轻型载重车的空白，也带动了中国轻型交通工具的升级换代，至1989年，全国利用NJ131型、NJ136型汽车底盘改装的各种客车、专用车厂家超过200家。

根据上海市地方志专业志《电子工业志》第五编“整机产品”记载：（20世纪）70年代末期，上海市机电行业从日本进口了一些录音机机芯，开始组装录音机。此举无疑是为自己研发设计录音机做铺垫。当时，日本的电子产业已经逐步成为其国民经济发展的支柱产业，体现出领先于世界的势头，无论是在技术的研究上还是民用产品的产业化上都有独到的实践，特别是几大电子企业强化设计取得商业化的成功经验引起了中国，尤其是上海科技情报部门和产业战略发展研究部门的重视。当时日本进口的收录机价格虽然昂贵，但依然供不应求。而上海的制造企业也渴望更新换代老产品，设计制造能够引领消费需求的新产品。

1979年，通过研究日本的同类产品，拥有设计制造红灯系列产品经验的设计团队制订了开发设计大型台式多功能收录机的目标，这也是1982年实现大批量生产并且风靡市场的红灯2L-1400调频调幅收录机（图6-8）。运用新技术保障了调频、调音收音、录音、磁带放音、扩音的需求，实现了立体声播放。作为一代革命性的产品，为消费者带来了全新的高品质听觉享受，同时由于大部分零部件已经国产化，所以可以以大家能够承受的价格

图6-7
NJ131型3吨平头轻型载重汽车

图6-8
红灯2L-1400调频调幅收录机

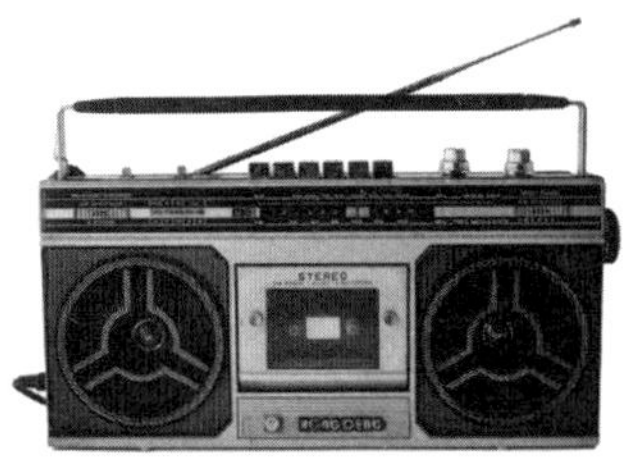

图6-9
红灯2L-1420收录机

图6-10
新设计的品牌标识出现在产品的面板上

进行销售，特别受到筹备婚事的年轻人的喜爱，因为机体尺寸如此之大的台式机在那个时代面积不大的居室中一定会引人注目。

除此之外的另一个原因是，红灯 2L-1400 收录机的设计理念已经完全不同于电子管、晶体管收音机。首先，由于产品功能的增多，各种操作按钮、触点复杂化，与使用者形成了复杂的“看”的界面，设计必须通过视知觉，帮助使用者简化各种现象中存在的混乱状态，并察觉其中包含的意义和内容。这种简化不只是简短化，更恰当地说，它是在特定的视觉主题下获悉一种经过压缩或综合的意义或内容。被置入黑盒的、自动的、对话式的器具与人的接触点就是被强化的界面。正是通过这种界面，这些按钮、触点的用途、意义及价值作为可交换的内容得以表达。这种在经过浓缩、简化的外形的单独界面中包含了多层次的意义或内容的形式，就是日本在电子产品时代经常倡导的“综合产品的简化设计”。

虽然不能认为红灯 2L-1400 收录机的设计理念全部是原创的，但不可否认设计人员已经深切地体会到历经电子技术革命以后产品设计的真谛，这也是该产品能够在很长的一段时间内具有生命力的原因。

基于产品积累的技术和市场的渴望，也是企业进一步拓展市场的需要，具有便携特征的红灯 2L-1420 收录机（图 6-9）设计迅速完成，这一系列产品被消费者称为“两喇叭”，以区别于上述的“四喇叭”产品，一般售价更加低廉，但基本的功能都有保证，而且音质不错，能满足初级音乐爱好者的需求，同时也特别适合老年戏剧爱好者的需求。面板上所有功能按钮一目了然，排列有序，努力将误操作的可能性降到最低。但是整个产品的“科技感”并没有因此而降低，特别是新设计的品牌标识图形，结合高光切削工艺处理，为产品增加了风采（图 6-10）。[69]

3 “四个现代化”愿景提升的设计能级

1979年12月6日，邓小平在会见日本首相大平正芳时讲：“我们要实现的四个现代化，是中国式的四个现代化。我们的四个现代化的概念，不是像你们那样的现代化的概念，而是‘小康之家’。到本世纪末，中国的四个现代化即使达到了某种目标，我们的国民生产总值人均水平也还是很低的。要达到第三世界中比较富裕一点的国家的水平，比如，国民生产总值人均一千美元，也还得付出很大的努力。就算达到那样的水平，同西方来比，也还是落后的。所以，我只能说，中国到那时也还是一个小康的状态。当然，比现在毕竟要好得多了。到了那个时候，我们有可能对第三世界的贫穷国家提供更多一点的帮助。那个时候，中国国内市场比较大了，相应地，与国外的经济交往，包括发展贸易，前景就更加宽广了。”[70]

中国实行改革开放，低技术制造业的发展成为推动出口、就业与经济实现持续快速发展的主要力量，并迅速形成了珠江三角洲、长江三角洲、环渤海湾三大世界级制造区域，这些区域的发展使中国成为制造业增加值总量仅次于美国、日本的世界第三大制造国和世界制造业的重要生产基地，甚至影响了全球制造业的空间分布。中国独特的发展背景，特别是中国通过改革开放实现了经济体制转型并融入世界分工网络，使得中国制造业的制度创新、生产组织创新等非技术创新展现出显著的中国特色，在设计创新方面也显示了突出的阶段性特征：这些特征既是中国改革开放的重要成果和组成部分，也是中国改革开放进程的集中体现。

截至2000年，中国出口额占全世界出口额的6.1%，而中国低技术（含中等技术）制造业产品出口在全球产品出口中的份额高达22.3%，中国成为家电、服装、纺织品、日用工业品等产品的世界生产基地。低技术制造业的巨大发展扩大了中国进出口和利用外资的规模，带来了对劳动力和大宗原材料的大量需求，推动了国内就业与产品设计升级，促进了经济的持续增长。在相当长的一段时期内，中国低技术制造业是中国经济发展重要的推动力量，且在依托于全产业链的背景下，还是中国制造业中最具竞争力的领域，相关产品的产量及设计水平为中国在国际出口结构中抢占了有利地位，将中国推升至国际产业链分工中不可动摇的位置。[71]

到20世纪末，中国低技术制造业的迅速发展得到了国内外各界的普遍认可。改革开放初期，中国虽然幅员辽阔但经济发展水平相对较低、不均衡，其市场的显著特征是人口众多但支付能力有限。这些特征为差异化、规模较小的企业提供了发展和创新的机会。从市场供给来看，当时在计划经济体制下的中国，大量必需品仍然非常短缺，企业的资源和能力非常有限，无法通过传统意义上的技术创新来获取先进技术。面对这样的发展环境，在政府的支持下，企业通过掌握并运用已成熟的、普及的技术进行生产可以降低进入市场的障碍。同时，改革开放初期中国低技术制造业受指令计划或指导计划的影响相对较小，成为开放程度相对较大的领域，在该领域，个体和私营经济被容许作为社会主义经济的必要补充而存在，且在这些领域中劳动力成本占总成本的比重较高。这些条件为中国大量的低技术制造业企业的发展提供了较大的空间，较低的参与门槛也为本土工业设计的成长提供了必要的土壤。

能够广泛参与工作的低技术制造业是中国工业设计得以成长的基础，但中国工业设计迅速发展的主要原因是改革开放政策的不断深化。农村改革不仅带来了农业丰收，还为低技术制造业的发展提供了丰富的劳动力资源和大量的原材料。随后，价格改革的实行、市场经济体制的确立以及 2001 年中国加入 WTO 后对所缺乏的技术、管理和资本的引进，中国企业得以全方位地学习、模仿与应用市场知识和规则，并学习世界先进的设计与研发经验。通过参与全球经济分工，我们把比较优势转化为全球竞争优势，从而不断降低成本来为全球提供产品。此外，20 世纪 80 年代兴起的信息革命改变了全球产业发展的商业模式和竞争基础，中国工业设计也因此加速发展。一方面，通信与互联网技术的应用和知识的系统化、电子化使得知识成本和技术壁垒迅速减小，中国的设计师可以通过集成已有的技术将新概念和新技术相结合进行创新；另一方面，经济全球化带来资本、技术资源的全球流动，制造业的各阶段和环节加速分离，全球范围内的整合创新和分布式创新合作成为可能，中国制造业可以通过全球动态网络扩大低成本优势的创新成果规模。

中国制造业的发展具有显著的“中国价格”特征。英美等国在制造业的发展过程中建立了世界制造中心，形成了新的制造工艺和产业，建立了机器大生产的工厂制度和大批量流水生产线。日本、韩国的制造业则通过产业政策的倾斜、本国市场的保护与培育、融入国际分工网络而在汽车业、电子业等行业实现突破，并建立了一些产业的国际生产基地。特别是日本在引进技术的同时进行了大量的制造制度创新和软制造技术应用，如全面质量管理、精益生产、柔性制造等，从而大大提高了生产效率、生产质量、设计研发能力和市场响应速度。相比之下，面对更加开放的全球经济和信息化环境，中国在经济发展的初期阶段就迅速、全面地融入全球经济，在同样的发展阶段，其对外开放度要比日韩等国高得多，甚至在很多方面比如今的日韩还要开放。人口众多、经济发展不均衡且水平较低使中国虽然没有英美等国所拥有的先进的制造技术，也没有像日韩那样在少数产业形成集中突破，但中国可以在大多数低技术制造业领域通过产业组织创新形成流量规模经济以获得成本优势，可以以低于国际同类产品价格 30% 的“中国价格”为全球提供产品，这也使得中国设计搭上制造业的发展快车，迅速成长起来。

第七章

Chapter 7

改革开放与设计突进

1 优先发展轻工业战略方针下中国设计的重生

1978 年 12 月，党的十一届三中全会的召开是中华人民共和国成立以来党和国家历史上具有深远意义的伟大转折。它标志着中国共产党从根本上冲破了长期“左”的错误思想的严重束缚，重新确立了正确的思想路线、政治路线和组织路线，开启了以改革开放为鲜明特征的社会主义现代化建设新时期。邓小平指出：“这是一场根本改变我国经济和技术落后面貌，进一步巩固无产阶级专政的伟大革命。这场革命既要大幅度地改变目前落后的生产力，就必然要多方面地改变生产关系，改变上层建筑，改变工农业企业的管理方式和国家对于工农业企业的管理方式，使之适应于现代化大经济的需要。”[72]

1980 年 1 月 16 日，邓小平在中共中央召集的干部会议上又指出了 20 世纪 80 年代需要做的几件事，特别强调：“要加紧经济建设，就是要加紧四个现代化建设。四个现代化，集中起来讲就是经济建设。国防建设没有一定的经济基础不行。科学技术主要是为经济建设服务的。”[73]

20 世纪 80 年代中期，中国农村的改革已经取得了巨大成就，改革的重点正在从农村转向城市。城市的改革比农村的改革要复杂得多，它要求改革国有企业，把微观经济搞活，在宏观经济和微观经济的关系上要触动计划经济的核心——实物指令性计划，并对宏观调控提出了新的要求。

十一届三中全会的精神是强调发展商品生产，在经济生活中更多地发挥价值规律或市场机制的作用。1979 年春，在无锡召开的价值规律讨论会上，强调的也是这一点。不过，当时无论是决策层还是学术界，从总体上来说都还在探索如何在计划经济的条件下加强市场机制的作用，并没有跳出计划经济的大框架。正因如此，1982 年秋举行的十二届一中全会仍然坚持“计划经济为主，市场调节为辅”，强调的是指令性计划。这种情况到了 1984 年有了较大的转机和进展。1984 年 10 月举行的十二届三中全会通过了《中共中央关于经济体制改革的决定》，提出了“有计划的商品经济”的改革方向，强调的是缩小指令性计划。这是中国在从计划经济向市场经济转型过程中迈出的关键性的或转折性的一步。尽管在表述上，这个改革方向同后来的“国家调控市场，市场引导企业”（1987 年）和“社会主义市场经济”（1992 年）仍然有所区别，但它从总体上确立了商品经济或市场经济作为改革的目标，为广大经济工作者和经济理论工作者提供了一个讨论如何走上市场经济的广阔空间。

■ **图 7-1**
宣传画《提供优质产品 全心全意为人民服务》

如果说1978年年底至1984年秋的改革，是在市场取向的改革进程中做的一点破题的工作，是在计划经济的大框架中“嵌入”市场机制，而没有把整个经济的运转建立在市场机制的基础之上，那么1984年的《中共中央关于经济体制改革的决定》则开始了从计划经济向市场经济的根本性转变，或者说有了一个转折点。尽管20世纪80年代初期我们曾经从东欧的改革中学习了一些可以借鉴的理论和经验，但直到20世纪80年代中期，中国的经济决策者（常常被称为经济工作者）和经济学者（常常被称为经济理论工作者）对市场经济如何运转和调控，特别是如何从计划经济转向市场经济，仍然是相当陌生的。因此，把中外经济学家聚集在一起研讨中国经济中的热点问题，就成为中国人总结自身经验和借鉴外国经验的一次良好的机会。

在改革开放中，轻工业一直是排头兵。1979年3月21—23日，中共中央政治局会议做出了用三年时间对国民经济进行调整的决策。李先念提出了经济工作的方针是“调整、改革、整顿、提高”。[74] 具体来说包括：压缩计划外投资、加强农业、优先发展轻工业，从而改变农业、轻工业严重滞后的状况；扩大就业、调高职工工资，真正走出一条发展速度适当、经济效益比较好、人民可以得到更多实惠的新路子。这种政策通过宣传画得到了广泛的传播，由张永典于1978年创作的宣传画，首次印刷发行了80 000张，形象地传递了国家经济发展政策改变的信息，同时也影响着以后中国轻工业产品设计（图7-1）。

发展轻工业，首先要选择人民生活的必需品，改变以前一成不变的轻工业产品款式，激发人民消费的热情。中国首先从西方国家以及日本引进了大量的新产品和生产流水线，更新轻工业产品制造的各种设备，以适应新产品制造的需要，以洗衣机、空调、电冰箱为代表的新家电产品纷纷进入中国。以上海洗衣机总厂为例，该厂1980年8月组织相关技术人员设计开发具备普通家庭使用特点的单缸洗衣机，于当年试制成功并投入生产，注册商标为“水仙”牌。后来推出的水仙 XPB35-402S 型双桶洗衣机（图 7-2）上台面面板的设计突出了功能操作旋钮及指示标识，其次是商标、机型和厂家等信息。机壳涂饰色调以浅绿、淡蓝、淡紫、杏仁黄、珍珠白、鸭蛋青为主。1981 年 6 月上海洗衣机总厂从日本引进的万克注塑机和模具安装调试成功，洗涤桶能一次注塑成型，底板、面板和仪表架也采用镜面钢模具注塑成型。在消化、吸收引进设备的基础上，该厂于 1983 年自行设计制造了大型塑料模具。除了上海洗衣机总厂之外，上海电熨斗总厂也在 1985 年利用技术改造贷款从日本松下公司引进蒸汽电熨斗生产技术和关键设备，设计了蒸汽电熨斗（图 7-3）。

■ 图 7-2
水仙牌 XPB35-402S 型双桶洗衣机

其次，在优先发展轻工业方针的指导下，同时基于引进的先进制造设备改良传统的产品，使之更加美观，又另外增加了花式品种，充实了产品线。以当时中国家庭的必备用品保温瓶为例，外观工艺处理一直比较简单，缺少品质感，上海保温瓶三厂设计师在铝制材上喷饰华丽的牡丹花卉图案后，利用进口的日本喷涂设备再做一次罩光处理，使得外壳呈现出银红色，不仅强化了产品的防锈功能，更呈现出吉祥富贵的意象，给人“喜气洋洋”的感觉，因而成为当时中国众多新婚夫妻首选的结婚纪念品（图 7-4）。

■ 图 7-3
红心牌蒸汽电熨斗

■ 图 7-4
向阳牌银红保温瓶

海鸥牌 DF 型单镜头反光照相机是由上海照相机厂研制生产的，1966 年获得批量生产许可，确立了中国制造单反相机的基础。海鸥 DF 型相机是模仿美能达 SR2 相机而设计的，是中国批量单反机设计的起点。相继生产的同系列产品 DF-1 型造型大致没有变动，只是将海鸥的拼音改成英文“Seagull”，其机身用铝合金铸造，精密度高于国内同期产品，上下机盖为黄铜压制成型，再镀铬成“白脸”，设计上采用了 480 多个全金属零部件。历经海鸥 4A、4B 型等相机的设计，工厂在功能和造型外观设计方面已经积累了一定的经验，特别是 135 单反相机，在机械结构设计方面已经十分成熟，因此可以有更多的精力关注其外形设计。从正面看产品从上至下分

■ 图 7-5
海鸥牌 DF-1 型照相机

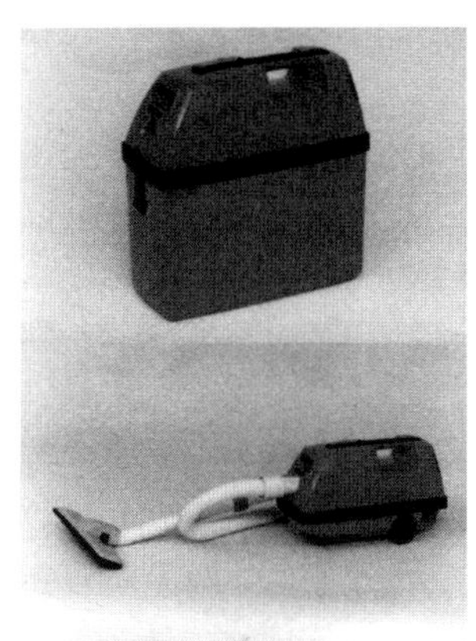

■ 图 7-6
张福昌向学生介绍自己在日本日立公司实习时设计的吸尘器

■ 图 7-7
德国文化参赞参观中央工艺美术学院学生习作和模型，指导教师为德国著名设计师福特勒和柳冠中

成三个色块，最上层为金属银色，中间为黑色，下层又为金属银色，比例匀称，富有节奏，可见设计上的精心推敲（图 7-5）。由于机械结构设计水平的提高，操作旋钮被赋予了两种功能，如卷片旋钮和快门为同一部件，减少了旋钮的数量，使得整个产品更加简洁。镜头直径为 55 毫米，满足了拍摄者的张扬感。取景框呈棱形切割状，有很强的造型感，与外壳铝材个性较为吻合。后背盖上胶卷压板开关的工艺处理光洁，大小适宜，不会产生拉毛胶卷的情况。

20 世纪 80 年代初期，轻工部率先从下属的两所学院——中央工艺美术学院、无锡轻工业学院（现江南大学设计学院）派出留学生赴日本、联邦德国学习工业设计。这些学生归国以后，带回了新的工业设计概念、理论、方法和具体的设计案例，并且迅速在各个设计类院校传播（图 7-6、图 7-7）。这两所学院接受轻工部的委托，举办了工业设计师资班，重点培养中等轻工业、工艺美术学校的师资力量，因为当时轻工部、全国各地轻工业局下属各工厂的许多设计骨干来自这些中专学校，工业设计师资班为这些学校的教师增加新的设计知识，使之具备培养设计人才的能力。特别是中央工艺美术学院，克服种种困难在北京八里庄举办了“工业设计研究班”，为其他设计院校、生产企业培养了高端人才。这些毕业生在之后中国工业设计发展的过程中发挥了独特的作用，其中产生了设计中国第一代大屏幕电视机、第一代家用轿车的设计师。与此同时，广州美术学院在与香港地区设计师的交流中看到了其设计服务的成功经验，因而迅速调整了自己传统的教学思路，在众多美术学院中脱颖而出。这一阶段还是各个部委下属院校积极引进工业设计教学理论十分活跃的时期。

1978 年，上海市轻工业局将包装设计作为重点扶持的四大支柱产业之一，各系统积极提高设计人员水平、壮大设计力量，目的是通过包装设计提高出口产品的附加值。是年，赵佐良所在的上海日用化学品二厂接到外贸公司开发珍珠护肤品的委托。因该产品是由医药保健品进出口公司提出开发，便借用医保外贸的出口牌子“上药”定名上药牌珍珠膏（图 7-8）。质优物美的上药牌珍珠膏创造了国产化妆品外汇盈利能力的历史水平，并且还推出了内销版产品，定名凤凰珍珠霜，一经推出便在国内掀起了珍珠化妆品的热潮。随后，赵佐良又设计了包括珍珠水、珍珠霜、珍珠蜜的“珍珠三件套”产品，进一步完善了产品系列，取得了很好的市场效益。

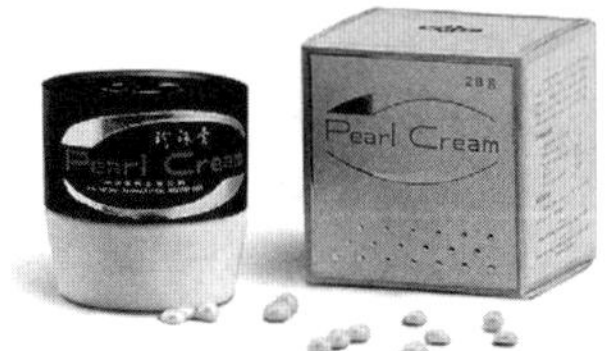

■ 图 7-8
上药牌珍珠膏包装设计

这个时期，上海引进了联邦德国、日本、瑞士印刷包装设备 34 台（套），逐步形成了包装设计印刷产品、容器、材料等协调发展的体系，这也使得出口的贵州茅台酒下决心委托上海方面对其包装进行重新设计和印刷，上海人民印刷七厂吴儒璋设计的方案首先被大量印刷，后来又有多名设计师参与调整（图 7-9）。后期由刘维亚为贵州茅台酒设计的飞天包装盒，以金色为底，以烫金线条画出飞天姿态，体现陈年老窖的古老情趣，使产品身价大增。1989 年，茅台酒飞天包装盒获中国质量奖银奖，是全国包装印刷系统第一个获得国家质量奖的包装印刷产品。

■ 图 7-9
贵州茅台酒新包装设计

2 “三来一补”激发的设计潜力

广东于 20 世纪 70 年代末启动了以出口贸易为导向的第一阶段经济转型探索：由桑基鱼塘的农副渔业向“三来一补”的工业化转型，在珠江三角洲地区初步形成了以“来料”“来样”“来件”“补偿贸易”为特征，“代工制造”为主体的发展模式，奠定了广东经济以制造业为主的基石，决定了广东省在导入发达国家先进工业设计思想、率先展开工业设计实践、推动产业自主创新能力提升等方面担当了中国的排头兵。在此后的 40 多年里，依托国家“改革开放实验区”天时、地利、人和的先决条件，广东工业设计创新观念经历了萌芽、发展与繁荣的成长过程。[75]

20 世纪 80 年代初，中国的市场经济开始萌芽，粤港澳湾区乡镇企业家关注的焦点是如何从港台引进办厂的资金、设备与生产技术，当时以完成订单为主要目标的基层制造业界尚不知晓“工业设计”。广东对工业设计的认知，一是来自回乡探亲的港澳同胞所带回来的欧美产品，二是香港的石汉瑞、靳埭强等一批设计师于 1979 年到广东传播西方现代工业设计知识。至此，广东工业设计步入萌芽阶段。接下来，在国际产业转移和短缺经济造成的旺盛的内需等因素作用下，广东制造业得以迅速发展。广东的工业设计便开始以“传译者”和“差异制造者”的角色起步，开始与产业结合。

广东制造企业开始在内部设立设计部门，1987 年年末，广州大学与广州万宝集团合作率先创立了“万宝工业设计研究院”，珠江三角洲地区（简称珠三角）的工业设计迈出了发展的新步伐。随着 20 世纪 90 年代初市场经济的快速发展，工业设计作为重要的创新手段开始被更多企业认知。深圳康佳电子集团（1991 年）、惠州德赛集团有限公司（1993 年）、顺德科龙电器有限公司（1995 年）、顺德美的电器有限公司（1995 年）、惠州 TCL 电器有限公司（1998 年）等珠三角家电与电子企业先后创建了自己的设计部门。

社会化的新型设计机构迅速成型，大量从传统设计机构、工厂下海的设计人员、院校师生实现华丽转身，积极开拓新的设计局面。1988 年夏，几位广州美术学院青年教师、研究生与校外企业家联合创办了国内首家民营设计机构——广州市“南方工业设计事务所”；1989 年，深圳也诞生了深圳市“蜻蜓工业设计公司”，它们都是 20 世纪 80 年代末至 90 年代初中国工业设计实践探索的实验田。自 1991 年开始，南方工业设计事务所成了整个广东工业设计实体机构的“孵化器”与“黄埔军校”，通过自身的裂变，分化出许多可圈可点的设计服务机构。该事务所在为制造企业提供设计服务的过程中，积累了大量实践经验，也为中国的工业设计发展提供了运作模式与新鲜案例。各种工业设计行业协会组织先后成立，如广东省工业设计协会（1991年）、广州工业设计促进会（2000年）等行业协会有力地推动珠三角地区的工业设计在20世纪90年代中后期驶入快车道。

改革开放后，广东把发展以电子、家电产品为龙头的轻工业摆到突出的位置。到1996年，广东全省轻工业产值已经达到4 507亿元，约占这一年全省乡及乡以上工业总产值7 413亿元的60.8%。广东的这一产业结构格局，既使工业设计发展有了充足的“活动空间”，也通过各类专利保护，为同类产品的企业集团创造了平等竞争的机会，从而加速了轻工行业产品的升级换代和设计发展。据当时初步统计，广东涉及革新产品造型方面的外观设计专利申请，有90%以上出自轻工产品，主要是电子、家电产品。

很明显，轻工产品，特别是电子、家电产品，由于同类产品繁多，市场竞争激烈，再加上消费者对这类产品的要求随着物质生活水平的提升愈来愈苛刻，既要讲究质量，又要造型美观、花色品种齐全，这就迫使生产厂家必须及时更新产品款式，以吸引消费者。所以，家电行业的管理者都认为：面对瞬息万变的家电产品市场，申请外观设计专利保护，就等于在与同行的市场竞争中打了一个时间差，这样才能让那些专门寻找新产品仿制，并以大量粗制滥造的假冒伪劣产品作为抢先夺取市场手段的企业难以得逞。因此，像颇具规模的美的、科龙、格兰仕、威力、华宝、爱德、格力、金羚、康宝、立昌等一大批企业，都有明确的规定，每次研制成功的新产品，都必须申请专利后再推出市场。截至1999年年底，这些企业普遍都有几十到几百件不等的外观设计专利申请，目的就是占领市场，让自己立于不败之地。

广东企业的设计专利从1990年以来一直处于全国领先地位，而且占据了广东专利申请的“半壁江山”。1997年，广东来自企业的专利申请量为7 084件，约占全年专利申请量12 858件的55.1%，约为这一年全省职务发明创造专利申请7 265件的97.5%。这也是广东专利工作的又一大特点。

不过广东企业的专利申请绝大部分来自中、小企业。据统计，广州市中、小企业的专利申请量已占了全市职务发明创造专利申请的80%以上。佛山、中山、汕头、江门等市所占的比例更高，有的几乎全部来自中、小企业。而且，这些企业申请的专利又以外观设计为主。如汕头市，1997年由该市专利事务所代理的654件来自中、小企业的专利申请中，外观设计专利申请有622件，占95.1%。中、小企业成为广东外观设计专利申请的主要贡献者的原因，一是中、小企业已是广东经济发展中的一支不可忽视的力量；二是中、小企业寻求专利保护的积极性普遍较高；三是中、小企业限于自身条件，申请新型外观设计专利是现实的抉择。

经调查发现，凡申请专利较多的中、小企业，大多都有一段因自己产品被任意仿制而吃亏的历史。在广东，确有不少中、小企业就是靠着外观设计专利进入国内外市场而获得显著的经济效益，使企业的规模每年都登上一个新的台阶。如佛山市山湖电器有限公司，它的立柱式风扇（也称大厦扇）当时就分别获得中国和英国的外观设计专利权。1992年投产后，电风扇产销量直线上升，并以其美观别致的外观设计专利和优良的质量，先后通过了欧共体的GS、CE，英国的BS，澳大利亚的SAA和美国的ETL等国际认证，远销美、英、德、意、法等国，以及中东、南美、东南亚地区。在国内外电风扇品牌众多的情况下，这款产品仍能在数十个国家的市场上夺得一席之地，投产3年新增产值近2亿元，创汇2 302万美元，创税利600万元，仅1996年就创汇1 133.4万美元。山湖电器有限公司也成为我国电风扇产量、销量和出口量最大的厂家，被国务院有关部门授予"中华之最"称号。又如佛山电器照明股份有限公司，其前身是1958年建立的佛山灯泡厂，直到1987年，全厂的年产值还不足100万元。后来，该厂从上海引进了人才和电光源技术，研制出卤钨灯的系列产品，其质量可与日本和德国的同类产品媲美，又有明显的价格优势，因此在国际市场上很有竞争力。起初，代理商对是否要在国外推销该产品抱迟疑态度，直到他们了解到这些产品早已各自申请了设计专利后，才愿意接受代理业务，并很快打开了欧美市场。在1992年，该公司出口创汇已经达到3 406万美元，相当于全国同行业出口创汇的总和，成为国内最大的卤钨灯产品的出口基地。

通过以上两个案例不难看出，设计专利在广东之所以有那么大的魅力，一是以轻工家电为主要代表的"广东货"，通过多次从国外引进技术或关键设备，再加上数年的努力，其质量已有不少可与世界的同类名牌产品一较高下。因此，当时拓展国外市场的关键是根据各国的特点和需要设计出更多适销对路的花色品种。

二是在当时知识产权意识还相对较弱的我国，企业产品要走出国门，确实还存在"外患内忧"的问题。不少企业在出口时经常会受到侵犯他人知识产权的困扰。有的甚至为一两件外观设计专利付出了沉重的代价。如广东美的集团股份有限公司在开发"柜式空调器"产品过程中，因与日本三洋公司电机株式会社的两项空气调节器外观设计专利相似，只好付出245万元的专利使用费。然而，这一付出却成了此后美的集团锐意创新的动力。公司拨出专款20万元，建立了专利文献库，从此规定每研制开发一项新产品，都要事先查新，决不搞重复。该公司仅1997年就申请专利70余件，相当于以往历年的总和。同时，公司还设立了知识产权部，直属总裁办公室，由一名高级管理人员负责。其规格之高，在广东是第一家。从此以后，"广东货"在国际市场上的形象大为提升，提高了出口产品的市场占有率。

另外，当时也暴露出一些问题。部分企业自己懒于开发新产品，反而热衷剽窃其他企业的设计成果。同时，仿冒者为了抢占市场而不择手段，往往采用粗制滥造、以次充好等办法与专利产品进行不正当竞争。这样不仅造成资源的极大浪费，损害了设计专利拥有人的正当权益，而且仿制产品一旦流入国外市场，更是严重损害了我国产品的国际信誉，带来无穷后患。[76]

针对广东企业在产品出口过程中积累的经验和教训，广东省制冷学会在行业期刊《制冷》上撰文：

广东在20世纪80年代的经济发展中，取得令国人钦羡、世人瞩目的成就，主要是靠改革开放先行一步的优惠政策，在一片原先工业基础较为薄弱的土地上，建设起颇具规模的消费品制造业，包括家用制冷空调业。不过部分“广东货”风靡全国，给人的印象不是质量的高精，也不是技术的高超，而主要靠模仿“洋货”，打着“款式新潮”的烙印。广东在经济起飞的阶段，不可避免地走“拿来主义”“借脑发财”之路，是无可厚非的。

此时，海外企业也大举进入中国市场，各式设计优良的“新洋货”不断侵入，知识产权保护条约的签署，让那些走模仿之路开发出来的产品逐渐丧失竞争力。时代的进步促使消费者对产品的功能定位和款式设计非常挑剔，“广东货”怎样保持国内市场的领先地位，又如何冲出国门呢？要实现这两个目标，成为新一轮市场竞争中的赢家，毋庸置疑，大力发展工业设计是必由之路。

产品墨守成规，因循守旧，或者照搬国外的样式，缺少个性和创新，使多数产品的价格只及国外同类名牌产品的一半甚至更低，这就是所谓“一等商品、二等设计、三等价格”的结果。这样的后果只能是加剧经济的依赖性，并导致经济损失。广东如果不改变现状，从过去的“加工型”“劳动密集型”“模仿型”转向“技术密集型”和“设计主导型”，摒弃“拿来主义”，那么“广东货”参与国际竞争、20年内赶超“四小龙”将成为一句空话。因此，注重和发展工业设计是“复关”前后提高产品市场的有效供给、打开国际市场、振兴经济的一条必行之路。依靠工业设计振兴经济，首先要振兴工业设计本身，只要国家有关部门、工厂企业及全社会重视起来，积极组织协调、行动，我们的产品一定会以独特的风格自立于世界产品之林，让“工业设计是中国未来世纪的希望”成为现实。

要完成这种转变，第一，政府部门要介入设计发展，工业设计界和企业家之间要达成共识，制定有关措施及向优良设计倾斜的经济政策；第二，要大力普及和强化设计意识，积极推动设计教育事业，培养设计人才，扩大设计队伍，政府把设计修养当作国民文化素质的重要内容，倡导设计竞赛，举办设计展览，设立“南国之花”奖，鼓励设计出更多的新颖别致、独具特色风格的新产品；第三，要建立激励机制，调动各部门、大专院校、研究单位研究工业设计的积极性，并将其作为考核的重要依据和内容，凡是在工业设计上有突破，开发出适销对路新产品并取得显著经济效益的人员，要予以奖励；第四，要围绕工业设计搞好信息、技术、人才、资金的横向联合；第五，要强化企业对工业设计的微观运筹。工业设计实际上是一种企业行为，每个企业都必须把工业设计作为关系企业兴衰存亡的大事来抓，加强综合性、层次性、动态性的市场研究，建立灵敏的市场反馈机制。[77]

这些经验与总结为后来者指明了方向，强化设计与专利意识保证了企业间公平有序的竞争，促进了我国有限资源的有效配置，对振兴和保护我国的民族工业起到了不可估量的作用。

与此同时，广东传统的国有设计机构也面临着一次新的选择，其中广东省轻工业设计院的体制改革具有示范性。中国的轻工业设计院、研究所遍布全国，任务不尽相同，但体制完全一样。身处改革开放前沿的广东省轻工业设计院率先讨论了“设计院改革从何着手？应该向着什么方向努力？”等问题，这些问题得到了员工们的热烈回应。有人表示：过去的设计工作由于受到左倾思想的影响，存在着许多弊端，设计系统因外部无竞争，内部吃“大锅饭”，而缺乏活力。也有人表示：设计部门追求“大而全”“小而全”，因而影响了设计工作的专业化和社会协作，设计工作难以有新的突破……设计院在讨论的过程中也意识到单位存在设计与科研、生产脱节，且由于管理体制落后，造成设计过程缺乏充分的应用试验数据，继而影响设计工作的科学性和公正性。种种弊端的存在，使得设计工作长期处于落后状态，设计技术落后，设计装备陈旧，标准规范保守。与先进的国家相比，我们的设计水平相差一二十年。这样一种落后状态，同经济社会发展的需要存在着尖锐的矛盾。在充分讨论和厘清思路等基础上，广东省轻工业设计院将改革重点落在以下三个方面。

（1）推行技术经济责任制，彻底打破“大锅饭”。

市场经济的涤荡已经证明，过去行政型的管理体制显然不适应四化建设对设计工作的要求。广东省轻工业设计院正是抓住了改行政型为企业型这个突破口，获得了发展的活力和生机，使设计工作逐步适应了四化建设的要求。1984 年，广东省轻工业设计院开始实行技术经济责任制。在这个过程中有三种具体的做法。一是按工程项目工作量和设计质量计奖。参加项目设计的人员，视工作数量的多少、质量的优劣，以及贡献的大小进行评奖。二是对产值、质量、成本、基础建设、智力开发等五大指标（勘察单位增加安全指标）实行承包。全面完成或超额完成上述指标任务者，所获得的设计收入，除上缴 3% 营业税和提留 10% 技术开发基金外，剩余部分的 15% 交纳能源交通重点建设基金，25% 上交主管部门，60% 由本单位掌握。本单位留成部分，一般按发展生产基金四成、集体福利基金三成、奖金三成的比例进行分配。每完不成一项承包指标，要扣除单位留成部分的 15% ～ 25%。三是实行项目专业承包。设计院与院内各专业科室签订合同，规定每项工程应达到的进度和质量要求以及相应获得的奖金数，各专业科室按合同承包。以上三种办法施行后，确实开始打破“大锅饭”的情况，调动了设计人员的积极性，大家主动加班赶工，注重工作质量，使各项工程设计都能按质按量完成，经济效益不断提高。例如，该院勘察室 1983 年创值仅 3 000 元，而实行技术经济责任制以后，1984 年就创值 14 万元，成为该院该年度的先进单位。1985 年，全院通力协作，仅用 20 天就完成了 3 个大型糖厂的初步设计，创该院设计史上的纪录。

（2）发展技术协作和联合精英，冲破封闭型体制。

过去，设计单位都追求“大而全”“小而全”，不注意横向技术经济联系，使各个设计单位都成为自给、半自给的封闭式的行政单位。这种体制形式的落后性是显而易见的，不利于设计事业的发展，不利于设计工作专业化，不利于扩大对外技术协作，因而也就不利于整体设计水平的提高。广东省轻工业设计院在打破“大锅饭”现状的同时，也采取措施打破这种封闭体制。1984 年，设计院先后和湖南长沙冶金设计院、广东煤炭设计院、广东化工设计院、惠州设计室、番禺设计室、暨南大学设计组等单位进行技术合作；又同有关企业开展联营，成立轻工咨询公司和联合公司，加强同委托设计的生产单位的联系，及时帮助他们解决生产中碰到的问题。这种做法加强了设计院的横向联系和协作，不仅扩大了设计业务范围，增加了设计收入，而且加强了设计、制造、使用单位之间的信息交流，使设计工作走向市场化，道路越走越宽阔。

（3）简政放权，保证改革的实施。

管理体制改革得以实现是必须有一定条件的。从广东省轻工业设计院的实践经验看，最重要的一个条件就是上级主管部门对设计院放权，设计院本身也相应精简部门，用好自权力，使管理工作跟上改革形势的要求。1983 年，省轻工业设计院大幅度调整了领导班子，正副院长是高级工程师和工程师，党委书记也是懂业务、懂企业管理的“明白人”。全院党政办事机构只保留党委办公室和行政办公室，脱产在职的政工干部包括党委书记、支部书记、党委办公室全体干部，整体不到全院职工总数的 3%，而专业设计各部门的人员力量则大大加强。同时，上级主管部门给予设计院多项激励政策：三年利润不上缴；自行接受设计委托；自主扩大经营范围；试行职务津贴；发放相当于四个月平均工资的赶工费；任免副科级以下的干部等各项自主权。由于简政放权，设计院有了活力，改革措施的实行就获得了保证，整个设计工作就生机勃勃了。[78]

无论是企业开始将工业设计的功能从传统的技术部门独立出来，还是社会化的工业设计公司创立，再到传统的设计院体制的改革，从企业本身角度来看是通过工业设计提升产品竞争力，从而打造企业的核心竞争力，应对新的市场需求的动力所致；从中国发展市场经济的战略角度来看，这一系列改革都是为了进一步促进生产力发展的重要举措；从行业发展历史的角度来看，轻工业通过行政管理手段在全国布局设计、生产的方式已经成了历史，取而代之的是通过各种要素的市场化配置，实现经济的快速发展，而工业设计作为一种知识的要素必然会在生产制造和市场开拓中被广泛应用。广东通过将“三来一补”作为发展外向型经济的重要的起步方式，在这一过程中深切地体会到了工业设计的力量，从而加快了积累自己的工业设计经验的步伐，为完成从 OEM（原始设备生产商，俗称“代工”）转向 ODM（原始设计制造商）奠定了基础。进入自主设计阶段后，对知识产权的保护作为促进技术、设计发展的要素更是发挥了积极的作用。广东以电子、家电产品为龙头的轻工业制造的实践不仅为消费者提供了新的产品，也为国家在市场经济的条件下完善工业制造体系提供了经验，同时通过融入世界产业分工体系积累了资金。

3 20 世纪 80 年代：重振装备设计，再出发

在高速发展轻工业的同时，发展装备工业仍然是中国工业制造的理想。1979 年中美建交以后，随着东西方冷战局势的缓和，中国购买了一些西方国家的装备产品和技术，甚至与西方国家合作来改进空军战斗机的电子系统，运输机的关键部件也从西方国家采购，但是具有战略意义的装备产品仍然受制于人。中国一方面展开自主设计，消化学到的技术、工艺、设计理念和技术规范；另一方面在一些重工业领域通过合资公司经营的方式生产新产品，实现制造技术的升级换代，促进中国新的支柱产业的形成。这一切都为接下来在 20 世纪 90 年代重振重大装备产品的设计与制造做了铺垫。

运 -10 飞机是一种四发大型远程喷气式客机，是我国飞机设计首次向 100 吨级飞机目标的冲刺，也是我国第一架自行设计、自行制造的大型客机。当时，国内没有任何研制大型飞机的经验和工作条件，在总体布局、材料选用、结构设计、系统综合各个方面都面临着巨大的挑战，设计概念、设计方法、设计手段也面临着许多新的重大课题。该机由上海飞机设计研究所设计，上海飞机制造厂制造。

至 1978 年 4 月 20 日，配套的涡扇 8（代号 915）发动机已完成 300 小时长时试车，累计运转时间为 373 小时 42 分。1978 年 11 月 30 日，在飞机强度研究所进行了运 -10 飞机（图 7-10）第一架全机静力试验，试验结果表明，运 -10 飞机强度符合设计要求，与理论计算十分吻合，全机静力试验一次成功。1980 年 9 月 26 日 9 时 35 分，在时任三机部副部长、运 -10 飞机首飞领导小组组长何文治主持下，运 -10 飞机第二架由当时的首席试飞员王金大驾驶，在上海大场机场首飞成功，飞行高度 1 350 米，在空中飞行两圈，然后由北向南在跑道上安全着陆，空中时间 28 分钟，飞行情况良好，各系统工作正常。运 -10 项目的技术总负责人是马凤山，他与程不时等设计师在面临巨大困难和压力的情况下，和广大工程技术人员一起排除干扰，实事求是，勇于创新，用了不到 10 年实现了我国航空工业史上大型喷气飞机“零”的突破。运 -10 飞机曾经先后转场于北京、合肥、乌鲁木齐，并按国务院命令执行特别运输任务，7 次飞抵西藏，运输物资 40 余吨。运 -10 飞机设计、试制积蓄的技术力量成为以后中国自主设计、制造 ARJ-21 支线飞机、C919 大型客机的基础。

1983 年，美国通用电气公司向中国铁道部转让 ND5 型内燃机车所需的七大类（12 项）设计、制造技术，包括大量图纸和制造技术文件。铁道部组织人员对其进行消化、吸收，开展对进口内燃机车配件的国产化工作，推动了内燃机车重要部件的研制和新

■ 图 7-10
运 -10 大型远程喷气式客机

■ 图 7-11
东风 DF5 型机车

产品开发，进而推动了我国内燃机车的更新换代。相关技术分解到各个专业工厂和研究所。其中，山西永济电机厂引进通用电气公司的 GTA24A3 型同步主发电机，CE752AF 型牵引电动机，由辅助发电机、励磁机组成的 CY27 型辅助电机，以及由高压控制柜、低压控制柜、硅整流器、司机控制器、电控接触器、电磁接触器、反向器、转换开关等组成的 ND5 型机车电控系统；株洲电力机车研究所引进 ND5 型机车恒功励磁屏及防空转装置；戚墅堰机车车辆厂引进了 ND5 型机车 7FDL16 型柴油机气缸套和活塞组装等关键部件生产技术；天津机车车辆厂引进了 7FDL16 型柴油机的 7S1616A 型增压器；资阳内燃机车厂引进了 ND5 型机车牵引齿轮、ND5 型机车牵引齿轮箱，以及 ND5 型机车空气滤清器；大同机车车辆厂引进了 ND5 型机车 7FDL16 型柴油机的活塞组装；大连机车车辆厂引进了 ND5 型机车布线技术。1984—1985 年，上述各厂及研究所先后派出大量人员赴美考察并接受培训，掌握了相关的技术。使用美国 ND5 技术与零件设计的东风 DF5 型机车（图 7-11）成为中国研发设计新一代内燃机车的研究对象，改变了之前产品基本沿袭苏联技术路线发展的状态。

在引进技术的基础上，我国从 1989 年起陆续开发制造第三代内燃机车。货运机车向大功率发展，客运机车向高速化发展，均采用中速柴油机、交直流电传动和微机控制。其中有东风 6、东风 10D、东风 4D 和东风 8B 等型货运机车；东风 11 和东风 4D 等型客运机车；东风 4D 等型调车机车。1996 年以后，这些机车陆续开始批量生产，成为 1997 年以后铁路客运提速、货运重载的主要内燃机车。这些机车在性能上相当于美国等发达国家 20 世纪 80 年代初的产品。但是，机车及其零部件在可靠性、耐久性和质量方面有一定差距，在使用的舒适性上也有一定差距。美国等国家的机车外形优美，表面平整光滑，装修水平高，司机室舒适度高，而国产机车外形不美，内部装饰水平低，显得质量和档次较低，燃油消耗率上也有一定差距。东风 11 型准高速机车主要承担深广线的客运任务，其造型和涂装、驾驶室的改良设计由无锡轻工业学院工业设计专业教授刘观庆带领团队完成。他们没有盲目跟风当时日本的新干线高速列车的造型，而是根据当时制造工厂的技术基础，参考日本机车的设计经验，着力于改良和优化原来的产品，配合涂装设计达到了表现产品迭代换型的目的。驾驶室的设计主要根据人机工学的原理进行各种仪表和操纵件的集合化布置，以方便驾驶员的操作，同时努力为其创造相对舒适的工作环境。

■ 图 7-12
合资以后的上海汽车制造厂大门口

十一届三中全会后，各行业秉着“引进来、走出去”的战略方针，纷纷打开大门引进外资。同年 11 月，时任中共中央委员会副主席邓小平同意以中外合资企业的形式在上海实施汽车技术引进项目，一场中国汽车界翻天覆地的变革就此到来。随后，时任一机部副部长周子健组织当时国内汽车界的知名人物成立代表团，奔赴位于德国沃尔夫斯堡的大众汽车公司总部进行了洽谈，大众同样对我国提出的合资建议表现出了浓厚的兴趣，经过一系列沟通与协商，大众最终向上海汽车公司提供了桑塔纳（帕萨特 B2）车型，在我国进行生产。

1984 年 10 月 10 日，由中德双方各出资 50% 组建上海大众汽车有限公司的合资协议在人民大会堂签署，并于 1985 年正式生效，上海大众汽车公司就此诞生。上海大众汽车公司刚刚成立，便从原上海汽车制造厂的 2 900 名员工中抽调了 1 600 多人生产桑塔纳轿车。合资公司档案中有一张意味深长的照片，上海 SH760A 型轿车与大众桑塔纳轿车的合影，背后的标识牌上写着“上海大众汽车有限公司正在建设一个汽车厂”（图 7-12）。同年 3 月 15 日，广州汽车厂、法国标致汽车公司、中国国际投资公司、国际金融公司和巴黎国民银行 5 方签约，合资组成广州标致汽车公司，前期规划年产 1.5 万辆标致 504PU 小货车，将于 1988 年推出第二期工程，产量提高到 3 万辆，同时引进标致 505 型轿车生产工艺。次年，北京、天津、南京均引进了汽车项目。

借助引进汽车的技术、设计优势，1986 年，上海大众汽车公司在原上海 SH760A 型的基础上重新推出了新车型 SH760B，然而它的改变并不显著，仅仅是在之前车型的基础上采用了塑料中网，改换了当时桑塔纳车型的尾灯，并提升了整车的喷漆技术。SH760B 车型依然采用了四轮独立悬挂结构，并搭载一台金凤 685Q 直列 6 缸发动机，这辆发动机的排量提升为 2.4 升，最大输出功率也提高到了 104 马力（74 千瓦），最大扭矩为 166 牛 · 米，最高时速可达 132 公里 / 时，百公里油耗为 13 升左右。1987 年 12 月，该车型通过公司级鉴定，并获上海市经委颁发的 1987 年上海市优秀新产品二等奖。同年，时任上海市市长江泽民宣布汽车工业是上海市第一支柱产业，并成立了支援上海大众建设小组和桑塔纳国产化办公室，至此，上海大众真正坐稳了上海工业制造的“头把交椅”。已经完成设计并且制造了样车的第三代上海牌轿车没有继续投产，其车身造型设计师钟伯光基于上海汽车集团正在建设中的设计中心平台，以满足当时中国家庭出行需要为目标，利用桑塔纳轿车底盘总成，设计了一辆 MPV 车，并且制作了完整的样车。这款车虽然不可能投入生产，却为以后中国自主品牌轿车的设计积累了经验。后来，1991 年一汽大众汽车有限公司成立，2000 年一汽丰田汽车有限公司成立。在之后很长的一段时间里，德国、日本的技术和产品对红旗牌轿车的技术和设计都产生了重大的影响。

4 通过设计将科技成果转化为产品

1984 年 10 月 6 日，邓小平发表公开讲话：“对内经济搞活，对外经济开放，这不是个短期政策，是个长期的政策，最少 50 年到 70 年不会变。为什么呢？因为我们第一步是实现翻两番，需要 20 年，还有第二步，需要 30 年到 50 年，恐怕是要 50 年，接近发达国家的水平。”[79]

1987 年 3 月 8 日，邓小平谈道：“我们确定了两个阶段的目标，就是本世纪末达到小康水平，然后在下个世纪用 30 到 50 年的时间达到中等发达国家的水平。”[80]

1987 年 4 月 16 日，邓小平谈道：“到本世纪末，中国人均国民生产总值将达到八百至一千美元，看来一千美元是有希望的。世界上一百几十个国家，那时我们恐怕还是在五十名以下吧，但是我们的国家的力量就不同了。那时人口是十二亿至十二亿五千万，国民生产总值就是一万至一万二千亿美元了……更重要的是，有了这个基础，再过五十年，再翻两番，达到人均四千美元的水平，在世界上虽然还是在几十名以下。但是中国是个中等发达国家了。那时，十五亿人口，国民生产总值就是六万亿美元，这是以一九八〇年美元与人民币的比价计算的，这个数字肯定是居世界前列的。我们实行社会主义的分配制度，不仅国家力量不同了，人民生活也好了。”[81]

1987 年 4 月 30 日，邓小平谈道：“我们原定的目标是，第一步在八十年代翻一番。以一九八〇年为基数，当时的国民生产总值人均只有二百五十美元，翻一番，达到五百美元。第二步到本世纪末，再翻一番，人均达到一千美元，实现这个目标意味着我们进入小康社会，把贫困的中国建成小康的中国。那时国民生产总值超过一万亿美元，虽然人均数还很低，但是国家的力量有很大的增加。我们制定的目标更重要的是第三步，在下世纪用三十年到五十年再翻两番，大体上达到人均四千美元。做到这一步，中国就达到中等发达国家的水平。”[82]

1987 年 10 月，党的十三大把“三步走”的战略表述为：第一步，实现国民生产总值比 1980 年翻一番，解决人民的温饱问题；第二步，到本（20）世纪末，使国民生产总值再增长一倍，人民生活达到小康水平；第三步，到下世纪中叶，人均国民生产总值达到中等发达国家水平，人民生活比较富裕，基本实现现代化。然后，在这个基础上继续前进。

更为明确的发展方向对国家制造业和服务业提出了更高的要求，而此前的“三来一补”政策在 20 世纪 80 年代后期开始遭遇发展瓶颈。1989 年 12 月 26 日，在中国工业经济协会第一届全国理事会第二次会议上，曾任国家机械工业委员会第一副主任、国家经委主任等职务的吕东发表了题为《实现我国工业从粗放经营到集约经营的战略转移》的讲话，《人民日报》于1990年1月14日全文发表。他指出："从总体上说，我国工业发展实际上还处于粗放经营的阶段，主要靠不断扩大规模，过多地耗费资源，来求得工业生产的快速增长。这里应当指出，由于我国工业原来的基础过于薄弱，所以在历史发展的一定阶段，为奠定我国工业化的基础，把速度和规模摆在重要地位，是符合社会主义建设要求的，问题在于，当我国工业已经取得相当程度的发展以后，仍然沿着这条路子走，就可能超出国力所能承受的程度，造成国民经济比例关系严重失调。"

从当时的现实情况来看，能源、交通、原材料的供应能力也已经支撑不了过大的加工工业。过分追求规模与速度，其直接后果是生产结构向粗放型倾斜，产业结构向一般加工工业倾斜。吕东还认为：粗放经营势必助长重复生产、重复引进，造成工业规模效应下降，造成各地区工业结构趋同化；粗放经营势必延缓科技进步的进程，造成产品的技术档次低、加工深度低、劳动附加值低，从而失去科技进步能达到的最好效益；粗放经营使得中国的外贸出口产品的竞争力下降，影响技术引进、技术改造、出口创汇的良性循环。为此，他在不同的场合特别强调："当前提高质量要加速产品的'更新换代'，提出要充分吸收工业发达国家的先进技术，为我所用，同时要引进国内外各类资金，来加速产品的更新换代。"[83]

吕东的发言在第一时间得到了一些省、市政府负责人的回应，时任山东省副省长李春亭表示"实现这一战略转变，既要依靠工业企业自身的努力，又需要各级政府从各个方面为企业创造一个好的外部环境"，并具体点名了四项工作内容[84]。

第一，必须十分注意保持政策的稳定性和连续性，"企业是社会财富的源泉，我国实行的是社会主义有计划的商品经济，国家对企业的指导、激励、约束是通过政策实现的。稳定、有效的政策是企业发展最基本的条件。随着经济的发展，国家对某些经济政策做出适当调整是必要的，但在一定时期内，必须保持基本政策的相对稳定。应当把是否有利于生产力的发展作为衡量政策的尺度。一种政策，只要它对生产力发展是有利的，就不要轻易变动，可以在执行的过程中不断地加以完善、调整或制定新的政策，要充分考虑企业的承受能力以及对各方面的影响，并注意和以前的政策相衔接"。

第二，把握好宏观经济的调整力度，避免经济大起大落带来的不利影响。"建国以来，我国经济经历过几次大的调整，但始终没有摆脱膨胀、紧缩、再膨胀、再紧缩的不良循环。每次调整，几乎都是以降低速度为代价来换取经济总量的暂时平衡。这种情况说明，我们在宏观调控的适时、适度方面还做得不够。工业经济时而受到市场的巨大拉力，生产高速增长；时而又受到各种紧缩政策的巨大压力，被迫做出某些牺牲。

实践证明，在社会主义初级阶段，在工业经济还不太发达的情况下，工业发展必须保持一定的增长速度。我们应当按照党的十三届五中全会的决定，始终如一地坚持持续、稳定、协调发展经济的方针，把经济发展速度确定在一个适当的水平上。”

第三，逐步增加企业技术投入，把从粗放经济到集约经济的转变建立在一个先进的技术基础上。“企业技术进步程度如何，是实现这个转变的重要标志，应当为此付出长期不懈的努力。党的十一届三中全会以来，国家为加快企业技术进步，投入了大量的物力、财力，使企业技术进步步伐大大加快，已经为部分企业实现集约经营奠定了较好的技术基础。但就总体而言，企业技术落后的状况还相当严重。相当多的产品根本无法参与国际市场竞争。质量低、消耗高、效益差，已成为许多企业的通病，成为工业经济的一个严重痼疾。推动企业技术进步，从根本上说要增强自我积累、自我改造、自我发展的能力，使企业有能力成为技术进步的投资主体。”

第四，积极发展第三产业，减轻工业就业压力。“毫无疑问，在工业化初期，工业企业应当成为吸纳劳动力的主体，但也不可回避，由于我国产业结构不尽合理，第三产业在国民经济中所占比重太小，工业的就业负担过于沉重。社会在低效率与技术进步、高效率的矛盾越来越尖锐。这个问题极有可能成为阻碍企业实现集约化经营的重要制约因素。”

李春亭的回复可以说是更全面地从政府的视角概括了“国家现代化”的要素、手段和衡量标准，并从侧面提示了工业设计是提升国家竞争力、企业创新和解决就业问题的一把钥匙。吕、李二人以同事身份的这次交流以及此后陆续开展的以“现代化”为主题的多次讨论，极大地影响了此后中央政府对相关产业在未来的“五年计划书”中对于目标的制订和执行路径的设计。1995 年，党的十四届五中全会通过的《中共中央关于制定国民经济和社会发展“九五”计划和 2010 年远景目标的建议》更是这一系列思考的集合或体现。

20 世纪 80 年代初期，科学界也逐步加入关于改革与工业品附加价值的讨论，钱学森在《科学技术现代化一定要带动文学艺术现代化》一文中以宏观视角谈到“工业艺术”时写道：

“文学艺术中有科学技术，那么科学技术中有没有文学艺术呢？当然有。以建筑艺术为例，它实际是介乎工程技术和造型艺术之间的东西。也有人还要细分：把建筑划成以艺术表达为主的构筑，如纪念碑、纪念塔、美术馆、博物馆，以至大会堂等公用建筑；另一类是以使用为主的构筑，如工厂、办公楼、宿舍等。其实分类或不分类，建筑应该有艺术的成分是无疑的，人总喜欢他日常生活中的房子不但合用，而且有美感，给人精神上的享受。在我们国家尤其要提到与建筑相关联的园林，这是我国传统的艺术，大至一处山川风景区、一座皇家宫院，小至一户住家的园林，都是艺术上的杰作，称颂中外。

“人们在日常生活中使用的东西，除屋宇外，还有各种用品，杯、碗、器、皿、盘、盆，历来劳动人民对此倾注了不知多少心血。这也是艺术创造。在我们国家，这种传统制作称为工艺美术品，是轻工业的一个重要方面，还要大力发展；也有一个中国工艺美术学会。但我们尤其应该重视日用品中那些一般不认为是工艺美术品的东西，它们难道就不该得到艺术家的注意，就该随便选形，随便装饰，搞得难看吗？当然不应该如此，而应该做到我们常说的‘美观大方’，人民爱用。我想这也许就可以称为工业艺术了。

“其实工业艺术已经有了，钟表设计得美观，不是工业艺术吗？无线电收音机设计得美观，不也是工业艺术吗？电视机设计得美观，自然也是工业艺术。至于衣着被褥，从材料设计到服装设计更和美术有关，也是工业艺术的一个方面。在这方面，在工业生产部门也实际有专业的美工人员，而且有学校专门培养人才。我想我们应该进一步重视这方面的艺术，大大推广它的范围，推广到书刊设计，推广到缝纫机设计，推广到家庭和办公室家具的设计、灯具设计，推广到自行车设计，推广到各种汽车外形设计等。一句话，要把工业艺术应用到一切工业产品，就连机械加工的机床也并不是非老是那个样子不可。要打破这些人们天天接触的东西老是不变，或是变得很不好看的常规！

“我想工业艺术的工作者队伍是不小的，中国科协应该考虑在三个科学技术和文艺技术相结合的协会之后，再成立一个工业艺术协会来交流这方面的经验，推动这方面的发展。”[85]

为强调工业设计的重要性，钱学森于1984年又在《技术美学》上发文，将“设计”的概念扩大，他写道：“其实这个领域还可以扩大些，包括一切产品的设计，一台机器的外形、色彩，难道就不需要搞得‘美观大方’些吗？从前我国制造的机器总爱漆成暗灰色，很难看。现在色调浅些，常常是淡灰色，是个进步。这方面还大有可为。这样，工艺美术就该扩大成为‘技术美术’，它更是物质文明建设和精神文明建设的大事了。”他还将自己的新观点分享给自己的同事：“我们这里说的技术美学应该是联系技术美术的部门艺术美学。有多少部门美学呢？有多少文学艺术的大部门，就有多少部门美学。照前面讲的，就该有小说杂文美学、诗词歌赋美学、建筑美学、造型美学、音乐美学、戏剧电影美学、技术美学，或再加上一个园林美学。”[86]

在文章的最后，钱学森诚恳地表示：“按以上的设想，建立马克思主义的、科学的美学，要开展三个方面的工作：一是从部门艺术美学中提炼，而部门美学又是从总结不同文学艺术大部门的实践建立起来的。二是从思维科学以至人体科学吸取营养。三是从文艺学，特别从社会主义文艺学中找美的社会实践的规律，当然建立全部结构，并非一日之功，而且也不会是只有等基础全部搞好了，上面一层结构才能动手，因为事物总是相互关联的。上面的结构也可以指导下面一个层次的研究。例如，虽然马克思主义哲学还要发展，但它现在就必须用来指导美学以及部门美学的研究。又如，尽管一般美学还有许多问题尚待研究解决，但它也必须用来指导技术美学的研究和技术美术工作。而各部门艺术美学之间也可以相互借鉴。”

钱学森的观点对中国工业设计的影响更为直接，在中华人民共和国成立后始终为国有企业服务的“老设计人”对钱学森的喊话进行了回复。后来，作为广受业内赞誉的设计师，上海交通大学吴祖慈、北京理工大学简召全在1991年上海市经济委员会科学技术处组织的《向工业设计要经济效益》课题研究中分别以《依靠工业设计推动上海产品出口》《工业设计与技术进步》为题，就当时中国工业设计所面临的困难和工业设计与科学技术发展的密切关系进行了论述。之后吴祖慈不断完善自己的观点，并在1999年发表了《论工业设计与科技发展的密切关系》一文，提出了企业在设计上急需改进的以下七点意见[87]。

（1）国企处于转制时期，还没有摆脱历史遗留的沉重包袱，按政府要求还须三年（到21世纪初），实施得好的话，国企才能丢掉包袱、轻装上阵。

（2）外资、合资企业的产品冲击国内市场。外资企业以其雄厚的资本、广告宣传、科学管理、一流的设备、先进的科技，在中国设厂以降低成本，生产自己的品牌产品投入中国市场，压垮了相应的国企。上海手表厂整厂下岗，华生电扇已难见踪影，钟厂因信息不灵造成产品落后而奄奄一息，自行车销量下降，“飞鸽”已不知飞往何处，照相机在单镜头反光机上几十年徘徊不前。国企则相形见绌，资金不足、设备陈旧、科技落后、管理欠佳、信息不灵，即使有优良的设计方案也难以实现。部分国企、集体企业、乡镇企业以仿制阶段的产品占据了一定的市场份额，也仅在外观上做了点离不开发达国家产品形式的设计而已。严格地说，现在还没有真正意义上的工业设计实践的土壤。

（3）中国工业产品还未进入自主开发阶段。有资料显示，以家电产品为例，中国家电产品，生产的关键技术、主要部件都依靠进口，因而每销售一台产品的大部分利润，皆为外国人所得，其总数每年达上百亿美元。再以汽车工业为例，上海桑塔纳国产化达80%，别克达40%，但都不是自主开发。我国的科学家、工程师从总体上说还未参与生活用品的开发，工业设计就难以在更深的层面上有所作为。

（4）中国人的消费观念还停留在“积谷防饥”阶段，“勤俭持家”向来是中国人的传统美德，以致户户有储蓄以备后患，这在收入不太多、社会保障制度尚不健全的情况下是无可厚非的。调查资料显示，中国人的储蓄主要用于子女的教育费用和医疗开支。经济学家指出，居民消费每增长1%，可带动GDP增长约0.5%。所以，消费的增长关系着老百姓自身的就业机会与收入增长，对企业来说，刺激再生产的扩大意味着对工业设计的需求增长，对国家来说直接关系着整体国力的稳步提高。因此，政府采取了相关措施，在逐年提高人民收入的基础上，降低银行存款利率，鼓励贷款消费以扩大内需。

（5）市场经济远未成熟，国内的商品竞争有的无法可依，商品价格的差距常使人惊讶。假冒产品屡见不鲜，屡禁不止。市场上哪种产品热销，随即百家企业同时一哄而上，造成价值1 000亿元以上的非正常库存产品的消息时有所闻，而同时市场上不少产品的档次不全，为某个特定消费群体所需的产品欠缺，万元以上的国产商品几乎是空白……在已经形成多元化消费市场的情况下，急需树立对消费需求的细分化所产生的个性化产品生产和销售观念。日趋成熟的市场经济需要工业设计的紧密配合。

（6）社会分配关系尚未理顺，影响到科技、设计人才潜在能力的发挥。在分配问题上，大家谈得较多的是“脑体倒挂”。但本质问题是对劳动价值的科学评估，在现代社会劳动价值应以技术高低来衡量，分配的多少应以其劳动的技术含量的高低来划分。一般来说，获得高技术和创新技术能力的人所花去的精力、时间、财力比只有低技术或无技术能力的人所花去的高，对社会的贡献自然也大得多，当他服务于社会时应该得到较高的回报。目前，在分配上的不尽合理，客观上压制了技术人才的积极性，技术人才的低收入必然影响其经常添置书籍和工具设备，在一定程度上也限制了其知识的获取。因此，根据付出劳动的技术含量的高低拉开报酬的差别势在必行，科学技术是第一生产力才能真正落到实处，培养中国技术人才、自主开发中国产品才可望走上更为顺利的发展道路。田长霖先生在谈到要在中国成功建立科学工业园区需要的条件中，有一条就是保障科研人员优越的生活条件。近年来，国内有十万年薪特聘教授之举，当属凤毛麟角，虽不足以调动全部科技人才的潜在积极性，但毕竟迈出了可喜的一步。

（7）工业设计师的素质亟待提高。由学校培养出来的设计师在大学本科所学到的是基本的专业知识、思维方法和表达技法。毕业后在企业工作的设计师应向工程技术人员、管理人员、营销人员学习产品开发的实际知识，并注意现代科技发展的信息，才能发挥自身的作用。分配在高校、研究所或独立开办设计所的专业人员，同样要根据不同的项目到企业中去，向工程技术人员学习，以便理解在各种限制情况下的创造性发挥，这样他们做出的方案才能切合实际。现代工业生产从调查市场、研究生活到开发设计、投入生产、计划促销、售后服务、回收废品等是个系统工程，企业家、工程师和设计师都要有系统观念，明确每个环节的任务和担负此任务者的素质要求，不断提高自身的素质，互助合作，具有团队精神，产品开发才有望成功。

在谈到工业设计与科学技术的密切关系时，吴祖慈认为，工业设计的核心是产品设计，产品设计的目的是经创造性的策划，使产品拥有新的品质，主要体现在产品功能的优化和创新、式样的新颖和审美价值的提高上。这种新品质的实现必然包含了先进的科学技术，创造性思维和较高的艺术修养。一件新产品的诞生不外乎两种情况，一种是工业设计师从分析市场或研究生活中找到开发方向，做出设计方案，其实施要依靠科技人员；另一种情况是科技人员研究制造了新产品（往往是功能性样机），要依靠工业设计师协调人机关系并使之商品化。这两方面的合作是必不可少的。

（1）科学技术的进步是工业设计发展的基础。工业设计这一学科从诞生的第一天起，就体现了科学技术发展的必然结果，因此其发展和科学技术紧密相关。1873年，电力发动机的问世，促使了工业设计的诞生。随后，高分子化合物、微电子技术、电话、电视等相继出现，工业设计在人类生活中的地位和作用日趋上升，工业设计使科技成果更贴近人类生活，使人更喜欢物、爱物，既促进了市场繁荣，又提高了人类的生活质量。

（2）产品开发有赖于工业设计与科学技术的结合。在现代工业生产领域，对于任何需要批量生产的产品，在设计时都会涉及一系列与具体实施相关的科技问题。诸如，材料的成形、材质的表面处理、产品内部结构的功能优化、色彩处理、模具设计、设计管理等。工业设计与科学技术会针对不同的侧重点。同时，科学技术所涉及的面很广，并非所有科学家、工程师都能和工业设计相结合。和工业设计相关的科技领域，主要是机械工程、机电工程、电子信息工程、材料科学、模具技术和能源与动力工程等。

最后，吴祖慈以亲身经历号召工业设计从业者和研究者投身工程研发领域，关心科技发展：

“笔者在（20世纪）60年代和70年代参加了二次设计实践，对工业设计与科技的结合深有体会。某军工厂要生产8.75毫米电影放映机，为边防地区士兵放映电影。笔者下厂设计和工程师紧密配合，工程师解决内部传动机构和电器，设计师考虑便于携带，减轻产品自重及便于操作和外观形态、色彩、材质的美感。在设计过程中发现批量化后在生产上的不便，随时与工程师商讨、修改，使我从中学到不少生产实际知识。另一次是为华生电扇厂进行开发性设计。华生电扇要改变功能单一、样式陈旧的面貌，确实困难不少。在开发过程中，我们设计的商标圈经电镀后，涂层不均匀，且易脱落。在工艺师的帮助下进行了修改，终于获得令人满意的效果。面板上的旋纹和彩色涂膜工艺，也是我们共同研究成功的。在双方真诚的合作下，中国的新型电扇终于批量生产（图7-13）。1973年，产品进入香港地区市场，大受欢迎，并出口东南亚和日本。诚然，以上案例现在看来所涉及的科技难度并不高，而当前生活用品的开发已是高新技术的应用，因此科学家、工程师更应关心生活用品的升级换代，没有科学家、工程师的参与，中国的生活用品要在国内外市场打翻身仗是不可能的。此外，工业设计师也要关心科技发展信息，尽可能熟悉相关的工程技术知识，两者的结合是极为重要的。现代生活用品的科技含量越来越高，其先进性、创新性是明显的，并能起到促进国民经济发展的作用。我们的科学家、教授、高工们是值得为此而努力工作的！”

1994年，上海市经济委员会在其主办的《工业技术进步》杂志第二期撰文，向社会公开其发展本地工业设计的思路。

■ 图 7-13
吴祖慈设计的华生牌新型电扇

（1）深入开展工业设计普及活动。采取各种方式放映《市场呼唤创造之神》电教片，争取用一年左右，使各局、公司、企业主要领导及科技人员基本上都观看一次；举办工业设计系列讲座，并会同上海工业党校联合举办“工业设计概论”“工业设计与经济效益”“工业设计政策”“设计家与设计要素”等专题讲座，增强骨干企业领导工业设计意识。

（2）深入开展骨干培训。主要是企业现有的工程师与设计师，以局（公司）、大型企业为重点，以提高其创新设计能力和决策、管理能力。此外，办好设计人员培训班。

（3）开展工业设计成果征集活动。一是开展小商品设计竞赛活动，参照国外经验，每两年开展一次 10 元小商品设计成果征集活动；二是会同市包装协会开展产品包装设计活动，使一大批商品的外包装质量上一个档次；三是开展企业形象设计，提高企业（集团）的知名度；四是加强学术研讨交流。

（4）积极开展企业工业设计诊断。

（5）加强与国际知名公司的交流与合作。采取“走出去、请进来”的方式培训本市工业设计人员；利用国际力量参与国内产品设计、包装设计、环境设计和企业形象设计；与国外公司合作，建立合资实体，引进先进技术、装备与资金，提高本市工业设计整体水平。[88]

5 中国新型工业化道路与中国设计的追赶

2001 年 7 月 1 日，在庆祝中国共产党成立 80 周年大会上，江泽民发表讲话，全面阐述了“三个代表”重要思想。他指出：

“我们党要始终代表中国先进生产力的发展要求，就是党的理论、路线、纲领、方针、政策和各项工作，必须努力符合生产力发展的规律，体现不断推动社会生产力的解放和发展的要求，尤其要体现推动先进生产力发展的要求，通过发展生产力不断提高人民群众的生活水平。

“我们党要始终代表中国先进文化的前进方向，就是党的理论、路线、纲领、方针、政策和各项工作，必须努力体现发展面向现代化、面向世界、面向未来的，民族的科学的大众的社会主义文化的要求，促进全民族思想道德素质和科学文化素质的不断提高，为我国经济发展和社会进步提供精神动力和智力支持。

“我们党要始终代表中国最广大人民的根本利益，就是党的理论、路线、纲领、方针、政策和各项工作，必须坚持把人民的根本利益作为出发点和归宿，充分发挥人民群众的积极性、主动性、创造性，在社会不断发展进步的基础上，使人民群众不断获得切实的经济、政治、文化利益。”

这就要求我国不能再选择传统的工业化道路来完成工业化任务。同时，激烈的国际竞争和以信息技术为代表的新技术革命的迅猛发展，也不允许我们再走常规的发展道路，而只能选择一条新型的工业化道路。江泽民在党的十六大报告中提出的“走新型工业化道路”，就是在总结国内外工业化经验和教训的基础上，从我国的国情出发，根据信息时代实现工业化的要求和有利条件提出来的。他强调要抓住机遇，把工业化和信息化结合起来，以信息化带动工业化，发挥后发优势，以实现生产力跨越式发展的战略目标。它既是加快实现我国工业化、现代化的重大战略部署，也是走经济建设新路子的根本指导方针。

江泽民提出的“新型工业化道路”强调调整优化产业结构，使各产业按比例协调发展。对产业结构的调整不仅指各产业在数量和比例上的调整，而且包括各产业在质的方面的提高，进而推进产业结构优化升级。随着经济发展，产业结构必须不断优化升级，逐步形成与社会生产力水平相适应的第一、第二、第三产业的合理结构。这既有利于经济的协调发展，也有利于社会的稳定。江泽民在《正确处理社会主义现代化建设中的若干重大关系》中指出了我国当前产业结构不合理的主要问题：“农业基础薄弱，工业素质不高，第三产业发展滞后，第一、第二、第三产业的关系还不协调。”[89] 这是制约中国走新型工业化道路的主要因素之一，因此，江泽民多次强调要以市场为导向，使社会生产适应国内外市场需求的变化，依靠科技进步，促进产业结构优化；大力加强第一产业，调整提高第二产业，积极发展第三产业；在继续加强基础产业发展的同时，积极促进支柱产业的发展和振兴，提高经济运行的质量和效益。江泽民在十六大报告中再次指出：推进产业结构优化升级，形成以高新技术产业为先导、基础产业和制造业为支撑、服务业全面发展的产业格局。同时，强调了优先发展信息产业，在经济和社会领域广泛应用信息技术。

“新型工业化道路”认为，工业必须走可持续发展的道路。江泽民指出，发展不仅要看经济增长指标，还要看人文指标、资源指标和环境指标。要实现工业的可持续发展，一是必须发挥科学技术作为第一生产力的重要作用，积极发展高新技术产业，用高新技术和先进适用技术改造传统产业，坚持以信息化带动工业化，以工业化促进信息化；二是加强教育体制改革，注重提高劳动者素质，提高知识创新和技术创新能力，密切教育与经济、科技的结合；三是加强生态环境保护。“坚持预防为主，保护优先，搞好开发建设的环境监督管理，切实避免走先污染后治理、先破坏后恢复的老路。”[90]

在十六大报告中，江泽民强调要走出一条科技含量高、经济效益好、资源消耗低、环境污染少、人力资源优势得到充分发挥的新型工业化道路。“新型工业化道路”的核心内容是发展科技和教育，深化科技和教育体制改革，加强科技教育与经济的结合。经济全球化日益扩大和深化，科技进步日新月异、技术更替不断加速。“今天称得上先进的技术，不久就有可能变为落后的。”[91] 因此，江泽民指出，要不断地为工业化和产业结构优化升级提供强大的技术支持，就必须坚持和勇于创新。他认为：“创新是一个民族进步的灵魂，是国家兴旺发达的不竭动力。”“我们只有坚持创新才能不断前进，只有不断前进才能始终掌握主动。”[92]

20 世纪 90 年代初，全国集成电路设计（ICCAD）工作会议在京召开，会议研究了中国集成电路设计业的发展思路和规划布局，确定了集成电路定点设计单位的基本条件。1993 年，电子工业部提出实施“大公司战略”，加快了彩电行业生产向大公司、大集团集中的过程，提高了彩电企业参与国际竞争的实力。1995 年 1 月，国家技术监督局和电子工业部联合发表公告：中国自行设计生产的大屏幕彩电已经达到了 80 年代末期国际同类产品水平，部分产品达到了 90 年代初期国际同类产品水平。同年 3 月底，在北京开幕的“1995 北京国际家电展”集中展示了中国家电业的整体实力。20 世纪 90 年代中期，国家通过引进国际先进的消费类电子产品和制造技术，鼓励企业跨地区、跨部门的联合及企业的兼并、重组，形成了一批生产新型消费类电子产品的龙头企业，使得其技术和产量进入国际前列。

1997 年 2 月，中国家用电器协会再次组团赴科隆国际家用电器展览会参展，成交额近 5 000 万美元。这是中国一流家电企业首次在国外集体亮相，充分展示了中国家电业的实力。6 月，“全国家用电器工作会议”在北京举行，与会企业共同提出《中国家用电器行业文明竞争公约》。7 月 28 日，国家计划委员会发布了彩电工业的发展状况和“九五”发展规划目标，宣布中国已经形成较为完整的彩电工业体系，彩电产、销量均居世界前三名。10 月，首台中国自主开发设计的超大屏幕（87 厘米）彩电在康佳集团通过了电子工业部主持的国家级设计生产定型。11 月，16 英寸（约 41 厘米）彩色等离子显示屏由电子工业部 55 所研制成功，填补了国内空白。同月，彩虹集团公司生产出中国首批 40 厘米彩色显像管。

1998 年，全球数字化浪潮已席卷中国。年初，第一代国产全数字彩电投放市场。这年的 2 月，中国第一条自主开发设计的超大屏幕背投彩色电视机生产线在福建日立电视机有限公司投产，中央工艺美术学院工业设计系（现清华大学美术学院工业设计系）柳冠中团队设计了后续的产品，当时为了更加直观地表达设计思想，还专门制作了一个 1 ：1 的油泥模型。通过这一系列的设计，团队积累了经验，为以后该校工业设计系与广东万宝电器公司校企合作组建万宝集团工业设计中心奠定了基础，后来，该设计中心成为中国首个从企业技术部门独立出来的工业设计部门。

1999 年 7 月，“1999 家用电器电子技术应用研讨会”在上海召开，这是中国家电业首次召开该领域的研讨会。同月，原国家环境保护总局与联合国开发计划署联合签订了“全球环境基金（DEF）中国节能氟利昂替代广泛商业化障碍消除项目”。9 月，“1999 中国家用制冷工业 CFC/HCFC 替代及节能技术国际研讨会”在南京召开，这是家电行业第七次也是最后一次召开该专题的研讨会，标志着中国冰箱、冷柜、冰箱压缩机行业的替代工作已经进入尾声。1999 年年底，“第五次维也纳公约缔约国保护臭氧层会议”以及“第十一届破坏臭氧层物质蒙特利尔公约缔约国会议”在北京召开，就保护臭氧层问题签署了《北京宣言》。1999 年，信息家电成为媒体关注的焦点，与彩电业密切相关的“机顶盒”产品，可上网的冰箱、微波炉等新产品话题不时出现。

2002 年 3 月，信息产业部召开彩色电视机企业座谈会并出台《关于促进我国彩电工业发展的指导意见》，为彩电行业发展指明道路。此时，国内外彩电品牌开始将经营重心转向高端的平板电视市场，液晶电视也不断突破尺寸和价格的极限，国家质量监督检验检疫总局和国家认证认可监督管理委员会于 2001 年 11 月 21 日发布了《强制性产品认证管理规定》，将原有认证制度统一为“中国强制认证”（简称 CCC），进入统一目录的产品将于 2002 年 5 月 1 日起强制实施 CCC 认证。

2003 年 11 月，中国《家用电冰箱耗电量限定值及能源效率等级》标准实施，将冰箱按能耗分为 5 个等级。2003 年 12 月，经民政部批准，中国家用电器协会废旧电子电器再生利用分会成立。国家发展和改革委员会确定浙江省、青岛市为废旧家电及电子产品回收处理体系试点省市，并且开始着手起草《废旧家电及电子产品回收处理管理

■ 图 7-14
长虹 F 系列液晶电视机

■ 图 7-15
TCL 背投电视机

条例》。2004 年，在中国家电企业之间并购风潮再起风云的同时，美国国际贸易委员会最终裁决从中国进口的特定种类彩电确实对美国产业造成了实质性损害，美国商务部发布行政命令，开始正式向中国有关彩电企业征收反倾销税，中美反倾销诉讼以中方败诉告终。这是继 2002 年中国家电企业遭专利之困（当时，以汤姆逊为代表的 1C 专利保护联盟、以飞利浦为代表的 3C 专利保护联盟、以东芝为代表的 6C 专利保护联盟等多家 DVD 制造商结成联盟，向中国 DVD 企业索要专利费）后的又一次挫折。但中国家电企业并未就此消沉，在“2004（北京）中国国际家电展”上，几乎所有中国主流家电品牌与知名外资品牌同台较量，展示了最先进的家电产品和技术。中国生产的空调、冰箱、电饭煲、微波炉、吸尘器和电动剃须刀 6 种家电产品国际市场份额居全球首位。

2005 年被称为“平板电视年”，平板电视销售开始爆发，进入普及阶段。长虹集团得益于长期军工产品设计制造中积累的技术力量和生产体系，在产品功能开发上再次创新，并且有效地通过工业设计重新塑造了产品形象。其 F 系列液晶电视机设计体现了“晶莹剔透，灵韵科技”的设计创意理念，底座采用了大面积的镜面材料，金属铝拉丝面板的中间镶嵌高亮镀铬按钮，同时融合 DVD 功能，更加方便使用（图 7-14）。历经前几年的残酷竞争，中国的行业品牌集中度进一步提高，TCL、海尔、格力、美的、海信等主流品牌纷纷扩大生产能力，各自组建了工业设计团队。TCL 设计的背投电视机，外壳极致精简，银色的边框围绕着大尺寸的屏幕，突显了产品的科技感（图 7-15）。其中，特别是海尔集团自 1994 年与日本 GK 设计公司合资成立了青岛海高设计制造有限公司以后，一直致力研究细分的中国市场消费者的需求，基于合资公司中日本、韩国设计师的设计经验，整合新技术、新材料、新工艺，更加自信、成熟地推出高端产品，在实现与同行的差异化竞争的同时引领了这个市场的家电消费潮流，也为海尔产品进入海外高端家电市场奠定了基础。2004 年，海尔推出的 BCD-242BBF 型

“飞天王子”变频对开门冰箱（图 7–16）是中国第一台使用宇航材料生产的冰箱产品，实现了厚度减半、电省一半的效果。海尔 KFR-60LW/U 型超薄高能效空调，造型简洁明快、现代时尚，自动开关出风设计，配合高能效变频技术，更加节能环保（图 7–17）。青岛海高工业设计制造有限公司的设计不仅更新了海尔的产品，开拓了市场，也带动了落户青岛的与之设计工作配套的相关台资企业、本土企业的发展，同时为中国设计企业下一步的发展提供了明确的方向，大大增强了中国设计师投身工业设计领域的信心。许多设计师得益于在青岛海高工业设计公司工作的经历或与之合作的经历，后来都成了中国设计的中坚力量。

■ **图 7–16**
海尔变频对开门冰箱

2006 年，中国数字电视产业发展提速。当年 4 月，信息产业部公布了与数字电视相关的 25 项电子行业标准，其中包括液晶、等离子、液晶背投、液晶前投、背投阴极射线管、阴极射线管 6 项数字电视显示器类高清标准。2006 年 5 月，国家标准化管理委员会在家电业公开征集 8 个国家标准的起草单位，企业成为国家标准制定的主体。此外，一系列家电相关法律法规出台。同月，中国能效标识专家委员会和能效标识诚信企业联盟成立，同时，第二批能效标识产品目录出台。2007 年 3 月 1 日起，洗衣机和单元式空调等家用电器开始实施能效标识管理制度，《电子信息产品污染控制管理办法》也开始实施。7 月 1 日，五部委联合签发“禁氟令”和欧盟《关于限制在电子电气设备中使用某些有害成分的指令》（RoHS）也正式生效，要求在 8 类电子电气设备中限制使用 6 种有害物质，并规定了在均质材料中的最高限量，节能环保成为年度主题。2008 年，全国电工电子产品与系统环境标准化技术委员会正式成立，全国家用电器标准化技术委员会家用电器服务分技术委员会和家用电器可靠性分技术委员会先后成立。

■ **图 7–17**
海尔超薄高能效空调

中国家电行业的快速发展，得益于国家宏观经济政策的调整，以及在市场经济体制建设中进行了正确的产业政策引导和相关机制的建设，在这样的环境中工业设计才能够实现与市场的互动。2006 年 3 月，国家在“十一五”规划中首次提出了“要鼓励发展专业化的工业设计”，2007 年，时任国务院总理温家宝在当时的中国工业设计协会会长朱焘呈送的报告上批示：要重视工业设计。此时，中国的工业设计已经取得了巨大的进步，也随着中国制造技术的发展日益成熟起来，特别是在消费类电子产品方面更是推出了众多令世界震惊的设计。

联想集团于 2012 年 10 月 12 日正式发布全球首款支持屏幕 360° 旋转的 YOGA 超极本电脑，其独特的多样使用形态非常吸引人们的眼球。设计师李凤朗创新地使用了 360° 旋转轴，其设计灵感来自东方的“瑜伽柔术”，以此表现产品的活力以及应变性。2013 年 11 月，联想第二代 YOGA 超极本 YOGA2 Pro 正式发布，最直观的变化是 3 200 × 1 800 分辨率的 IPS 屏幕（图 7-18）。在当时，YOGA2 Pro 是为数不多的配备了 3K 分辨率显示屏的产品之一，屏幕轻薄还可触控，可以说是让人眼前一亮的大胆设计，在一定程度上具备了比肩采用了 Retina 显示标准的苹果笔记本电脑的能力。

通过 20 世纪末到 21 世纪初的一系列的设计实践，中国设计师已经熟谙微电子产品的设计方法，微电子产品制造产业链中的配套加工生产企业也开始运用工业设计手段向上游市场进军。于 1997 年成立了广东毅昌科技有限责任公司，早期专业从事结构设计、模具设计、模具制造、塑料研究、注塑、喷涂、装配、钣金等方面的制造，后来发展到电子产品的结构设计，不久又成立专门的工业设计部门，康佳、长虹、海尔、海信这些品牌许多电视机的机壳设计都出自这个公司。公司董事长冼燃曾经在康佳公司担任总设计师，在他的推动下，康佳公司实现了从 OEM 向 ODM 的转型。

■ 图 7-18
YOGA2 Pro 超极本电脑

第八章 Chapter 8

强国之路与设计创新

1 工业设计产业政策催化下的设计要素配置

时间行至20世纪90年代末，当时已经拥抱全球化近20年的中国，通过劳动密集型产业的蓬勃发展已融入全球市场产业链的底层，并完成了向上游产业迁徙的原始积累。但此时诸如“市场疲软”“供给过剩”等过去从未出现过的词语开始偶有登上各类报道，政府部门与产业人士都敏锐地注意到了这一现象。“人民日益提高的物质生活需要与落后的生产方式之间的矛盾”的问题头一次摆在了中国设计的面前。一些学者指出，问题不在以技术为主体的技术设计本身，而在于以技术设计代替产品设计而面世的“先天不足”的产品无法满足今天人们的多元需求，批评的矛头直接指向仅仅以产品物质效用功能、产品技术为基础的纯粹“物化”的设计。在产品生产、供给不足与水平消费低的年代，其产品设计内容的缺陷往往不会完全展现。在市场经济环境中，在竞争机制的刺激下，产品供给量与日俱增，社会消费水平与消费者文化水平不断提高，人们对产品的需求从一元发展为多元，从物质发展到精神，从实用发展到审美，从大众化发展到个性化。面对消费者需求的重大变化，以技术设计为主导的传统的产品设计观念与方法已经无法适应，导致产品与消费需求间产生巨大“落差”。

但相较于市场与工业体系成熟的发达国家，当时的中国并不具备单独出台直接影响设计的顶层政策的客观能力，相关政策被分解到《“十五”计划纲要》（以下简称《纲要》）中的多个产业政策中进行试验，《纲要》第十章第四节中首次明确指出“建设国家创新体系要深化科技体制改革，形成符合市场经济要求和科技发展规律的新机制。优化科技资源配置，进一步解决科技与经济脱节问题，解决科研领域内的部门所有和单位分割等问题。建立企业技术创新体系，鼓励并引导企业建立研究开发机构，推动企业成为技术进步和创新的主体。建立为中小企业服务的技术创新支持系统，提高中小企业创新能力”。这一政策直指中国技术与市场分割的现象，强调了在企业的经济核算中分摊研发成本资金的必要性、企业通过研发机构的技术提升产品质量的重要性，而“大力发展设计咨询”“投资高新技术产业和出口型产业，促进我国产业调整结构和技术水平提高”等与设计紧密相关的政策也被植入《纲要》的各个发展目标中，进行了充分的表述，即到《纲要》周期结束时，“文化及相关产业蓬勃发展，形成了一些有较大增长空间的产业门类，涌现出一批有较强竞争力的企业集团……调动了全社会参与文化建设的积极性，以公有制为主体、多种所有制共同发展的文化产业格局初步形成。传承和弘扬优秀民族文化传统、保护民族文化遗产为全社会所重视。自主创新能力有较大提高，文化创新成果不断涌现”。

由于执行《纲要》期间涉及工业设计的政策有效推动了相关产业的发展，中央政府在《纲要》中首次明确了工业设计的国家战略地位，其中“高附加值”一词出现多达六次，且全部与制造业挂钩，从船舶制造到纺织工业，从振兴东北到对外贸易，设计首次从生产工具变为政策抓手，即“以自有品牌、自主知识产权和自主营销为重点，引导企业增强综合竞争力。支持自主性高技术产品、机电产品和高附加值劳动密集型产品出口。严格执行劳动、安全、环保标准，规范出口成本构成，控制高耗能、高污染和资源性产品出口。完善加工贸易政策，继续发展加工贸易，着重提高产业层次和加工深度，增强国内配套能力，促进国内产业升级。引导企业构建境外营销网络，增强自主营销能力。积极开拓非传统出口市场，推进市场多元化。加强对出口商品价格、质量、数量的动态监测，构建质量效益导向的外贸促进和调控体系”。

2010 年是“十一五”计划的最后一年，中国首个围绕工业设计的顶层政策诞生，国家工业和信息化部等 11 个部委联合发布了《关于促进工业设计发展的若干指导意见》（以下简称《指导意见》），内容开篇便要求各行业“充分认识大力发展工业设计的重要意义”，“工业设计是以工业产品为主要对象，综合运用科技成果和工学、美学、心理学、经济学等知识，对产品的功能、结构、形态及包装等进行整合优化的创新活动。工业设计的核心是产品设计，广泛应用于轻工、纺织、机械、电子信息等行业。工业设计产业是生产性服务业的重要组成部分，其发展水平是工业竞争力的重要标志之一。大力发展工业设计，是丰富产品品种、提升产品附加值的重要手段；是创建自主品牌，提升工业竞争力的有效途径；是转变经济发展方式，扩大消费需求的客观要求”。《指导意见》还明确了“到 2015 年，工业设计产业发展水平和服务水平显著提高，培育出 3 ~ 5 家具有国际竞争力的工业设计企业，形成 5 ~ 10 个辐射力强、带动效应显著的国家级工业设计示范园区；工业设计的自主创新能力明显增强，拥有自主知识产权的设计和知名设计品牌数量大量增加；专业人才素质和能力显著提高，培养出一批具有综合知识结构、创新能力强的优秀设计人才”的发展目标。同时，对直接负责工业设计人才培养的院校、产业发展的机构和政府部门提出了以下三个要求。

（1）加强工业设计基础工作。鼓励科研机构、设计单位、高等学校开展基础性、通用性、前瞻性的工业设计研究。提高工业设计的信息化水平，支持工业设计相关软件等信息技术产品的研究开发和推广应用。整合现有资源，建立实用、高效的工业设计基础数据库、资源信息库等公共服务平台，加强资源共享。

（2）建立工业设计创新体系。引导工业企业重视设计创新，鼓励企业建立工业设计中心。国家对符合条件的企业设计中心予以认定。鼓励工业企业、工业设计企业、高等学校、科研机构建立合作机制，促进形成以企业为主体、市场为导向、产学研相结合的工业设计创新体系。

（3）支持工业设计创新成果产业化。重点支持促进产业升级、推进节能减排、完善公共服务、保障安全生产等重点领域拥有自主知识产权的工业设计成果产业化。鼓励发展体现中华民族传统工艺和文化特色的工业设计项目和产品。

从具体的实施内容中可以感受到，中央政府已经明确地认识到，一方面工业设计是一门交叉学科，需要在多个学科、机构和部门的帮助下才能逐步成长起来；另一方面工业设计又是一个依附性很强的产业，其成熟度完全倚仗于国内制造业的工艺水平与市场的健全程度。为使这一稚嫩的产业能够健康成长，《指导意见》进一步要求“加强工业设计基础工作。鼓励科研机构、设计单位、高等学校开展基础性、通用性、前瞻性的工业设计研究。提高工业设计的信息化水平，支持工业设计相关软件等信息技术产品的研究开发和推广应用。整合现有资源，建立实用、高效的工业设计基础数据库、资源信息库等公共服务平台，加强资源共享”“加大财政资金投入。发挥财政资金的引导作用，重点支持工业设计企业开拓市场、提高自主创新能力、建设公共服务平台，带动社会资金支持工业设计发展。中央财政促进服务业发展专项资金、科技型中小企业技术创新基金等，对符合条件的工业设计企业给予支持。有条件的地区可设立工业设计发展专项资金”。

《指导意见》为后续地方政府层面的资金和政策支持奠定了基础，激发了全行业提升自身创新能级的热情，唤醒了工业设计自觉与国家经济战略对接的意识，从而进一步推动了中国工业设计的发展。

各省市积极行动起来，并根据自身的特点制定相关的政策。上海承担着建设全球有影响力的科技创新中心的任务，为圆满完成此任务，上海在多方面为科技创新提供了适宜的环境土壤。2013 年，上海设计之都促进中心成立；2016 年，上海品牌之都促进中心成立；2017 年，上海时尚之都促进中心成立。“三都”相关机构的成立，为促进上海工业设计等产业的发展提供了强有力的抓手，也为制定促进工业设计产业发展的政策提供了更多渠道。此后，上海市政府持续推出一系列促进设计创意发展的措施。这一阶段的政策有两方面显著的特点：一是促进设计与其他产业深度融合；二是促进设计和城市环境融为一体的发展。

浙江省设计平台和基地是一种采用政府扶持、企业主导、市场化运营的方式，以设计外包服务产业化集群为特色，组织专注产业链整合及运营服务的综合型机构。通过有效运用政府相关政策和充分市场化的运作，面向企业招商、积聚和整合产业资源，立足于浙江和长三角地区产业转型升级与优化，为当地的产业集群提供工业设计服务，促进设计创新产业与制造业的良性对接，推动工业设计创新产业的发展。作为中国民营经济最为发达的省份之一，浙江省很早就提出了打造国内一流日用轻工产品设计基地，推进“浙江制造”向“浙江创造”转型的战略目标，重点扶持发展服装、通信、家电、家具、鞋类、厨具以及汽车、机械等优势领域的工业设计，围绕区域特色产业发展，依托中国美术学院、浙江大学等专业院校和一批龙头骨干企业，加大财政、金融政策对企业研发和工业设计的投入，以工业设计园区、行业设计中心、生产力促进中心、各类研发机构等为主要载体，支持骨干企业设立专业化的工业设计部门。在布局上，主要集中在杭州、宁波、温州、义乌等城市。

2010 年上半年，浙江省 13 个部门联合出台了《关于加快我省工业设计产业发展的实施意见》，而杭州市则提前一年制定了《杭州市工业设计发展三年行动计划（2009—2011）》及《杭州市工业设计发展相关政策汇编》。宁波市在 2010 年制定了《宁波市工业设计产业发展规划（2010—2012）》等文件，并把工业设计产业作为“十二五”期间的战略性新兴产业之一。另外，一批工业设计等创意设计产业园区相继建成，为发展工业设计产业提供了重要的舞台。这些举措促成了浙江省工业设计产业发展的良好氛围，提高了社会各界的关注度，进一步激发了工业设计的需求潜力。这些措施聚焦的工作重点包括：其一，培育工业设计示范园区、有较大影响力的工业设计机构、市级以上工业企业设计中心，培育和引进工业设计专业技术人才；其二，重点发展与浙江省优势产业相关的电子通信、纺织服装、轻工、机械、装备制造等领域的设计；其三，大力推动设计成果的转化，促进与工业设计相关专利申请量和授权量的大幅增长；其四，引进国内外设计专业人才，为今后的发展做人才储备。

2017 年 4 月 6 日，《浙江日报》报道，从全省推进工业设计发展工作现场会上获悉，浙江工业设计产业规模稳步提升，创新能力持续增强，载体建设扎实推进，带动作用日益显现。目前，浙江已发展成为仅次于广东的工业设计产业大省，全省有工业设计公司 3 800 余家，近 15% 的大中型制造企业设立了工业设计中心或设计院。到 2016 年年底，全省 16 家省级特色工业设计示范基地已集聚工业设计企业 817 家，累计实现设计服务收入 77.8 亿元。工业设计的发展，推动了产业链延伸和价值链提升。据统计，2016 年全省规模以上工业新产品产值达 2.39 万亿元，新产品率达 34.33%，比 2011 年提高 12.3 个百分点。

在资金支持方面，杭州市设立工业设计产业发展专项资金，主要用于支持工业设计示范机构、示范园区培育，企业工业设计中心建设，优秀设计人才、国内外大奖赛获奖作品的奖励以及举办重大活动。宁波市设立了设计街区专项扶持资金，市财政每年（共 3 年）安排 2 000 万元用于设计街区的开发建设、产业培育等补助。在增强工业设计与创新能力方面，杭州市积极组织开展工业设计示范机构认定、市级工业企业设计中心认定、工业设计示范园区认定工作，支持企业争创省级、国家级工业企业设计中心和示范园区，定期举办以“创意杭州”工业设计大赛为载体的论坛、竞赛、展览、交流等活动，使城市工业设计自主创新能力明显增强，拥有自主知识产权的设计产品、知名设计品牌数量大量增加。宁波市积极支持设计创新平台建设，对设计街区信息化、产品设计、检测、科技成果转化及产业化等平台项目，优先列入市信息产业局、市科技局、市经委等部门的扶持计划，并按相关标准予以资金补助，平台收费项目按标准费用的 50% 执行。在组织保障与平台建设方面，杭州市成立了工业设计产业发展领导小组，市政府所有部门均有相关负责人参与其中。领导小组下设办公室（设立杭州市经济和信息化委员会），具体负责工业设计产业发展规划和相关政策。在“十二五”时期，小组着力构建了工业设计评价体系，并建立了优秀工业设计评奖制度；完善了工业设计产业统计调查方法和指标体系的同时健全了信息统计工作；加强工业设计知识产权应用和保护，鼓励企业和个人申报工业设计专利、商标和著作权，搭建了工业设计知识产权交易平台。

河北是制造业大省，但不是制造强省，其中一个重要的原因就是工业设计创新能力不足。转型时期，河北制造业的产业结构比较单一，大部分企业业务以组装和代加工为主，处于产业链的低端，产业集中程度低，总体规模较小。河北省的工业设计并没有发展成为企业的核心竞争力，尚未在经济领域构建起一条完整的“产业链”，在制造业领域的渗透率还处于较低水平。河北省管理部门寄希望于通过解决河北制造业“大而不精，全而不强”的格局，使其从传统的“代加工经营模式”转向“自主设计制造、自主品牌制造”和“原创战略制造”，通过工业设计为工业结构调整和产业转型升级提供创新力量，在完善供给侧结构性改革方面应发挥出应有的经济价值、市场价值和社会价值。

在政策方面，河北省主要围绕“扩大工业设计供给、激发工业设计市场需求、加强产业产品设计创新、打造工业设计品牌活动、强化工业设计发展支撑、加大组织推广力度”六个方面进行设计培育和产业扶持。为充分发挥工业设计的创新引领作用，助推河北制造业产业转型升级，优化河北工业设计创新环境，河北省建立了以“工业设计产业联盟、工业设计协会、工业设计中心”为依托，以公共服务为支撑的综合服务体系。具体工作重点围绕“设计竞赛、人才培养、媒体宣传、品牌活动、机构优化、平台建设、推广交流、标准制定、基础研究”九个方面开展，从而实现“设计 + 品牌 + 科技 + 文化 + 众筹 + 众创”的设计 + 产业生态模式。

为营造产业环境，河北专门设置了两类省级设计赛事。一类是企业定向专题竞赛，如河北机械装备工业设计大赛。这类赛事为促进工业设计与制造业深度融合，推进工业设计向规模化、专业化、高端化、国际化、特色化发展，面向河北省的特色文化、特色产业、重点产品征集设计主题，按照“一赛一周”制，采取“企业报名 + 走访调研”相结合的形式，举办冠名形式的专题竞赛。另一类是河北省工业设计奖，依托京津冀经济区创新设计产业联盟，将奖项引入“中国好设计”和“中国优秀工业设计奖”伙伴行列，打造精品设计奖。通过设计竞赛，免费对“优秀作品”进行设计孵化，结合“互联网 + ”思维，采取“众筹模式”，推动获奖作品的商业化，并推荐其参加中国优秀工业设计奖、中国红星设计奖、中国好设计、德国 IF 奖、德国红点奖、美国 IDEA 奖等知名奖项的评选。

在人才培养方面，河北省首先将重点落在培训学院，通过加强与国内外知名设计院校合作，引进先进设计教育办学理念，成立产业设计研究院，起草“河北工业设计培训学院”建设方案，建设一批工业设计特色培训学院，开展工业设计人才在职培养。同时，省政府面向制造企业、设计机构、科研院所、行业协会等单位相关人员，分类别、分领域、分层次举办工业设计创新人才专题培训；面向交通工具、机械装备、陶瓷卫浴、医疗器械等河北省特色制造企业设立教学点，由专业教师直接跟进企业工业设计事务，开展产品 DNA 形态管理、价值分析管理、设计方法、设计调研、网络推广、产品更新等方面的咨询和交流；采取“企业出题 + 院校设课”的形式，聘请优秀工业设计师到高校兼职授课，培养复合应用型工业设计人才。

河北省还在雄安新区建设国际设计生态城，在石家庄和唐山建设工业设计创新园，在秦皇岛建设中瑞设计港和设计广场及北戴河设计街区，围绕设计创新、设计旅游和产业升级，打造以设计师为核心的设计商业化生态体系和国际化的工业设计交流平台，培育了一批上规模的工业设计公司和创新创业项目实践基地。

河北省依托“京津冀经济区创新设计产业联盟”，成立了“中国好设计”河北创新设计中心，举办工业设计竞赛、论坛、展览等活动，提升河北省工业设计奖含金量，将河北省工业设计奖打造成为国内具有重要影响力的交流、合作、融合、推广平台，并在此基础上组织“设计周”活动，依托中国工业设计协会等各行业设计协会，鼓励河北省工业设计协会、河北省工业设计产业联盟、河北省工业设计高校、河北省工业设计中心、知名工业设计机构和制造企业等组织机构，联合举办设计工坊、设计论坛、设计展览、走进产业集群等形式多样的“河北国际设计周”系列活动，提升“河北设计”品牌影响力。

在供给侧改革施行前，河北省缺乏工业设计方面的统筹调度，省内各地产业同质化问题严重，“河北省工业设计中心”在缺少上级部门支持的情况下无法发挥其应有作用。本着“特色优先、产业集聚”的原则，在原有河北省工业设计中心的基础上，政府围绕河北特色，凝练主题，建设了一批特色鲜明的、在省内具有竞争力的工业设计中心，如机械及装备制造业设计中心、交通运输装备及零部件设计中心、文化创意产品设计中心、现代家电产品设计中心等，使设计企业与特色优势产业形成有效互动，使先进制造业和现代设计服务业能够相互融合、相互促进。由于河北省各地的工业设计企业普遍“小而不强、弱而不精”，为了改变这种“散、小、弱”的发展局面，提高设计品质，加强市场竞争力，减少恶性竞争，河北省在原有设计工作室、设计研究所、设计公司的基础上，进行项目优化，培育特色产业的特色设计服务机构，树立典型，提升工业设计对当地产业发展的引领和带动作用。

除此之外，河北省在行业细分领域，促进工业设计成果推广与交易，加速设计方案产业化，推动产学研合作模式的形成，围绕机器人、智能终端、智能家居、可穿戴设备、家电产品、通信产品、音视频产品、医疗电子、日用陶瓷玻璃、箱包、皮草等重点领域，在产业链各环节植入工业设计。河北省政府每年选择一批重点产品进行扶持，打造有影响力的区域品牌。其中的典型案例将面向全省各行各业传授其设计经验，并由政府推荐参加国家工信部的全国优秀工业设计奖和河北省工业设计奖。同时，为加强知识产权、设计标准、设计规范的保护和监督，树立良好的设计产业生态环境，河北省还成立了课题研究组，制定设计标准、设计评估、市场交易、知识产权保护和监督管理相关政策和制度，从根本上为创意及工业设计产业发展提供保障。[93]

2010 年 9 月 7 日，广东工业设计城——这个全球规划最大的工业设计产业基地在顺德北滘镇正式揭牌。作为顺德区被赋予地级市部分权限后的首个省区共建项目，从顺德工业设计园到广东工业设计城，顺德工业设计产业实现了由园到城的跨越，并对当地及珠三角地区产业和城市发展产生了积极的带动效应。顺德经历了“以农为纲”到“工业立区”的城市化发展过程。在改革开放初期，顺德人就敢为人先，在 1992 年推动了乡镇企业的产权改革，并在以后 20 余年的发展过程中催生出“美的”“格兰仕”等一批优秀制造企业，因而被称为“中国家电制造业之都”。广东工业设计城之所以会落户顺德，正是因为其拥有完整的产业链。

广东工业设计城于 2008 年启动之时，北滘镇的工业产值就已突破 1 000 亿元，相当于国内一个地级市的水平。但是由于之前以加工制造业为主，缺乏自主品牌和原创设计，顺德的制造企业常在产业链中处于较为低端的位置，而工业设计正是制造业发展的先导行业，也是体现产业价值的重要因素。因此，顺德着力通过工业设计来推动制造业的转型升级，占领经济学“微笑曲线”的两端，即设计研发端和品牌销售端，以促进本地经济的高质量发展。

2012 年 12 月 10 日，习近平视察广东工业设计城，离开时对园区负责人提出，希望下次来的时候能见到 8 000 名设计师。这也意味着设计城将真正发展成为设计城，而且是覆盖全北滘镇，甚至全顺德区的设计城，更意味着顺德区将由小家电制造业转型成为小家电设计业，把“顺德制造”发展为“顺德设计”。在这种发展和转型的过程中，以入驻设计城的设计师石振宇团队为代表，他们积极营造新的运营模式，拓展设计领域。石振宇与青年设计师宋晓薇共同为深圳市古尊表业有限公司设计了南极科学考察专用手表。考虑到手表需要在极端条件下使用，他们将表分为内表和外表套两部分，在南极科学考察工作中，可以将表直接佩戴在隔着防寒大衣外的手臂上，这样避免了在超低温的情况下手表与皮肤的直接接触而造成的冻伤，同时方便工作时读表（图 8-1）。内表和外表套两部分用表带互相连接，便于装配和拆卸。在南极科学考察队使用了这款专用手表以后，设计师将之发展为一款运动型的产品，即只保留内表，适用于登山、户外探险等运动，也可以日常佩戴。

■ 图 8-1
南极科学考察专用手表

2017 年 12 月，顺德成功举办了首届军民融合卫勤装备发展促进会。本次研讨会顺德与全行业再度相约，发布国内首个军民融合卫勤装备创新基地项目。据了解，该项目落户顺德，以创新设计推动军民融合卫勤装备发展为核心，建立集信息收集、数据分析、产业调研、设计研发、标准制定、人才培训及培养等功能于一体的综合创新平台，服务军民融合卫勤装备发展。2019 年，该基地由研发中心（广东工业设计城）与生产基地（广东顺德高新区机械装备产业园)组成，将整合整个卫勤医疗、医疗装备设计、医疗机械、医疗器材生产及销售，形成完整的产业链，以军民融合卫勤装备为新方向，带动顺德工业设计、制造业、智能制造等相关产业的发展。

2022 年，广东工业设计城已会聚了超过 8 000 名设计师，园区内的设计企业达到 250 余家。这里输出的不仅是产品设计，设计城自己的设计研究院也输出设计类人才和公共服务，同时还与企业展开合作，为他们提供相关科技服务，甚至通过自主研发项目孵化了一些企业，开展产品产业化、产权一体化的业务。现在，设计研究院与几十所高校开展合作，由于所有项目都与企业相结合，广东工业设计城也成了学校与企业之间的平台，学生由高校毕业进入研究院后，可以再到其孵化的企业中就业。此外，在致力于设计与创新的同时，广东工业设计城还积极开展国际合作，在启动后的十年中，先后与德国、美国、日本、韩国等十几个国家的设计大师及团队开展合作，为本地的工业设计带来更多崭新的元素。相比设计品牌、团队的引进，设计城更希望中国的设计人才可以走出国门，去了解世界的设计，因此还与德国相关专业的高校开设了研究生联合培养项目。

2 从中国制造走向中国智造

制造业是国民经济的主要支柱，也是今后我国经济“创新驱动、转型升级”的主战场。我国已经成了制造大国，但仍然不是制造强国。打造中国制造新优势，实现由制造大国向制造强国的转变，对我国新时期的经济发展最为重要，也最为迫切。2013年以来，习近平曾先后指出，“我们这么一个大国强大，要靠实体经济，不能泡沫化”“推动中国制造向中国创造转变、中国速度向中国质量转变、中国产品向中国品牌转变”。[94] 2015年3月5日，李克强在政府工作报告中指出，要实施“中国制造2025”计划，加快从制造大国转向制造强国。对此，国内工业界倍感振奋，国际经济界高度关注。5月8日，国务院印发《中国制造2025》文件，部署全面推进实施制造强国战略。这是我国实施制造强国战略第一个十年的行动纲领。其指导思想是：全面贯彻党的十八大和十八届二中、三中、四中全会精神，坚持走中国特色新型工业化道路，以促进制造业创新发展为主题，以提质增效为中心，以加快新一代信息技术与制造业深度融合为主线，以推进智能制造为主攻方向，以满足经济社会发展和国防建设对重大技术装备的需求为目标，强化工业基础能力，提高综合集成水平，完善多层次多类型人才培养体系，促进产业转型升级，培育有中国特色的制造文化，实现制造业由大变强的历史跨越。《中国制造2025》的基本方针如下。

创新驱动。坚持把创新摆在制造业发展全局的核心位置，完善有利于创新的制度环境，推动跨领域、跨行业协同创新，突破一批重点领域关键共性技术，促进制造业数字化、网络化、智能化，走创新驱动的发展道路。

质量为先。坚持把质量作为建设制造强国的生命线，强化企业质量主体责任，加强质量技术攻关、自主品牌培育。建设法规标准体系、质量监管体系、先进质量文化，营造诚信经营的市场环境，走以质取胜的发展道路。

绿色发展。坚持把可持续发展作为建设制造强国的重要着力点，加强节能环保技术、工艺、装备推广应用，全面推行清洁生产。发展循环经济，提高资源回收利用效率，构建绿色制造体系，走生态文明的发展道路。

结构优化。坚持把结构调整作为建设制造强国的关键环节，大力发展先进制造业，改造提升传统产业，推动生产型制造向服务型制造转变。优化产业空间布局，培育一批具有核心竞争力的产业集群和企业群体，走提质增效的发展道路。

人才为本。坚持把人才作为建设制造强国的根本，建立健全科学合理的选人、用人、育人机制，加快培养制造业发展急需的专业技术人才、经营管理人才、技能人才。营造大众创业、万众创新的氛围，建设一支素质优良、结构合理的制造业人才队伍，走人才引领的发展道路。

建设制造强国，就要促进制造业实现又大又强的目标。制造强国应具备四个主要特征：一是雄厚的产业规模，表现为产业规模较大、具有成熟健全的现代产业体系、在全球制造业中占有相当比重；二是优化的产业结构，表现为产业结构优化、基础产业和装备制造业水平高、战略性新兴产业比重高、拥有众多实力雄厚的跨国企业及一大批充满生机活力的中小型创新企业；三是良好的质量效益，表现为生产技术先进、产品质量优良、劳动生产率高、占据价值链高端环节；四是持续的发展能力，表现为自主创新能力强、科技引领能力逐步增长、能实现绿色可持续发展、具有良好的信息化水平。

为实现这一目标，工业设计需要与中国制造业在新标准与新技术的支持下进行更深层的融合。这二者的深层融合，实际上就是指整个工业发展应该突破传统经营理念和经营状态，要打破传统经营思维，逐渐朝向智能化生产的发展，尤其是结合当前新型工业化发展的要求，以及整个制造业的具体状态，实现整个工业发展内涵的实质性提升就极为必要。基于这一机遇，工业设计的任务如下。

第一，提升制造业发展层级。我国制造业是以资源和人力为代价来实现整个产业发展的，因此部分产业不仅与当前整个时代发展要求之间不匹配，同时也与整个制造业发展要求之间存在差距。可以说，从我国制造业发展现状看，其与整个时代发展的要求之间有着极大的距离。《中国制造 2025》这一政策的出台，是从当前整个时代出发的，是制造业发展的重要机遇。提升制造业发展层级，不仅能够有效优化工业设计理念，同时也能有效提升工业设计发展水平，让我国制造业进入最佳发展状态。

第二，注重实施自主创新。在系统化实施《中国制造 2025》计划时，应该充分注重发挥自主创新的价值和作用，通过实施自主创新，有效完善自主发展能力，同时在这一过程中，尤其要注重对关系着整个国家发展和社会安全的各个领域进行有效维护，通过发挥核心技术优势，完善产业链条内容，从而实现整个制造业自身自主发展能力的有效提升。在开展工业设计活动时，必须充分注重自身创新发展，通过完善整体发展的内涵，满足整个时代发展的需要。

第三，注重开放与合作。结合当前全球贸易一体化发展日益成熟的背景，在实施《中国制造 2025》计划时，也要充分注重对全球各地资源的有效利用，通过注重开放与合作，强化各种资源利用，从而提升我国制造业的竞争力。在实施这一计划时，为了确保能够实现目标，无论是实施计划，还是实施理念，都必须充分注重阶段性实施，通过阶段性策略实施，来帮助我国从制造大国发展成为制造强国。在发展工业设计活动的过程中，必须充分注重自身品牌建设和影响力提升，尤其是要结合自身经营发展状况，塑造企业自有的独立品牌。

当前，我国工业设计活动在发展过程中存在一定优势，完善的产业体系和经营内容都是整个工业和制造业活动开展的基础，但是在信息技术应用日益成熟的今天，整个制造业在经营发展过程中，必须注重将科技元素融入建设过程中，尤其是要注重提升其整体经营水平和发展理念。

2015 年，《中国制造 2025》的颁布及 2016 年“十三五”规划纲要的出台，使得中国高端制造行业真正进入快车道。但彼时互联网消费、人工智能风头正劲，作为高端制造的技术先锋的工业机器人并未受到资本偏爱，其中最直观的表现就是资本给定的市销率，工业机器人全球领军者“库卡”2017 年被美的收购时市销率仅为 2 倍，远低于同期的互联网和人工智能软件、服务机器人项目。同时，进场的资本也多希望“快进快出”，与工业机器人自身的前期投入大、周期长、成长速度慢等特质存在矛盾，甚至加剧了工业机器人企业向下游扎堆，进行价格战。即便如此，中国自 2013 年起便连续 5 年成为全球最大机器人市场，是世界上除日本和韩国外第三个具有完整的工业机器人产业链的国家，在工业机器人供销两端表现亮眼。2017 年，中国市场工业机器人销量为 13.6 万台，同比增长 60%，占全球比重达 35%，机器人企业数量也从 2013 年不到 300 家爆发式增长到 2017 年超 6 500 家。国际机器人联合会（IFR）曾经预测 2018—2023 年中国机器人销量增速为 20% ~ 25%，预计 2022 年全年，中国工业机器人市场规模将达 87 亿美元，到 2024 年这一数字有望超过 110 亿美元。市场的膨胀、产业链的完整并不意味着中国工业机器人厂商已经制霸全球，而这一点主要由中国工业机器人产业链的不均衡造成的。但无论从产业层面还是宏观层面趋势来看，中国工业机器人在《中国制造 2025》的推动下都进入了前所未有的历史机遇期。《“十四五”机器人产业发展规划》提出的发展目标是，到 2025 年，我国成为全球机器人技术创新策源地、高端制造集聚地和集成应用新高地。

工业机器人是指面向工业领域的多关节机械手或多自由度的机器设备。人的动作由大脑操控，大脑发出的指令经由小脑、神经的协助，驱动肌肉、骨骼做出反应。机器人也是如此，三大系统中控制系统的控制器起到大脑作用，动力系统中起到驱动作用的伺服器和起传动作用的减速器，接收控制系统指令，传导到与肌肉、骨骼同构，由机身、手臂等部件构成的机械系统，由其承载并实际完成运动。因此，机器人产业链主要由上游以控制器、伺服器、减速器为代表的核心部件研发生产商，中游由机械部件构成的机器人本体研发制造商，下游涉及行业垂直解决方案的系统集成商组成。

下游系统集成商主要是指软件进一步开发以及针对客户定制系统集成。按照工作性质、场景可分为搬运（上下料、码垛）、加工（打孔、焊接、喷漆、激光切割、抛光、涂装）、检查、组装（装配、包装）等，主要应用于汽车、电子、金属加工等细分行业。由于缺乏技术壁垒，且国际品牌因服务纵深不够难以切入，国内企业大都在此聚集。

2017年，我国工业机器人系统集成商超过3 000家，国产覆盖率达90%以上。龙头以强大的资源整合能力、专业而深刻的行业理解，建立了各项优势。

中游主体部分机械部件主要有机座（部分有行走结构）、机身、臂部、腕部、手部等，整体趋势是智能化、轻量化、可移动化。按照机械结构，可主要分为直角坐标型、圆柱坐标型、球面坐标型、关节坐标型。直角坐标型围绕X、Y、Z三轴进行运动，适用于大工作空间的物料搬运；圆柱坐标型可做升降、回转和伸缩动作；球坐标型能回转、俯仰和伸缩；关节坐标型有多个转动关节，以下几种为主流：垂直多关节型，其中六轴包括旋转S、下臂L、上臂U、手腕旋转R、手腕摆动B、手腕回转T共6个自由度，每个轴由伺服电机、轴减速器驱动，广泛用于汽车、电子生产工序；平面多关节型SCARA，适用于小范围、高速运动，如3C行业精密装配；并联关节型Delta，与串联型相比精度较高、自由度较大、承载能力强，主要用于高速取放、筛选。自动导引运输型AGV主要应用于智能仓储。

上游减速器、伺服器、控制器为工业机器人的三大核心零部件，成本占总体比近70%。其中减速器占比最高达40%，且技术壁垒最强，直接影响机器人的速度、精度，因而对于该技术的突破能赋予企业更高议价权。在目前两种主流减速器RV及谐波中，日本厂商纳博特斯克和哈默纳科分别占据60%、15%的市场。受制于技术及精密制造能力，我国工业机器人核心部件国产化率在全产业链中处于最低。而工业机器人的国产化替代需要穿透底层核心零部件，才能保证在中美贸易摩擦这样的国际大环境下顺利实现国产化替代，因而攻克这一部分的技术和市场，对于中国企业来说任重道远且势在必行。[95]

总体而言，中国工业机器人产业趋势是下游向上游延伸，以及国产化替代加快。产业链中的价值高地为上游核心部件的国产替代，在解决技术瓶颈、实现高稳定性产品量产后，中国企业再以性价比、出货速度、服务质量和对终端市场的理解取胜。中游企业应与上下游联动，以市场为导向将技术价值最大化，将技术力、产品力转化为实在的市场表现。下游集成倾向于找准定位，向垂直领域提供更为深入、专业的服务，在竞争激烈的环境中形成自己的护城河。未来，机器人产业上、中、下游呈现融合趋势，具有合作能力或者全产业链研发能力的企业将走出来。

在如何打破外资公司垄断的问题上，国产品牌抢占客户心智的关键是产品的标准化、稳定性、适用性，因而预计整个行业须进入标准化的时代。各自为政会导致市场上产品鱼龙混杂，缺乏统一衡量标准，同时会使客户呈现两极分化：一部分对于品牌的敏感超越了对于价格的敏感，因为品牌为产品质量背书，能减少选择成本，避免后期使用、维护、人工替代中的额外问题；另一部分初始预算有限的客户，并不注重品牌差异，只是选择最低价的产品，驱动机器人进行价格战的同时，不利于使用效果的提升。

2018年，受终端行业形势影响，中国工业机器人行业增长放缓。中国汽车行业经历了28年来的首次销量下滑，2.8%的负增长导致工业机器人在汽车行业的销量下降15%。而全球智能手机销量下滑5%，也将工业机器人在3C行业的销量拉低8%。长期来看，就存量市场而言，目前中国工业机器人渗透率与欧美国家对标还存在较大提升空间。2017年，中国汽车行业机器人密度为每万人634台，约为日本、美国、德国的1/2，韩国的1/4。非汽车行业每万人31台，更是约为美国的1/4、德国的1/6、日本的1/7、韩国的1/17。解决这个问题需要政策的引导，必须将硬科技作为重点扶植对象。

历经短暂的徘徊，中国工业机器人行业又迎来了发展的机遇。在2022世界机器人大会期间，工业和信息化部副部长辛国斌表示，机器人产业正迎来一个创新发展、升级换代的重要机遇期。中国机器人产业的应用广度、深度加速拓展。“机器人+”行动稳步实施，应用领域加速拓展，助力各行业数字化转型、智能化升级，传统行业应用不断深入。工业机器人已在60个行业大类、168个行业中类得到应用，广大企业持续深耕细作并逐步迈向高端应用市场。以工业机器人为核心的智能制造系统已成为制造业数字化转型的重要内容。在2023年世界机器人大会上，辛国斌表示，中国工业机器人产量突破44.3万套，同比增长超过20%；2022年，我国工业机器人装机量占全球比重超过50%，稳居全球第一大市场。制造业机器人密度达到每万名工人392台。

无人机作为一种高效、便捷的辅助技术手段替代了很多应用于各行业的技术工具，其生产成本低、效率高、机动性能强、使用简单等优势，降低了人工操作的风险，提高了任务执行的安全性和可操控性。无人机技术应用理念很早就已经进入中国大众的视野中，且由于国内龙头企业起步早、市场推广快、产品应用范围广而获得了良好的市场反响。目前，我国无人机正迅速发展，而中国无人机之所以在国内外市场上广受赞誉，可归纳出以下优势。

第一，技术水平高。企业研发出了一套“智能技术体系”，即在应用场景中，能避开障碍物、精准定位、识别目标等。第二，产业政策结构完整。中国为发展无人机及时颁布了相关应用条例，规范了国内应用环境，并且对于无人机的规定和执行力也是日益细致与规范化的，无人机的生产和使用标准规范亦日趋完善。第三，逐渐形成规模的无人机操作培训体系。因为无人机的产业发展迅猛，所以对于操作人员的需求旺盛，过去未经培训的操作员时常会发生由于操作不当而造成对人身或者客机的伤害或影响等问题，另外，无人机的广泛应用致使大众隐私暴露等问题也日益严重，及时推行的培训政策为行业发展及公共安全提供了有力保障。智能无人机的运行系统极其复杂，但这一产业在市场与行政的双方努力下克服了许多问题，使这一朝阳产业在中国得以快速发展。

大疆创新科技有限公司开辟了民用无人机这一崭新市场，完成了产品“从0到1”的突破性创新。大疆于2006年成立，至2017年，年销售额超过100亿元。2023年，其产品在全球市场占有率已接近70%，在中国市场的占有率为90%。经纬M200系列是大疆首款具备工业防护等级的飞行平台，可广泛应用于航拍数据收集和巡检，为用户提供更多针对行业应用场景的精准服务。M200系列具备自加热双电池系统，可适应-20℃的低温，防雨、防尘的机身设计让使用者在恶劣的工作环境下也能应对自如。为方便携带，该产品采用折叠式设计，并配备标准箱体，可在短时间内完成飞行准备，最远图传距离达7公里。同时，机体前方装有前置FPV摄像头，为用户提供第一人称视角影像。[96]

M200系列飞行平台内含双IMU、气压计、指南针、GPS等20个传感器，为飞行安全提供了全方位的保障，机体前方和下方各有一个立体视觉系统，上方配备红外感知系统，可实现前方、下方和上方避障。内置的AirSense系统能接收到附近半径数十公里以内的客机广播的ADS-B信号。在远距离图像传输方面，大疆自行研发的Lightbridge系列全高清实时图像传输系统在过去几年中成为业界标杆，理想条件下远达5公里的图传距离令同行难以望其项背。而在此基础上研发的最新型OcuSync高清图像传输技术，图传距离最远可达7公里，分辨率高达1 080像素。在产品造型方面，M200系列放弃了仿生造型，转而采用更具工业感的造型，硬派的线条给人以可靠的感觉，旋翼上的高亮光源使得M200即便远离操作台，操作者依然可以通过清晰的光线轮廓知晓M200的飞行位置（图8-2）。

M200系列飞行平台能精准、高效、安全地收集数据，适用于如下应用场景。基础设施巡检：在巡检电缆、铁塔、桥梁时，巡线员常常要面对触电、跌落等风险，M200系列飞行平台稳定可靠，可适应复杂的自然环境，巡检员可从各个角度观测巡检对象的细节，远距离完成工作。能源设施巡检：运维计划花费较高且耗时，凭借M200飞行平台稳定的飞行特性和良好的复杂环境适应性，在巡检大规模电力线路时可将细节尽收眼底；在从事如风力涡轮机和海上石油钻井平台等处的巡检工作时，可从各个角度观察细节。建筑现场测绘：M200系列飞行平台可用于观测施工进度，确保资源有效利用。公共安全：在火灾、搜救和自然灾害等应用场景中，搭载可见光和热成像云台相机的M200系列飞行平台可第一时间发现潜在危险，提供数据，供专业人士进行决策，最大

■ **图8-2**
大疆经纬M200系列无人机产品及其配件

限度降低人身安全风险。

21世纪初，中国开始进军过去被西方国家长期垄断的高端制造业领域，其中最为突出的一项产品便是高速铁路（以下简称“高铁”）。虽然在2004年左右中国高铁大规模引进了国外的产品和技术体系，但不可否认的是，1949年以来，中国在铁路装备上一直没有停止过产品开发与设计。在长达50多年的进程中，中国的韶山型系列电动机车在吸收世界各国先进技术的基础上，历经多次设计优化已经谱系化，功率和速度不断提高，技术含量不断增加。在“九五”计划期间，铁道部立项研制了多种高速概念车，以后一直持续着研发工作。在全盘引进西方产品时期，中国的设计师注重学习国外先进的设计经验，而不是单一的产品设计，为以后的集成再创新奠定了基础，对于引进的车型做了大量的改进设计，以符合中方的需求，有的几乎是重新设计了一辆车。其中，有两位女设计师虽未有缘参加引进项目的工作，却主持设计了里程碑式的产品，她们是青岛四方机车厂（现中车青岛四方机车车辆股份有限公司）副总经理梁建英和长春客车厂（现长春轨道客车股份有限公司）的总工程师赵明花。梁建英是动车组380A型的总设计师，该车型曾经奔驰在当时运营里程最长的京沪高铁线，被公认为当时全球最先进的车型。赵明花则是后续产品380B型的项目负责人。这些产品都是在中央决策层将“全盘引进”扭回到“自主开发”道路上以后的产物。[97]

高铁是集机械制造、自动控制、电气技术、电子技术和工业设计等多个学科于一体的高科技工业系统。而高速列车的工业设计，需要从技术、美学、人与文化四个方面进行综合考虑，设计方案既要满足相关技术要求，同时又要具有美观的外形、舒适宜人的驾乘环境和符合使用人群的文化特征。其中，技术方面的因素主要涉及新材料、新工艺、车体结构优化、内部设备模块化、集成化和气动外形技术等；美学方面的因素主要涉及形式美则、审美心理和视觉意向等；人的因素主要涉及人的生理特征、心理特征、认知特征和行为特征等；文化因素主要涉及地域文化、民族传统、民风民俗等方面。对比这四方面的因素可以发现：技术因素是高铁列车工业设计的基础，解决的是基本功能问题；美学因素、人的因素和文化因素则属于有益的补充，解决的是人的生理、精神和情感需求的问题。

高速列车的外观与空气动力学有着密切的联系，其外形特征直接影响着列车的空气动力学性能。对高速列车的外观研究主要集中在车头设计方面，在中国高速列车发展的过程中，设计师研究设计了五款车头造型。

第一款造型对列车头部的关键尺寸进行了研究，提出了头部长度、鼻锥高度、车头底部距轨面高度、前窗玻璃参数、车顶过渡处曲率半径等决定列车外观的关键尺寸，并给出了具体数值；指出前玻璃斜角 $\alpha < 35°$ 时车头前部外形应设计成双拱形，否则会影响司机视野；认为流线型列车外形设计应将造型设计和空气动力学结合起来，既要外形美观，又要符合空气动力学要求。[98]

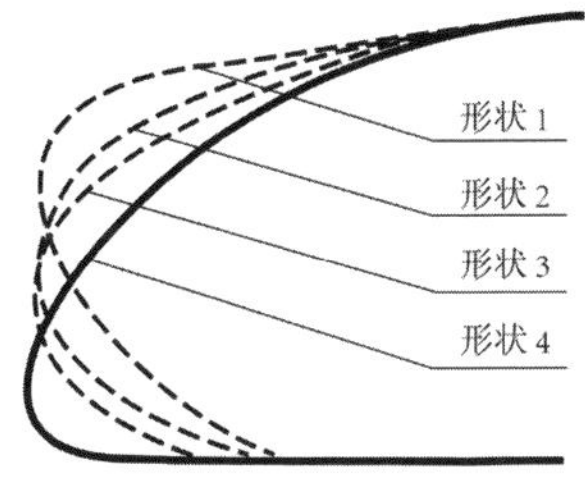

■ 图 8-3
其中四款车头形状的比较示意图

■ 图 8-4
CR300 复兴号高速动车组

第二款造型提出，典型的列车头部形状有扁宽形、椭球形、梭形和钝体头形四种；认为列车流线型头部长度越长，将越有利于减小空气阻力；在列车流线型头部长度一定的情况下，扁宽形头形阻力较小，椭球形头形阻力较大。[99]

第三款车头造型的设计团队通过实验研究，认为图 8-3 中形状 4 的阻力系数最小，适合地面车辆的流线型设计。[100]

第四款造型认为高速列车都必须进行车头形状的流线化设计，并且车头的细长形状应根据所设计列车的最高运营速度、运营环境进行综合考虑，速度越高，列车头部越细长，车头尖端下部应加装导流罩。[101]

第五款造型提出一种基于自由曲面的流线型结构特征造型方法，并以“先锋号”高速动车组的流线型结构设计为例对设计方法、设计流程进行介绍，为高速列车车头造型设计提供了一种有效的建模指导方法。[102]

设计组将五款基本造型以传播学的视角具象为海豚、鲨鱼、蛇、豹与鹰，基于基本造型展开方案设计，然后以头车 + 中间车 + 中间车 + 头车进行编组，计算列车在正线运行状态、侧风状态、过隧道状态下的空气动力学性能，并进行隧道压力波和列车交会压力波计算，找出其中对空气动力学影响较大的不利造型因素，对数字模型进行修正。如模型中现代感较强的造型容易引起车体表面的气体流动不顺畅，产生涡流阻力，增加了列车的运行阻力，于是把硬朗、挺拔的造型做了平滑柔化处理。最后，在综合考虑整体的视觉效果并符合空气动力学要求后，确定鲨鱼方案为最终方案（图 8-4）。

近年来，高速列车司机室的设计理论取得了长足的发展，设计研究人员更加深入、广泛地对司机室人机环境系统进行了研究。设计师从驾驶座椅选择、驾驶空间和驾驶视野校核等方面的几何适配性问题入手，提出 CRH 系列动车组司机室人机几何适配性设计应遵循的标准。该研究成果适用于 CRH 动车组的司机室几何适配性设计，并且符合国际铁路联盟 UIC651 标准要求。在此基础上，设计组还对高速列车司机室驾驶界面“人因设计”理论与方法进行研究，从高速列车驾驶作业出发，研究列车驾驶操纵模式，构建驾驶界面的适配性模型，提出列车驾驶界面人因适配性动态评估方法，进一步发展了高速列车驾驶界面人因适配性设计理论与方法。设计师根据《中国成年人人体尺寸》（GB 1000—1988）求得了设计中常用的符合中国人人体特点的静态尺寸；以第 95 百分位数为基准，求得了符合中国人特点的关键动态尺寸。这些静态和动态尺寸能够比较准确地反映司机身体各部位的活动范围，可为高速列车司机室界面布局设计提供数据参考。在此基础上，设计组还对人的感知（包括人的视觉特性、听觉特性、嗅觉特性和心理感受）、乘员认知特性、高速列车驾驶空间进行了研究，从操控设备、控制器可及范围、操作姿势、司机视野等方面进行分析，建立司机室人机关系仿真模型，并在 JACK 软件中进行仿真分析，提出若干设计建议和优化设计方案。[103]

在一段旅程中，列车座椅的舒适程度会影响乘客的心情与休息质量。高速列车的乘客通常处于坐姿，腰椎、骶骨和椎间盘及软组织支撑人体上半身大部分的负荷，同时还承受弯腰扭动等动作负荷。当座椅的设计不符合人体自然弯曲时，就会引起腰部各部压力变化，使人感到肌肉酸痛。因此，在设计高速列车的座椅时必须充分考虑人体脊椎的生理特点，让椅背曲线符合人体脊椎生理曲线，使得乘客腰背部的肌肉得到充分的放松。

设计团队对高速列车客室的座椅进行了研究，从人体脊柱正常的生理弯曲、合理的体压分布、抗震能力三个方面，对高速列车座椅舒适性进行了研究，分析了座椅的结构形式，设计出了适合中国人体特征的座椅结构，并给出了座椅设计的详细参数。此后，高速列车座椅的造型、色彩、风格、结构和材料设计均实现了突破，尤其还尝试了以民族风格元素为主题进行设计创作，给出了具有民族特色的座椅设计方案。中国的高速列车在进入商业运营阶段后，设计团队坚持对 CRH 系列高速列车客室座椅舒适度展开问卷调查，获得了大量珍贵的数据信息。团队采用多元回归分析方法，确定了影响座椅舒适度的因素，得出适合中国人体的座椅尺寸：靠背倾斜 100° ~ 120° ，椅背宽度不大于 415 毫米、高度不低于 729 毫米，头靠应距离座椅面 700 ~ 859 毫米。设计师在高速列车客室座椅设计中引入了系统设计理念，把高速列车座椅的设计影响因素分为内部和外部系统元素，并进一步构建了二者之间的结构关系，提出一套适用于高速列车座椅设计的程序，包括设计规划、设计定位、设计展开和设计评价四个阶段。高速列车座椅的设计应满足乘客生理和心理方面的需求，要保证乘客乘坐的安全感、舒适感和审美诉求。设计团队对中国高速列车的 VIP 座椅进行了研究，在全面分析现有国外高速列车和民航客机头等舱座椅的基础上，结合中国人体特点，得出适合于中国高速列车用 VIP 座椅的数据；进行了 VIP 座椅的设计，对造型、材料、质感、色彩搭配、结构及加工装配工艺均做了较为详细的介绍，给出了 6 个设计方案，并利用

JACK 软件对设计方案进行了人机尺寸仿真验证；选择其中一个最优方案进行样机制作，该方案已成为 CRH 系列高速列车 VIP 座椅的标准设计。[104]

近年来，中国轨道交通产品不断丰富，工业设计功不可没，正如中车株洲电力机车有限公司（以下简称“中车株机”）工业设计中心主任高楠所说，设计中心的业务范围也从最初的机车外观设计扩大到概念设计、外观造型、内部装饰、司机室的设计、机车的表面处理和人机工程分析等方面。2011 年，正值中国共产党成立 90 周年之际，由高楠领衔设计的马来西亚城际动车组顺利交付，该车辆造型以“马来虎”为创意灵感，每个细节都充分体现了人性化及民族特色，深受当地民众喜爱。除此之外，出口土耳其安卡拉不锈钢地铁和储能式轻轨车辆也获得成功。由此开始，中国轨道交通装备企业实现由输出单一“产品”向输出“设计 + 制造 + 服务”的商业模式转型升级。

2018 年，在我国改革开放 40 周年之际，大功率交流传动电力机车系统集成国家重点实验室、轨道交通车辆系统集成国家工程实验室、国家级工业设计中心三大“国字号”科技创新平台在中车株机公司揭幕。同年，中国首列商用磁浮 2.0 版列车在中车株机公司下线，商用磁浮 3.0 版本列车正在加紧研制中，中国商用磁浮体系建设初见成效。也是在这一年，中国火车头出口德国，标志着中国铁路机车成功服务于世界上最高要求的铁路市场。[105]

高铁磁悬浮技术是 20 世纪 20 年代德国人最早提出的，在此后的几十年中，德国在常导磁悬浮方面、日本在低温超导磁悬浮方面一直保持技术领先。2000 年，西南交通大学研制出世界第一辆载人高温超导磁悬浮试验车，此后又研制出我国第一条环形试验线及国际首个真空管道试验系统。2014 年，真空管道高温超导磁悬浮环形试验线在西南交通大学在成都的实验室顺利搭建完成。2016 年，世界首辆载人高温超导磁悬浮试验车发明人王家素、王素玉在中国和德国先后出版了他们研究成果的著作，之后紧锣密鼓地进行了工程验证的工作。2020 年 1 月 13 日，采用西南交通大学原创技术的世界首条高温超导高速磁浮工程化样车及试验线在四川成都正式启用，这就是人们常说的“超级高铁”。样车预期运行速度大于 600 公里 / 小时，将为远期结合真空管道技术，突破 1 000 公里 / 小时的速度奠定基础。

3 全球技术集成中设计的新使命

2004 年，中国开始自主设计 ARJ21 支线客机。工业设计在 ARJ21 支线客机中发挥作用更多的是配合工程的工作，更加具体而言是限于造型和与视觉美观相关的一些工作，但是在参与驾驶舱、客舱的设计工作的过程中已经积累了宝贵的实践经验（图 8-5）。

从研发 C919 大型客机开始，中国商用飞机有限责任公司（以下简称“中国商飞”）已经拥有了能够独立开展工业设计工作的团队，开始尝试运用集成的设计思维，以提高集成化和舒适性为目标开展设计工作，先后完成了 C919 展示样机设计、飞机驾驶舱设计、客舱设计和外部涂装设计。

飞机的外部涂装并非简单地设计一些线条、做几个色块、写几个字，涂装设计应具有高辨识度和一定的视觉冲击力，能够作为飞机的有力标识进行推广，提高品牌的认知度和影响力。涂装设计还应与飞机外形有机结合，提升人们对飞机气动外形的科技感与美感的体验，形成产品生命周期内较为经典和持久的审美情趣。“比如，C919 飞机在进行外部涂装设计时，就重点突出了四大风挡和翼梢小翼等设计亮点，保证无论从哪个位置看飞机都是美的。”（图 8-6）中国商飞上海飞机设计研究院设计师王乐宁说。

在性能相似的情况下，外观设计越漂亮的飞机往往越占销售优势。但是，想要设计出既漂亮又大方的飞机外部涂装也并非一件容易之事。“拿大飞机上的‘C919’这几个字来说，总装下线前，前后总共设计了 20 多套方案，每一根线条、每一种颜色、每一个字都反复进行过上百次修改，直到以最挑剔的眼光也挑不出问题才算完成。”中国商飞上海飞机设计研究院设计师赵雯介绍说。[106]

关于飞机的外部喷漆，据中国商飞上海飞机设计研究院设计师吴海伦介绍，C919

■ 图 8-5
ARJ21 支线客机

■ 图 8-6
C919 大型客机

飞机的喷漆比 ARJ21-700 试飞飞机的外部要明亮和通透，这是因为在工艺选择上，C919 选用了安全环保且更薄、更轻的“水基漆”。相比传统涂料，水基漆不仅可以大量降低有机挥发物含量（VOC）的排放，保护喷涂操作人员，在质量、色泽和光感上也更具优势。

在飞机外部涂装设计上，还有一个重要的环节——标记和标牌的设计。商用飞机设计师坚持用现代理念去设计标记、标牌，使其既符合规定要求的标注位置，又能突出标记、标牌的统一化和可读性。设计师陈凡通过仿真手段的辅助，对标记、标牌的验证识别，让决策者可以身临其境般地感受设计方案。

如果说外部涂装设计是大型客机的高级定制礼服，那么客舱集成和内饰设计就是大型客机华丽精致的妆容。客舱是广大乘客最关注的部分，每名乘客进入飞机内的第一个最直观的感受就来自客舱内饰的整体造型所带来的空间印象和舒适度。如何让乘客长时间坐在座位上而不感到疲劳和无聊是飞机客舱内饰设计追求的目标。

从 ARJ21 到 C919，客舱内饰设计一直都是民用飞机设计师关注的重点。20 世纪七八十年代，我国在设计运 -10 大型客机时就进行过飞机内饰的设计，当时主要为满足工业生产的要求，在飞机隔板和分舱板上进行了图案设计。比如，运 -10 的双腰鼓侧壁造型以及运 -12 客舱敦煌飞天等图案的运用。随着机械工业的发展与市场需求的提升，大型客机项目再次上马，并在航空工业从业人员十年间的持续努力下开花结果。[107] 为了提升 ARJ21、C919 客舱布局的舒适性和合理性，让乘客体验到极致的空中感受，设计师们在遵照适航规章极其严格的质量约束条件下，在寸土寸金的舱内空间中尽展才华，将人性化设计和美学设计融入客舱的每一个角落。

ARJ21 飞机的客舱没有采用传统的圆弧造型，线形简单清晰，内饰空间匀称、舒缓，具有良好的视觉扩张感，避免了狭管效应。在座舱布局上，ARJ21 飞机采用了“3 + 2”的形式，完全自主设计的“蝴蝶”形旅客服务单元和大行李架设计，保证了每位乘客都有充足的空间。

在细节设计上，动感十足的弧形天花板与客舱照明相得益彰，创造了宽敞、舒适的乘机环境。

C919 客舱则以圆润、和谐为基本理念，通过圆润的造型及和谐、明亮的色彩搭配，赋予客舱宽敞、自然的视觉效果，让旅客乘坐得放心、舒心。“圆润”是考虑到旅客登机时，大都希望获得温暖的空间感受，因此在客舱的线形设计上选择了大圆弧、大圆角的线形，增强了客舱的空间感。“和谐”则是在设计过程中，尽量保证所有线形的走向以及设备、控件的摆放位置等都是整齐划一、有韵律感的，从而避免因客舱的长筒形态带给旅客压抑感。

旅客服务装置（PSU）作为客舱中的重要设备，是乘客与飞机的主要交互设施。C919 设计团队为了打造精品客舱，从 2012 年起，用了 3 年进行了 5 轮 19 个 PSU 方案的设计和论证，最终运用创新的设计思维和集成化设计思路打造出一套集成式旅客服务装置。该设计首次把出风嘴和个人阅读灯进行了集成，将原来的 6 个模块单元整合为 3 个，使人机界面更加清晰。秉承“让飞行更加愉悦”的理念，C919 的衍生机型 C929 宽体客机客舱设计主要突出了“豪华、舒适、宽敞、美观和智能”的特点。公务舱座椅为包厢式设计，厢内情景模式会伴随客舱整体情景照明而变化，让乘客更具沉浸感。公务舱反鱼骨型座椅可实现 180° 平放，座椅内置娱乐系统、隐藏式阅读灯、防倒式杯托等功能，能有效提升乘客的舒适度。经济舱采用“3 + 3 + 3”的座椅配置，拥有宽敞的过道，即便是在乘务员推餐车提供服务时，仍可使一人侧身通过，省去了乘客等待的时间（图 8-7）。

在客舱内饰设计上，C929 展示样机团队也精益求精，不放过任何一个细节。C929 客舱采用了通透的整体舱内设计，给人宽敞、舒适的感受。前服务区柔和的曲线形天花板设计，勾勒出天花板的整体天际线，缎带造型设计寓意中俄合作的美好未来，再配合情景照明以及动态极光变化，最终实现了与众不同的视觉效果。

驾驶舱作为飞机的控制与操作中心，其设计将直接影响飞行安全。为此，民机设计师必须综合运用人机工程学、设计心理学原理，根据飞行员处于静止和操纵飞机活动时的身体结构、活动范围、视觉和心理特性等要素，来匹配设计各种仪表、仪器、按钮、控件的形状和大小，并对它们进行合理布局。C919 飞机驾驶舱内饰设计始于 2009 年，是在经过第一轮工程样机的设计制造评估后开展的。由于当时没有选择供应商，所以以自我设计为主。据上海飞机设计研究院伍志湘回忆：“第一次进行 C919 驾驶舱内饰设计时，由于缺乏经验，我们直接使用了很多 ARJ21-700 飞机的货架产品，设计出来的驾驶舱并不美观，部件各具形态。”后来，C919 驾驶舱的设计方案是在综合了展示样机、工程样机几轮设计方案后，于 2011 年 3 月在工业和信息化部对驾驶舱的评估中初步确定的。

C919 驾驶舱工业设计特别强调“集成”的概念，注重从用户的角度出发，综合考

■ 图 8-7
C929 公务舱设计

■ 图 8-8
C919 驾驶舱设计

虑用户的工作流程和行为习惯等因素进行设计。大到驾驶舱内 T 形区、操纵台的布局，小到一个操纵杆或按钮飞行员握得是否舒服，都是设计师需要考虑的问题。比如，考虑到驾驶舱内男性飞行员居多，设计师在进行 C919 舱内设计时就较多选用了比较硬朗的“切角直线条”，并将斜切面元素贯穿设计始终，最后配以深棕色及棕米色的壁板，凸显出 C919 驾驶舱的规划性和秩序性，给人一种稳重感和科技感（图 8-8）。

C919 驾驶舱采用 4 块流线型曲面风挡，有效改善了飞行员的视野，提高了全机气动特性；采用先进的电传侧杆操纵，减轻控制系统重量、改善飞机操纵品质；具有完全自主知识产权的国际先进飞行控制律与包线保护、机组告警、闭环式电子检查单技术，除了保障飞行安全，还有效降低了机组工作负荷；采用大屏幕综合显示器，平显、视景增强和合成视景等先进显示技术，以机组任务为基础，综合考虑信息重要性、紧迫性、使用频率等因素，为飞行员提供高品质的显示界面，保持良好的情景意识，充分体现智能驾驶舱的特点。

驾驶舱通过自动驾驶、自动油门、性能计算、管制员—飞行员数据链通信（CPDLC）、到达时间控制（TOAC）、基于性能导航（PBN）等技术，实现了高度自动化，在考虑飞行机组认知与操作特性基础上，飞行机组应能够监控自动化的工作状态，预测自动化的工作结果，并有能力随时进行自动化模式与人工模式的切换。

在人机工程方面，C919 首次应用中国飞行员人体特征作为设计基准，综合欧美人体特征，设备布置具有良好的可视、可达和操作舒适性，保证不同飞行员高效完成各类操作任务；光学设计完全避免舱内有害眩光；通过建立飞行员认知模型，实现高效人机交互，达到“自然和谐交互”的效果；采用机组告警推送、关联闭环式电子检查单技术和电子飞行包实现无纸化驾驶舱，体现绿色环保的特点；通过自动驾驶自动油门、空地数据链通信、到达时间控制、基于性能导航等高度自动化技术，有效提高运行效率和燃油经济性；通过良好的色彩设计对功能区和装饰区进行区分，使驾驶舱在符合“静暗舱室”设计准则的同时，有效改善驾驶舱狭窄空间心理感受，营造扩展且平缓、舒适的空间感。

驾驶舱内饰改变了传统民用飞机以功能需求为主导的设计方式，实现了功能区与装饰区的分块设计、分块独立统一，衔接部位少，整体连贯。所有部位采用相同的设计语言，质感稳重、色彩统一、造型特征连贯。

驾驶舱窗框装饰罩采用整体几何造型，设计简练流畅，中间无衔接处，给人以宽敞、大气的心理感受；操纵台以功能需求为主导，考虑以人为本的设计理念，安装拆卸方便易于维护；天花板采用了流线设计，把投影仪、照明灯具、环控出风口等设备连贯包覆，造型统一、流畅规整，具有向前的速度感；整体驾驶舱采用柔和的色彩搭配，内饰造型突出整洁和现代感的设计思想，上浅下深的暖色调色彩体系，在有限空间内为飞行员提供舒适稳定的、具有现代感的工作环境。通过优秀的工业设计，使得驾驶舱体现了现代的设计理念，具有人性化和亲和力的环境。[108]

在 2017 年 5 月 5 日的 C919 首飞仪式上，中国商飞向全世界全程直播 C919 驾驶舱画面，体现了对驾驶舱设计的自信。在后续飞机的试飞过程中，驾驶舱整体环境均展现了良好的产品特性和稳定性。2018 年 11 月 23 日，在第二届中国工业设计展览会上，C919 飞机驾驶舱荣获中国优秀工业设计奖十大金奖，并相继获得其他各类设计奖项。

4 供给侧结构性改革与“设计+”

改革开放以来，我国在推动计划经济向市场经济体制转轨的同时，十分重视需求管理。政府拉动经济增长主要在投资与出口两个方向上用力，后来又着力扩大内需，也在需求侧上下功夫。但是经过几十年的高速发展后，中国经济已由高速增长阶段转向高质量发展阶段，供需错位成为阻挡中国经济持续增长的新的障碍。从国家战略层面来看，2015 年 3 月 5 日，李克强在政府工作报告中首次提出“互联网 + ”行动计划，推动移动互联网、云计算、大数据、物联网等与现代制造业结合，促进电子商务、工业互联网和互联网金融健康发展。在当时，中国已经形成了互联网的规模优势和应用优势，推动互联网由消费领域向生产领域拓展，加速提升产业发展水平，增强行业的创新能力，构筑经济社会发展新势能和新动能。

2015 年 11 月 10 日，习近平在中央财经领导小组第十一次会议上强调，要在适度扩大总需求的同时，着力加强供给侧结构性改革。2016 年 1 月 27 日，习近平又主持召开中央财经领导小组第十二次会议，研究供给侧结构性改革方案。2017 年 10 月，十九大报告指出，必须坚持质量第一、效率优先，以供给侧结构性改革为主线，推动经济发展质量变革、效率变革、动力变革、提高全要素生产率。[109]

浙江省为实现《中国制造 2025》与“互联网 + ”两个任务目标，将发展重点落在新型产品、专用电子产品、高端装备的开发设计以及集装备、软件、在线服务为一体的集成设计上，并制定了一系列工业设计发展指导意见。

（1）支持做强产业链、主攻短板的产业技术创新。从注重对产业链横向支持转向对产业链纵向垂直支持，按照“围绕做强产业链、部署创新链”的要求，把影响产业链做强的薄弱环节作为产业技术创新的主攻方向，支持以企业为主体主导开展技术攻关，补齐产业链上下游的技术短板，为工业设计提供创新链源头支撑。

（2）支持新技术在新产品开发中的广泛应用。重点支持网络技术、智能技术、节能减排技术、新材料技术、生物技术等在新产品开发中的利用，尤其是大力支持网络技术在新产品开发中的利用，实现产品的智能化、网络化，增强产品功能，提高竞争力和附加值。

（3）支持工业设计服务市场的培育。支持制造企业购买工业设计服务，做大工业设计服务市场，带动工业设计产业发展。推动建立制造企业与设计企业的协同发展机制，开展订单式、契约式、股权式等多种形式的工业设计服务。鼓励支持高端设计、研发机构或个人，通过线上、线下平台，承接国内外企业、机构发包的设计项目，努力提升浙江工业设计品牌。

（4）支持企业高端设计团队的建设。加强高等院校工业设计专业教学能力建设，鼓励校企合作开展工业设计人才培养。支持企业引进国内外顶尖工业设计人才，落实各项人才支持政策。支持工业设计企业通过引进国内外设计师、退休工程师加强设计团队建设。重点支持机械与电子一体化、传统产品智能化、多学科组合的工业设计人才团队建设以及工业领域重点企业设计院、具备“两化”融合设计创新能力的工业设计企业、时尚品牌的工业设计团队建设。

（5）支持节能、环保、安全产品和智能化、自动化装备的市场开发。通过加大对购买节能、环保、安全等新产品以及“机器换人”自动化、智能化装备采购的补贴力度，并开展应用示范，引导和扩大社会对节能、环保、安全等新产品以及自动化、智能化装备的应用需求，带动相关产品和装备的设计与开发。

（6）支持设计人才创办工业设计企业。发挥省和市、县等各级特色工业设计示范基地的资源集聚和平台支撑作用，为工业设计人才创业提供房租优惠、创业资本、市场开发以及设计数据库、设计软件与设计装备使用等支持和服务。

（7）支持工业领域重点企业设计院的创建。选择符合条件的制造企业和工业设计企业开展工业领域省级重点企业设计院的创建试点工作，主攻以“两化”深度融合为方向的新型产品、专用电子产品、高端装备的开发设计和集装备、软件、在线服务为一体的集成设计。重点企业设计院实行责任书合同制管理、失信惩戒、动态考核评价制度，通过省、市、县联合考察确定支持的，由省财政给予每家500万元资助。

（8）支持特色工业设计示范基地专业化发展。鼓励省级特色工业设计示范基地与当地块状经济转型升级紧密结合，围绕解决区域内制造企业的共性设计问题，进一步明确设计定位，创新服务方式，实现专业化发展，支持装备高新区加强专用装备设计基地及装备电子产业设计基地建设。支持工业信息工程公司和“智慧工厂”工程公司发展，发挥工业设计的龙头作用。

（9）支持网络众创设计。支持在省级特色工业设计示范基地创建在线创客平台和创客设计基地。以互联网、物联网为依托，鼓励采用股份制、合伙制或民营独资的方式创建网络众创平台，建设工业设计数据库，提供在线设计工具，办好网络众创设计；推进线上资源和实体经济相结合，整合材料、技术、资金、创意、工艺等资源，推动设计成果产业化，增强平台吸引力。

创立于2015年的中国设计智造大奖（DIA）是由中国美术学院主办，中国工业设计协会和教育部高等学校工业设计专业教学指导分委员会共同协办，浙江省人民政府支持的奖项。DIA中国设计智造大奖是首个中国工业设计领域的学院奖，是一个当代创新设计评价、推广合作的平台，也是一个艺术、科技与商业的跨界创新全球竞赛，更是一个创意转向财富与未来的实体创新加速器。大奖以“人文智性、生活智慧、科艺智能、产业智库”为核心价值观，倡导设计回归“智造”本源，汇聚世界创意资源，以期“集大成智慧，塑智造未来”。大奖立足智能制造大时代背景，独创“金智塔”评价体系，包含三层标准：一是基础标准，强调“设计之技”，包含功能性、美学性、技术性、体验性和可持续性等评价因子；二是核心标准，强调“设计之力”，包含民生贡献度、产业贡献度和未来贡献度等评价因子；三是顶层标准，强调“设计之道”，包含社会影响度、行业示范度等评价因子。

从企业自身发展方面来看，海尔 U-home 是海尔集团在物联网时代推出的美好住居生活解决方案，它采用有线与无线网络相结合的方式，把所有设备通过信息传感设备与网络连接，从而实现了“家庭小网”“社区中网”“世界大网”的物物互联，并通过物联网实现了 3C 产品、智能家居系统、安防系统等的智能化识别、管理以及数字媒体信息的共享。海尔 U-home 用户在世界的任何角落、任何时间均可通过打电话、发短信、上网等方式与家中的电器设备互动，享受安全、便利、舒适、愉悦的高品质生活（图 8-9）。

海尔对 U-home 家电产品研发由隶属于海尔集团的青岛海尔智能家电科技有限公司实施。作为海尔全球智能化产品的研发制造基地，这个拥有近 20 名博士的高素质智能家电专业设计团队主要从事智能家电、数字变频、无线高清、音视频解码、网络通信等芯片以及 UWB、蓝牙、RF、电力载波等技术的研发，并整合全球资源网络，与多家国际知名企业建立联合开发试验室，提出了智能家居、智能社区、智能酒店、智能安防、中网服务、智慧用电等解决方案。

海尔 U-home 以提升人们的生活品质为己任，提出了“让您的家与世界同步”的新

■ 图 8-9
海尔 U-home 家电系列产品

生活理念，不仅为用户提供个性化产品，还面向未来提供多套智能家居解决方案及增值服务。公司倡导的这种全新生活方式被认为是未来家庭的发展趋势，多次得到党和国家领导人的高度评价。在国家和各部委的大力支持下，海尔集团专门设立国家重点实验室，进行科技攻关与成果转化。2007 年以来，我国第一所数字家电类国家重点实验室、第一所数字家庭网络国家工程实验室陆续在海尔建立。

公司在智能家电的研制和生产方面拥有多项专利和自主专有技术，负责起草家庭网络国家标准并提报国际标准。截至 2010 年，海尔参与制定 7 项行业标准、9 项国家标准，提报 3 项国际标准。其中，国际标准项目《家庭多媒体网关通用要求》，于 2010 年 4 月 23 日在 IEC TC100 结束了最终国际标准草案（FDIS）程序的投票，最终以高达 100% 的赞成票通过，标志着此项目已经正式成了 IEC 国际标准。该项目为中国在 IEC Tc100 家庭网络领域第一个国际标准项目提案，它的成功标志着中国在 IEC 的家庭网络领域有了第一个自己主导的国际标准。

技术上的成功应用很快拉动了产业的快速发展。截至目前，海尔 U-home 在哈尔滨、沈阳、北京、青岛、济南、南京、杭州、重庆、太原、呼和浩特等十几个城市建立了样板工程，让越来越多的寻常百姓提前步入“未来之家”，感受数字科技带来的无穷魅力。无线通热水器、时空舱热水器、短信空调、U-cool 超低温冷柜等网络家电更是早已形成量产，进入千家万户。

为了推进中国家庭网络的研发以及标准化、产业化的发展，2001 年年底，由国家相关部委组织成立“中国家庭网络标准工作组”，海尔集团出任工作组组长单位。在国家相关部委的大力支持下，2004 年海尔集团牵头组建了“家庭网络标准产业联盟”——ITopHome（简称 e 家佳），推进中国家庭网络标准化和产业化的发展。截至目前，e 家佳共拥有国内外成员单位 270 多家，涵盖了家电、通信、芯片、IT、建筑、集成、安防、音视频、网络运营等众多领域，联盟成员内部各品牌产品采用同一标准实现互联互通。

随着时代的进步，人们对个性化定制的需求越来越高，仅依靠商场提供的信息来引领消费者购物的时代已经一去不复返。现在的消费者在挑选洗衣机、电冰箱时，不仅考虑性能，还要看是否符合家庭的装修风格，与其说消费者需要的是简单的一件产品，不如说他们在为自己确定家庭环境的风格。因此，改变传统单一化大规模制造的生产方式，转而以用户需求为核心的定制是产业成功转型的关键，这不仅可以缓解当前中国家电产业面临高存货和成本上升的压力，而且可以满足用户逐渐升级的个性化需求。

由此，海尔集团采用大众化定制模式为客户量身打造产品，提供各种优质服务。大规模定制在海尔的体现就是“互联工厂”。海尔在河南省郑州市建立了互联工厂，允许网络买家根据自身的需求在线操控生产流程，定制产品，实现大众化定制。海尔大规模定制模式在产品设计阶段就面临各种挑战，但是郑州的工厂通过高度自动化解决了难题。例如，用户在网上下订单，空调安装专业人士就能掌握各类尺寸等数据，

■ **图 8-10**
海尔洗衣机可实现个性化定制

和用户一道定制设计方案，甚至连用户的名字、照片或者标识都能在产品中体现。

2007 年 9 月 20 日，作为海尔高端品牌的卡萨帝在于北京举行的“现在，进入未来——Casarte 生活品鉴会”上正式发布。同年，卡萨帝洗衣机荣获德国汉诺威工业论坛设计中心颁发的拥有“设计界奥斯卡”之称的“iF 产品设计奖”（iF Product Design Award）。卡萨帝洗衣机的亮相为海尔洗衣机的高端定制拉开了序幕。近些年的洗衣机存在的一个很明显的问题是产品同质化相当严重。在这样的背景下，行业里催生了各种新技术的产品，同时，智能化和清洁健康功能也成了行业的发展趋势。作为具有创新基因的家电企业，海尔于 2015 年建造了智能化十足的可视互联工厂，首批由 50 万用户参与众创定制的洗衣机正式投入生产（图 8-10）。

凭借多年的积累，海尔通过打造全球首创的工业互联网平台 COSMO Plat，走出了一条“中国智造”的发展新路——从 2015 年试水互联网工厂转型，两年间 8 个“以用户为中心、用户全流程参与定制”的互联工厂全面落地，定制占比 57%，订单交付周期缩短 50%，效率提升 50%。而在互联工厂基础上不断升级的 COSMO Plat，于 2017 年正式提供社会化服务，打造海尔互联工厂样板。海尔可视互联工厂可以让用户通过 PC、手机等终端实时看到生产信息，如何时排产、何时上线等，并看到核心模块的供应商信息，以及安全、噪声等核心质量信息。虽然未必每个用户都愿意花时间去“监控”这一切，但是这样可以实现透明化的生产，基于先进的智能化和信息化技术，采用高柔性的自动无人生产线、全程订单执行管理系统，装配了 200 多个非接触式自动识别数据采集点（RFID）、4 300 多个传感器，60 多个设备控制器，以此来实现设备与设备互联、设备与物料互联、设备与人的互联。与此同时，海尔还提出了“5G 智慧家庭”概念和实验室，全屋的电器都是反应迅速的“机器人”，主动为用户提供互联互通的智能服务和电器背后的生态服务。

海尔联合中国移动、华为等行业先锋，在多领域展开合作，共同迎接5G时代的机遇与挑战。2019年年初，中国移动青岛分公司携手华为在海尔园区部署首个5G站点，在5G智能家居、5G智慧园区、5G智能制造等方向上展开试点验证工作。2019年2月25日，海尔携手中国移动亮相巴塞罗那世界通信大会，联合发布5G智能制造应用。以后各方还将就5G与个人、家庭、政务、行业等更多应用场景的融合进一步深入合作，共同迎接5G时代的到来。

海尔Ubot家庭智能机器人由上海木马工业设计有限公司设计，定位家庭使用，高60厘米，可以模仿人类的双臂做出各种表达情感的动作，设计目标是让"她"成为6～8岁孩子的伙伴。Ubot智能机器人支持语音唤醒，通过触碰头部可以将其转至待机状态。用户可以通过语音识别功能对其下达开启家用电器、报告天气情况、设定闹钟、检测空气质量和环境噪声、讲笑话、音乐伴跳舞等指令。由于具备了强大的角色功能，机器人可以承担起诸如儿童启蒙陪伴、家庭管家、老人贴心陪护等日常生活助手等责任，特别是在家庭主人不在场的情况下，可以通过无线视频与小孩或老人进行互动（图8-11）。

设计师在设计这个产品的时候不断地强化了"主动性交互"意识，也就是说通过具有全局观的设计思考，将潜在的交互可能性发掘出来，在用户尚未发出指令时就进行提示，在用户发出指令以后能够及时反馈，通过这种方式给用户带来惊喜。设计师的研究表明，一味依赖用户指令的智能产品会使用户产生"疲劳感"和"抗拒感"，而通过"主动性交互"可以让"提示—指令—反馈"形成一个动态的循环，从而使用户拥有更好的体验。一般来说，智能化工业装备操作的交互可以通过反复训练操作者来达到正确交互的目的，但是日常生活类智能产品设计却要通过设计师的感知和创新的设计思维来完成，这就需要设计师不仅要围绕着产品的外观造型、色彩、肌理、材料来设计，更要进一步拓展新技术的可能性，创造产品使用的场景，发掘各种技术系

■ 图 8-11
海尔 Ubot 家庭智能机器人

■ **图 8-12**
360S1 型安全指纹锁

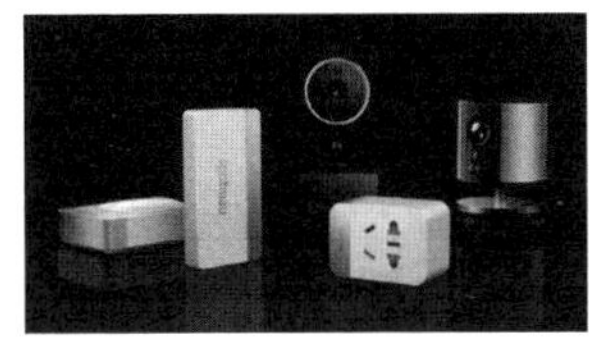

■ **图 8-13**
斑点猫智能家居系列安全防护产品

统中与用户交互的可能，并将之融合在设计对象中。

尽管“主动性交互”设计至今没有一个明确的定义，但在当下已经被设计师发挥得淋漓尽致。华为终端有限公司推出了华为智慧屏 X65 电视机，用户可以通过语音、手势与其互动，摄像头支持多方通话，满足生活、办公会议等不同场景的需要，内部通过扁平化低音单元、超薄电源、变相散热器以及首次应用于电视机的全铝合金一体成型机壳等设计，实现了超薄机身造型。产品可以实现手机投屏，配有 14 个扬声器组成声场，为用户带来了沉浸式的体验。该产品获得 2020 年中国创新设计红星奖金奖。

智能锁作为智能家居的入口级产品以及家庭智能安防的核心单品，其产品地位越来越突出，渐渐成为一门新兴的独立制造门类。因此，智能锁赛道上迎来了众多制造商，不仅有来自欧美、韩国的老牌企业，中国的互联网公司、家电厂商、通信设备商、创业公司也加速进场，共同争夺每年上百亿的市场。浪尖集团设计的智能锁采用指纹、芯片、钥匙三种开锁方式，不提供 IC 卡和远程开锁功能。该产品采用优质不锈钢作为锁具的机身，突出产品的品质感，同时与相关行业合作集成了多种技术，设计时考虑将把手的功能融为一体，充分考虑了使用者的体验感受（图 8-12）。斑点猫智能摄像头是浪尖设计集团智能家居系列中安全防护类的核心产品，采用万向节调节摄像头角度，用户可以通过手机随时观察家中各处的情况，产品在材料选择、组合方面经过了多次的实验和设计修改，以及用户体验测试，目标是从产品形象创新着手，区别于以往既定的廉价形象，使之成为高品质的产品（图 8-13）。

历经计算机软件来辅助设计师工作后，人工智能渐渐替代了部分重复性的设计工作。使得将单一产品迅速拓展为丰富的系列产品成为可能，进一步满足了消费者个性化的需要。这种转变不仅是设计技术手段的迭代，更是设计师的思维从终端思维转向终端 + 平台融合的拓展。这需要设计师在构思产品的时候，将早期形成的粗略的概念、意象、风格等信息，通过构建产品风格信息模型来萃取语义，不同风格意象所对应的造型风格的结果，通过设计师主观评价，可以帮助设计师加快决策过程，并高效率地设计系列产品。此举特别可以赋予已经被固化了形态的传统日用产品以新的生命。

设计师庄稼是工程专业出身，2011 年赴澳大利亚新南威尔士大学美术学院学习，2016 年获得设计和哲学双硕士学位，擅长计算机参数化设计，之后参与了大量的工程实践和产品设计。回国以后，庄稼开始创业，主要是用计算机参数化技术对传统的玻璃器皿进行创新设计。他设计贝塞尔花瓶的初衷是想满足使用者对水的幻想，同时探索新一代智能设计。这个作品是采用全参数化和人工智能辅助设计的成果。贝塞尔花瓶的设计灵感源自自然水波的形态。花瓶表面高低不一的起伏纹路是贝塞尔曲线，每一个起伏跟随由人工智能筛选出的规律进行变动，最终以偏微分方程曲线融入光滑的造型中。表面纹路在花瓶的下部最明显，向上逐渐变浅，直到在顶部消失，同时瓶身表面任意一点都满足全向光滑的要求（图 8-14）。

水波是一种能量传递形式，当波源开始振动时，介质中的其他质点就以波源的频率做受迫振动。这些简谐运动的质点可以通过点阵表达（图 8-15 ~ 图 8-17）。

平面水波的参数化完成后，通过拓扑变形把它塑造成理想的三维造型（图 8-18 ）。

但是，公式生成的造型太过机械，要想达到生动自然的造型，需要对花瓶表面上千个起伏进行独立调整。设计师庄稼采用人工智能来完成这一工作——花瓶的算法以遗传算法为核心，给出设定的环境方程，样本淘汰率设定为 50%（图 8-19）。

在电脑上完成设计方案后，通过 CNC 加工模具，以 0.001 毫米的加工精度还原数字模型。得益于 NURBS 的参数化建模方式配合 5 轴联动的数控机床，即使是造型上的极其细微的变化，也能在最终作品中表现出来（图 8-20）。

■ 图 8-14
贝塞尔花瓶产品

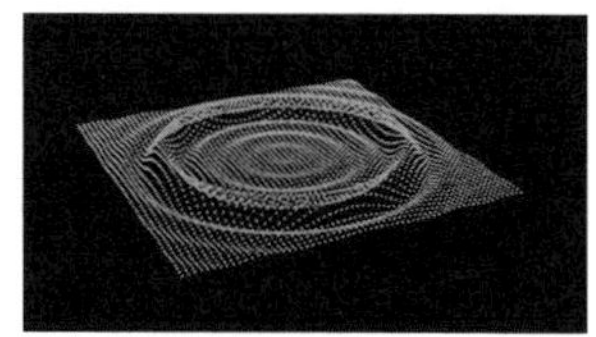

■ 图 8-15
将波动方程输入计算机生成

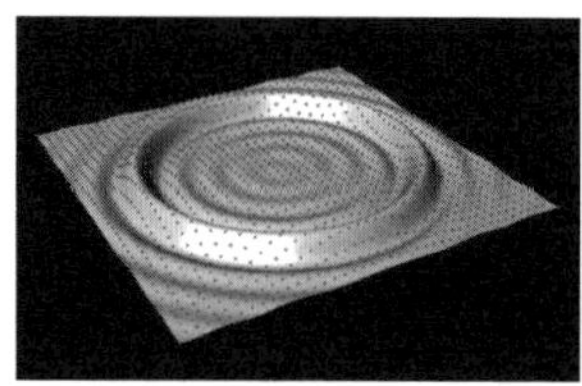

■ 图 8-16
利用贝塞尔偏微分方程插值生成光滑连续的曲面

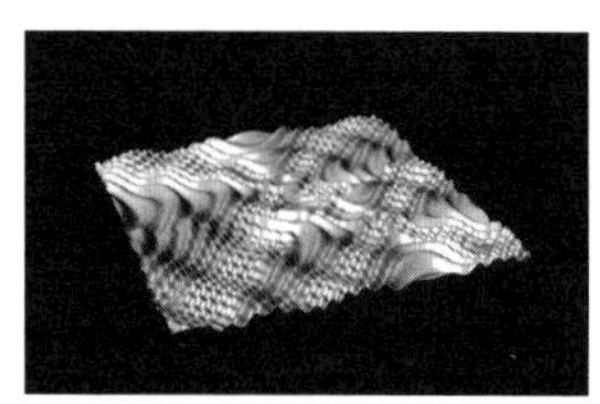

■ 图 8-17
输入多个波源获得干涉图案

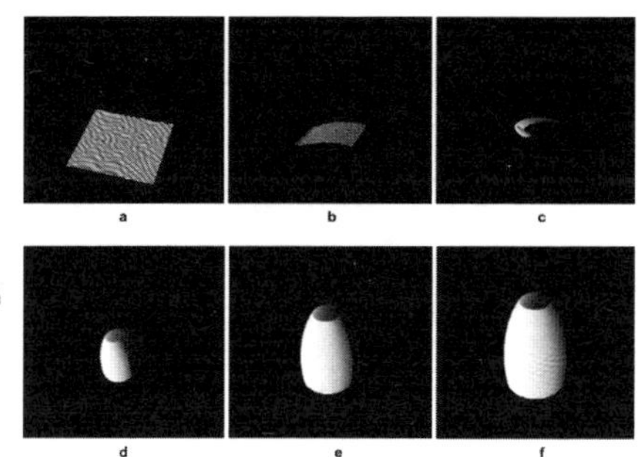

■ **图 8-18**
拓扑变形的过程（a-f）从平面转换成三维形体

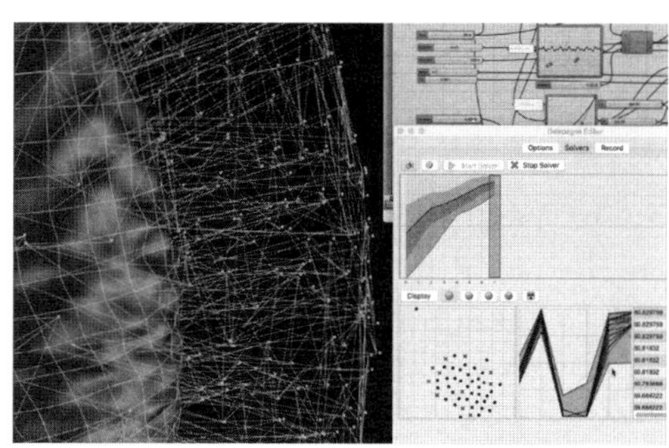

■ **图 8-19**
人工智能的润色让表面数千个起伏变动更加自然

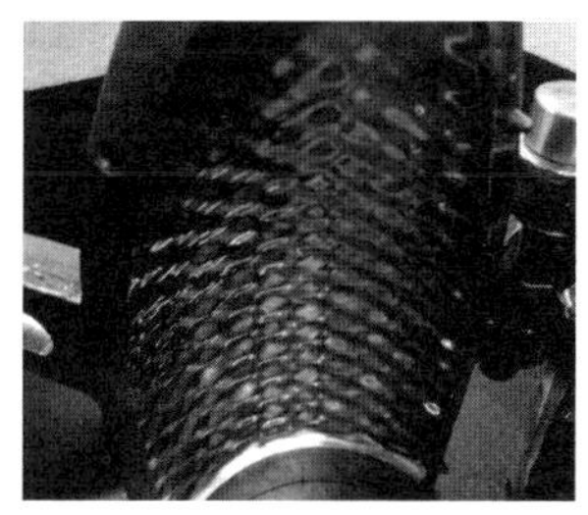

■ **图 8-20**
加工出的模具内表面，数字模型中的每个细节都被完整表现

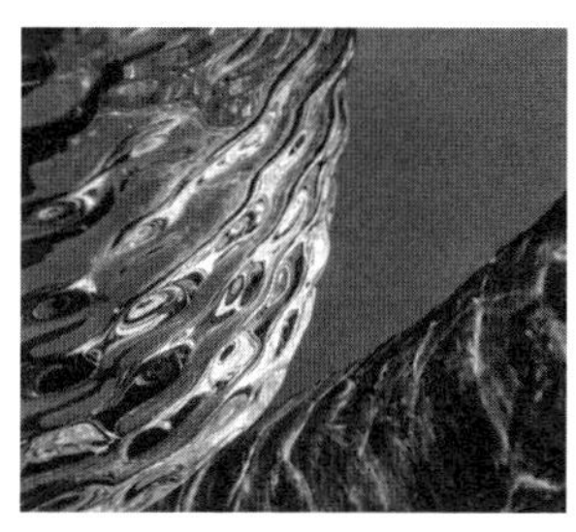

■ **图 8-21**
呈螺旋状折射的光线

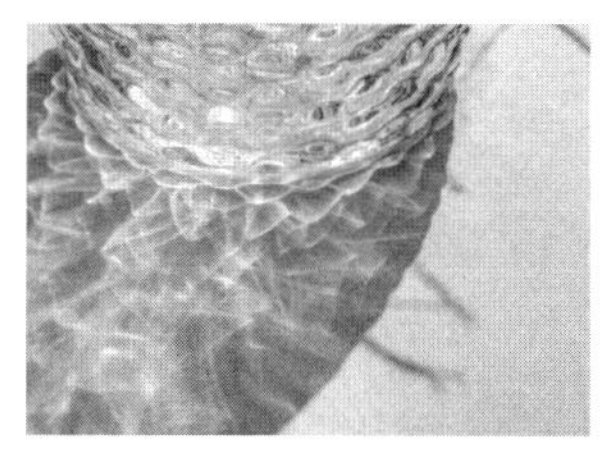

■ **图 8-22**
花瓶的投影交错重叠的复杂形态

贝塞尔花瓶是在四维参数空间中生成的，本身具有高维几何体的特征。这些特征通过光线在玻璃内的折射、反射和投影表现出来（图 8-21、图 8-22）。

反观历来被认为技术、工程、设计集成度极高的轿车开发设计领域，在电动化与智能化来临的时代，其市场竞争日益激烈、用户群体逐渐年轻化，多重因素叠加在一起督促着轿车推陈出新，不断破界，炫酷、科技感、未来感的造型也越来越成了主流。简言之，轿车已经不是简单的移动工具，且不只是一般意义上用来满足人们对舒适驾驶和操控乐趣的需求的交通工具，而要使其成为一个智能体，不仅会和用户产生交互，而且其中搭载的人工智能系统可以判断驾驶员的情绪，和驾驶员聊天，甚至可以通过逐渐了解他们的兴趣以及喜好来做出相应的反应，还会和汽车周边交通个体产生交互，如车外的行人、其他智能汽车、交通基础设施等。当行人即将穿过街道时，需要能很好地知晓智能汽车的下一步行为，即智能汽车的意图。利用电子显示屏向周围的行人显示交通标识信号，同时发出诸如“安全行驶”的声音提醒，甚至通过安装电子眼或机械手臂的方式向行人示意。智能汽车和周边车辆的关系同样会呈现出情感交互特征，它与周边车辆的互动不再只是通过鸣笛或车灯信号进行，而是可以通过多种形式和与之相遇的车辆进行交流。这有助于形成良好的未来交通出行“礼仪”与规范，重构有温度的情感交互关系。[110]

在 2016 年广州国际车展上，广州汽车集团正式发布了全新智联电动概念车——EnLight 概念车。该车由广汽研究院自主研发，搭载纯电动动力系统以及无人驾驶技术，体现了广汽集团在电动化、智能化、网联化等方面的发展方向。EnLight 概念车采用跑车的车身结构，车门采用夸张的鸥翼门设计，前脸造型圆润，车尾线条犀利，采用贯穿式尾灯。汽车内饰设计具有科幻色彩，“方向盘”采用手柄式设计，除此之外，仪表台无其他模块，且无加速和刹车踏板，配备自动驾驶系统（图 8-23）。EnLight 概念车通过轮圈处安装的电机实现四轮独立驱动，提供自动驾驶与手动驾驶双重操控模式，代表了广汽品牌最先进的科技水平和对未来汽车发展的畅想。

■ 图 8-23
广汽 EnLight 新能源智能概念车

作为一台出自传统汽车企业的产品，EnLight 概念车与同类产品最大的区别是搭载了更多未来的技术，能够更深入地探讨未来人与车之间的关系变化。为了满足互联网时代新兴用户的多样化需求，设计团队还将加强对新能源专属底盘系统、石墨烯材料、车联网大数据平台、VR 可穿戴设备等前瞻技术的深入研究，力求全方位地打造基于未来驾驶情境的，具有电动化、智能化、网联化、情感化特性的驾乘体验。设计总监张帆认为，随着技术的进步，汽车会更加重视人的体验，而技术的进步就是那些让你看不到的技术，以此来满足人性化、个性化的需求。

2023 年，德国国际汽车及智慧出行博览会于 9 月 5 日在德国慕尼黑正式开幕。该博览会前身为每两年举办一次、被誉为世界汽车工业“奥运会”的法兰克福国际车展，参展的中国新能源汽车大放异彩。而此前在 2021 年上海国际车展、2023 年的广州国际车展上，其实已经可以充分看到中国车企自我突破、自我更新的成果，聚焦数字化前瞻性设计，体现“新世代”审美特质的产品悉数亮相，甚至出现了“飞行汽车”的概念设计，在设计方面的求新、求变的意识十分清晰。正如 2023 年 6 月 17 日，在第十五届中国汽车蓝皮书论坛上，业内人士所表述的那样：与燃油车时代相比，如今的新汽车似乎更容易陷入同质化的“迷宫”。一方面，业内对于电动化的趋势已基本达成共识，新能源赛道拥入众多选手，汽车设计定位、受众可能重合；另一方面，市场竞争日趋激烈，车企的任何一个决策都至关重要，设计师试错的代价和成本十分昂贵。再加上设计受限于法律法规的限制，以及同是源于技术路线的变化和对更长续航、更智能化的追求，各种品牌的同质化现象似乎无法避免。随着 AIGC 突破式发展，其基于基础大模型的调用，可以用于设计构思模块的创意辅助，在提高设计效率的同时，要求要更多地去评估设计能给消费者提供的价值是什么，如果仅仅追求设计的美感和独特性，并不能保证产品在市场上获得成功。这需要设计师在设计过程中充分考虑消费者的需求，包括功能性、实用性和价格等因素，只有在这些因素的基础上，才能创造出真正具有竞争力的产品，赢得消费者的青睐。

在全球范围内，高端医疗健康领域的产品一直由为数不多的诸如苹果公司、西门子公司、飞利浦公司等创新型跨国公司独占鳌头，近几年中国一些年轻的高科技企业已经取得了巨大的突破，以上海联影智能医疗设备公司自主研发生产的高端 128 层螺旋 CT 为代表的高端医疗产品已经在各大医疗机构广泛使用，成为国外产品的替代品。清华大学美术学院赵超长期致力于工业设计的跨学科研究与实践，他所带领的工业设计系和健康医疗产业创新设计研究所不断探索创新设计的理论与方法，并致力于将研究成果进行产业转化与应用。他与中国科学院院士吴孟超和中国工程院院士程京合作，设计了一系列医疗健康产品夺得多项国内外设计大奖，证明了我国在生命科学与健康医疗产业的工业设计创新和人性化体验设计上已经达到国际领先的水平。六项呼吸道病毒核酸检测产品是全球首个可以在一个半小时之内检测包括新型冠状病毒在内的六项呼吸道病毒的诊断系统，只需要采集患者的痰咽拭子、痰液样本，就可以一次性诊断呼吸道病毒。这个系统采用大批量、模块化、高通量的快速组装和检测模式，安全、智能、易用，可以应对突发性大规模诊断需求。研发团队通过设计优化了制造工艺，缩短了研发的时间，实现了快速生产，可以适应不同救治环境的需要（图 8-24）。

■ 图 8-24
新型冠状病毒感染及六项呼吸道病毒核酸检测产品

5 绿色生活与可持续发展中的设计新价值

2007 年，党的十七大第一次使用了“生态文明”的概念，要求在全社会牢固树立生态文明概念。2012 年，党的十八大进一步把生态文明建设纳入中国特色社会主义事业“五位一体”总体布局。2015 年 4 月，《中共中央、国务院关于加快推进生态文明建设的意见》（以下简称《意见》）明确了生态文明建设的总体要求、目标愿景、重点任务、制度体系。

《意见》提出，生态文明建设的主要目标是，到 2020 年，资源节约型和环境友好型社会主义建设取得重大进展，主体功能区布局基本形成，经济发展质量和效益显著提高，生态文明主流价值在全社会得到推行，生态文明建设水平与全面建成小康社会目标相适应。[111]

在生态文明建设中，坚持把节约优先、保护优先、自然恢复为主作为基本方针；坚持把绿色发展、循环发展、低碳发展作为基本途径。

从装备工程机械绿色设计角度来看，根本上是要研发新能源、使用新能源，从源头降低对生态环境的影响。通过研发天然气、液化气在装备工程机械上的应用，提高资源利用率，缓解目前燃油资源日益匮乏的问题。对于生产后续“三废”的无害化处理、废气再循环、催化净化处理也是必不可少的。与此同时，不能忽视环境噪声对人体健康的影响，应采用良好的减震材料、弹性支撑、隔音罩等措施，从噪声源及噪声传播途径有效控制噪声的影响。再就是要准确掌握加工过程中各环节的生产时间、人工的使用情况以及具体细节，避免人工和时间等资源的浪费。设计涉及绿色材料、绿色工艺、绿色制造三个环节。

绿色材料指的是在应用绿色设计与制造技术进行工程机械生产的过程中，在材料选择方面要尽量选取能耗低、噪声小、无毒性、不会对环境造成污染的材料进行生产。在选择材料的过程中，通常会对材料的原材料先进性、生产过程的安全性、材料使用的合理性以及材料使用后的回收利用价值等进行考虑，若明确材料在使用过程中存在有毒或污染环境的情况，则要寻求满足工艺要求的替代品，同时要采取减量化行动、进行资源循环利用，以满足现代工程学要求。

绿色工艺是指利用现代科学技术减少对生态环境和人类健康的影响，通过采取有效的节约资源措施来提高原材料利用率，达到用料少、耗能低、废物少的目标；减少机械制作对于环境和能源的压力，做到设计工艺满足于生态环境的协调发展。

绿色制造是指控制机械生产过程中的能源消耗及有毒有害物质的排放。例如，采用非调质钢，降低调质工序中的能耗；采用减震、消音、封闭措施降低噪声污染；采取提前预处理的方式，以减少后续生产过程中污染物的排放；采用水蒸气、液氮、空气冷却等新型加工方式，充分利用余热等。因而在设计时还要考虑到用可循环利用制造技术使将达到报废标准的工程机械，能够实现便于拆装、清洗，零部件易解体；部分零部件拆卸后可以再利用，或通过简单处理后，可利用于其他设备设施中，达到循环再利用的目的。例如，减少在塑料部件中加入金属骨架，避免报废时难以拆开，不利于回收利用及后续工艺处理。[112]

在日用产品方面，从中国传统的造物理念中汲取营养，对传统材料进行新的开发，是当代中国设计师践行绿色设计的重要任务。中国古代造物讲究“审曲面势，以饬五材”，意思是在造物时要尊重材料的性格，因材施用，充分发挥材料特点。在中国传统造物活动中，竹材是被广泛使用的材料之一。选用竹子作为材料，首先是考虑到其快生、坚韧的特性。竹材具有高度的韧性，与木材相比，在承受相同强度的情况下，竹材的体积可以缩减一倍；同时，竹材具有极佳的吸振特性，是适用于制作自行车的材料。作为一种快生植物，竹子一般 3 ~ 4 年就可以成材，极具环保性。另外，竹在中国文化中也有着独特的精神投射。无论从哪个角度来讲，竹材都是较佳的实践材料。英国著名科学史家李约瑟（Joseph Needham）在《中国科学技术史》（*Science and Civilization in China*，1945 年）中提到：“东亚往往被称为‘竹子’文明；有证据表明，商代已经知道竹子的多种用途，其中一种用途就是用作书简。这些书简和保存至今的汉初书简大致相同，竹片或木片上写上文字后，用两根绳子将其编缀在一起，因而有‘册’这个字。我们从‘册’字的甲骨文形象可得知，此字就是用来描述一部书的形状。‘典’字也是如此，它现在虽作字典解，但当时却表示放在桌上，即放在受尊重的位置上的一部书。”[113]

2011 年，杨文庆在致力于中国设计研究时，提出了“CHINA INSI”设计理念，意即“CHINA INSIGHT”（中国智慧）与“CHINA INSIDE”（中国内涵）的融合。运用中国的思维观念，来体现中国的文化内涵，而不是简单的中国符号装饰。最为重要的是要与现代生活和新趋势相结合，这样的“中国的设计”才更有意义，也更具活力。老牌国产自行车品牌永久与杨文庆合作，推出了竹自行车“青梅竹马”。在“青梅竹马”竹自行车的设计中，“CHINA INSI”得到了充分的贯彻与实践。在设计的阶段，“真实”是最核心的设计准则。竹子韧性虽好，但普通毛竹的刚性并不能满足自行车需要承受反复振动和冲击的要求。永久和设计师在云南中缅边境海拔 2 000 多米的高山上找到了理想的竹材。精心挑选的竹材与自行车完美适配，这使得材料本身的纯粹性得以很好地体现出来。有意识地最大限度地保留材料原始面貌，有意暴露工艺、结构，而不做掩饰，真实地表达事物的本质。这也承袭了中国古代建筑的“结构装饰主义”手法，以暴露的结构件传达出真实的技术之美，如斗拱、明代家具中都有所体现。[114] 永久“青梅竹马”竹自行车正是在这样的思考中萌芽的。设计师希望能够通过这样一种充满诚意的设计，重塑物品与人的关系，产生新的对话与体验，重构当代社会的全新和谐。同时，竹车上的每根原竹都刻上了竹子的生长年份和海拔高度，相当于唯一的身份印记，这为每辆自行车都增添了富有意味的独特性。

随后，为了让竹材适用于自行车的使用环境，永久进行了一系列的技术创新，包括防腐、防潮、防暴晒的处理，须经过 20 多道工艺方能完成。经过上万次的强度测试和不断改进，最终呈现出成熟的量产型竹自行车（图 8-25）。

在家具中使用竹集成材并通过设计使之具有个性同样是生态文明的价值体现。通过对竹胶合板或集成材等竹板材料的二次设计，可以制作成现代竹家具。这一加工手法是目前我国竹家具产业化的重要手段，可以将自然生长的不规则竹材转化为可以工业化、批量化生产的竹板材。常见的竹集成材家具可分成三类：一是以榫接合为主的传统家具结构形式，其造型和结构上类似传统的硬木家具；二是现代板式结构的竹集成材家具，可实现标准型部件化的加工；三是弯曲家具，在传统的圆竹家具的基础上，主要发挥竹材在纵向上较好的柔韧性，通过高温烧制，把竹材弯曲成各种形状，使其看上去自然、美观。

现代竹集成材家具的感觉特性主要由其视觉和触觉两大部分组成。欣赏一件家具，最容易让人印象深刻的一定是它的色彩，然后才是造型、肌理等元素。色彩常常通过视觉作用于心理来影响人的情感。现代竹集成材家具主要有两种色彩体系，一种是竹本色的浅黄色系，另一种是炭化后的咖啡色系。这两种色彩体系赋予立体的家具以雅致、稳重、统一、自然、简朴、安静、和谐的感觉。竹集成材的表面和边部都可以进行雕刻铣型，且不易出现毛刺。相较于木质人造板，竹集成材加工更简单，灵活性更高；相较于实木，竹集成材力学性能优良，是替代实木的最佳再生材料。基于这些优势，竹集成材可以与多种材料和谐地搭配使用，不仅能拓宽设计的思路，还可以使产品更加美观、合理。竹集成材家具还便于拆装，适合制成模块，易于实现工业化。在环保方面，由于竹集成材的游离甲醛释放量低，还有较强的吸附能力以及辐射远红外线的功能，因此也是一种绿色材料。[115] 广东工业大学艺术与设计学院院长方海主持的相关研究不仅在设计理论、方法、制造工艺上具有重大突破，还具有很高的商业价值。其团队设计的竹家具，既保留了中国传统座椅的基本造型，又根据人体工学的原理进行了改良，同时最大限度地展示了竹材的特点，在第三届中国设计大展上受到观众青睐（图 8-26）。

现代竹集成材家具的触觉特性也与众不同。材料表面的冷暖感觉和导热系数的对数呈线性相关，如木材顺纹方向的导热系数一般是横纹方向的 2 ~ 2.5 倍，使得木材的纵切面的温暖感比横断面略强一些。作为以竹片为原料的竹集成材，其成品表面的纹

■ 图 8-25
“青梅竹马”竹自行车

■ 图 8-26
在第三届中国设计大展上展出的由方海团队设计的竹躺椅、竹圈椅

■ 图 8-27
严健强、章伟、李伟为阿里巴巴农业生态葡萄设计的包装盒

理继承了竹材通直的线性纹理，与木材顺纹相差无异。[116]因此，与木材一样，竹集成材导热系数适中，用其制成的家具给人以较为温暖的感觉。竹集成材表面所具有的天然致密通直的纹理、错落有致的竹节，赋予了现代竹集成材家具表面特殊的自然肌理与触感，与金属、塑料不同，这种柔和的触觉体验易给人带来亲切、温暖的感觉。

在绿色设计中还有非常重要的一个组成部分，即绿色包装设计。绿色包装设计的第一个原则是使整个包装生产过程成为绿色系统，其各个环节，要素均为无污染环节，以此全面地保证最终产品的绿色。第二，在生产过程中要节约能源，节省材料，充分利用再生产资源。第三个原则是产品的 4R1D 原则：包装设计减量化（Reduce）、包装利用重复化（Reuse）、材料使用循环化（Recycle）、资源利用再生化（Recover）、包装废物降解化（Degradable）。

适度的包装设计是现代包装设计的主流，它推崇的是最简单的包装结构、最节省的包装材料、最洗练的造型、最精炼的文字及准确无误的信息表达。它开创了一种清新简洁、自然随意、淡泊宁静、洒脱自信的设计思路。如今，伴随着节约能源、保护环境等新兴价值观获得大众的认同，设计师的创意也开始投向简洁、清新、自然的风格，同时着重使用环保材料，进行适度包装的设计。中国包装设计师近年来都在这方面做了有益的尝试，并且得到了国际同行的高度评价。华东师范大学设计学院陈金明教授带领学生多次夺得德国红点奖（图 8-27 ~ 图 8-29）。虽然绿色包装设计已经深深地影响了企业的价

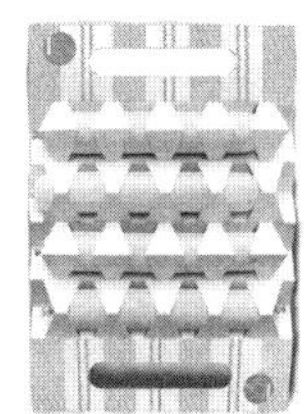

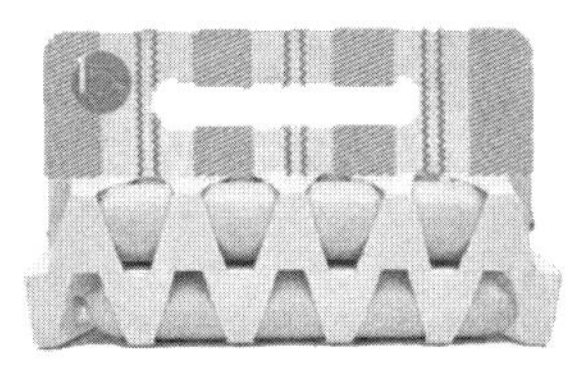

■ 图 8-28
极简主义香肠包装设计

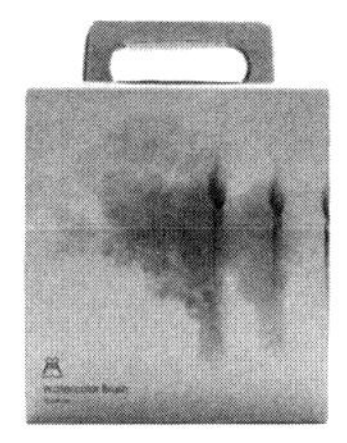

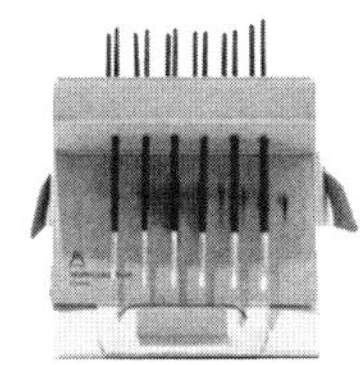

■ 图 8-29
可以作为笔架使用的水彩笔包装设计

值观，也引导了消费者的绿色消费，但是仍然需要在以下几方面进行进一步的探索。

（1）减量化。减小体积、精简结构、降低消耗，在消耗中减少污染、减少垃圾。不追求浮夸的视觉效果，而是追求更加实用的功能。

（2）再生材料的利用。有效利用再生纸、再生纸浆、再生塑料、再生玻璃等作为包装的材料，既可节约能源和资源，又有利于环境保护。

（3）可重复使用化。如汽水瓶、啤酒瓶等玻璃包装就属于可重复使用的设计，有些纸质茶叶筒、铁质饼干盒也可作为一种容器继续盛装其他物品，甚至有些儿童食品包装，其外形设计生动有趣，常常可以做玩具或者容器使用。

（4）再生与再循环化。再循环分为物质回收与能源回收，可以是针对整个社会开放式的系统，也可以是仅对企业商品的再循环系统。

（5）自然材料的有效利用。要有效地利用自然材料，使其发挥最大作用。例如，许多土特产都会采用草绳编织来进行外包装设计，既体现了产品的天然属性，又能兼顾审美和环保效果。而且，这些材料都是就地取材，所以成本低廉，完全符合绿色包装的要求。

近年来，围绕着乡村振兴战略，中国设计师在可持续发展方针的指导下，积极介入农村生态环境保护、手工艺传承与开发等以社会创新为目标的设计活动。这里所说的设计，不再是指以商业目的为导向、设计师作为精英专家主导的传统设计，而是指研究社会创新与可持续设计的活动。著名设计师艾佐·曼奇尼（Ezio Manzini）提出了“下一代设计”（Next Design）等概念：它以社会的真实需求为导向，是“为了激活、维持和引导社会朝着可持续发展方向发展”的社会创新设计，它“发生在开放的协同设计过程中，不同的行动者以各种方式参与其中”。在这种以地方可持续发展和社会福祉为导向的设计与社会转型中，设计不再是自上而下的精英主导式，而是自下而上的包括本地文化持有者在内的所有人都可能参与的活动。设计不仅是“一个广泛的、复杂的社会学习过程”，“所有的设计都是（或者应该是）一种设计研究活动，都应该推动社会的变革”。[117]

湖南大学设计艺术学院自2009年起，针对湖南省通道侗族自治县、隆回县等具备“独特的自然生态环境与丰富的非物质文化遗产”，但经济发展相对落后的少数民族地区的特点，先后在一些偏远地区的少数民族聚居区展开了一系列名为“新通道”的设计与社会创新实践活动。项目结合了传统手工艺与设计，并通过市场来直接创造商品价值，如此一来，不但“非遗”得到了保护，贫困县居民的生活也能得到改善，切实地促进了当地自然、社会、文化资源的可持续发展，并发展出一套“基于社区和网络的设计与社会创新方法”。[118]

“新通道”的实践和理论启发了许多后续项目。其中，2016 年 10 月被教育部评为“十大精准扶贫脱贫项目”的针对湖南省隆回县的贫困山区的少数民族部落花瑶展开的“花瑶花”项目，便是一项立足于当地“非遗”等特色传统文化及自然资源，通过社会创新的协同设计方法“触动”传统社区复兴的典型案例。为期三年的“花瑶花”项目，得到了来自教育部、地方政府、社会企业、当地居民的大力支持。项目组先后联合香港理工大学、伦敦大学玛丽女王学院、米兰理工大学、四川美术学院、清华大学美术学院、新疆师范大学等院校，组建跨学科联合设计与社会创新网络。协同设计成为跨专业的设计师团队与包括当地居民在内的各利益相关者知识共享、创造可分享价值的重要出发点。正因为有了传统社区文化生态体系中最重要的环节——本地文化持有者的主动参与，外来设计团队本着“本土化、国际化、当代化、数字化”原则，针对地方资源搭建知识平台，在“生产性保护”基础上进行“非遗”产品以及各种商业开发模式的探索，才有可能真正实现当地文化与产业创新发展和地域再生，保护并促进当地自然、社会、文化资源的可持续发展。[119]湖南大学设计艺术学院院长何人可在接受采访时表示，老少边地区贫穷而又富有，“我们要做的，是通过设计将当地文化遗产的文化价值转换为经济价值，从而去实现少数民族社会、文化、环境的可持续发展”。信息交互设计组负责地方性知识平台的搭建，开发了应用程序，以“花瑶花”为名上线，并随着项目的不断深入提供及时更新，扩大影响和传播。“花瑶花”应用程序还提供当地的自然资源、文化资源和行为资源的信息，主要源自社区文化与社会学研究、视觉与产品设计、影像设计等各小组在研究、记录和实践过程中产生的各种成果。除了搭建线上地方性知识平台之外，项目组也积极通过各种活动的参与，推广和宣传花瑶的地方知识文化，于 2015 年先后参加了意大利米兰“分享设计——国际文化创客展”及米兰世博会“乡 iang——分享家乡的味道”专题展。由项目组影像设计组围绕隆回国家级“非遗”项目摄制的纪录片《滩头年画》还获得了湖南省首届青春影像电影节最佳纪录片奖，引起了外界对于花瑶文化的更多关注。

“新通道”项目负责人何人可认为，千余年的文化遗产，很了不起，但它不符合今天社会的需要，特别是年轻人的需要。“新通道”项目现阶段思考的主题，是得到年轻人的认同，让年轻人来理解文化的底蕴和特色，让商品的销路更广。传统手工艺是非物质文化遗产中重要的组成部分，是中国广大乡村地区物质生活、精神生活的载体，可以展示乡村的独特生活美学与传统文化。同时，手工艺产品的独特性、可持续性、文化性能够弥补大工业生产带来的诸多弊端。然而，手工艺产品的设计创新现状却不容乐观，一方面，大多数手工艺产品在设计时，仅仅停留在传统造型、色彩、图案等层面的盲目借用，与传统手工艺的文化特质、精神生活关联度低，手工艺人往往被排除在产品的设计制作过程之外；另一方面，手工艺产品的低技术属性以及突破性创新不足，导致难以满足现代消费者的功能需要，消费者只能单方面被动地接受文化输出，难以全面地建立文化联系。

设计也在介入社会创新的过程中，对“社区”与“人”的关系做出进一步思考，从文化的根部探寻地方知识脉络，通过设计师、政府、企业的协同创新，在实现地方产业振兴的同时，恢复地方文化自信，找回社区群体记忆，培养致富带头人。湖南省怀化侗族自治县等地的地道风物经由“新通道”专业设计师的设计和当地传统手艺人的加工后成为商品，被拿到展场上售卖。纯手工的制作和深厚的文化底蕴，增加了商品的附加值。在这些商品中，剪纸、雕塑大多是装饰品；纺织物、编织物都是实用型商品；陶瓷制品大多是为茶道爱好者准备的茶杯茶壶；还有当地的特产茶叶、大米，都被精心包装，成为送给亲朋的不错选择（图 8-30 ~图 8-32）。

■ 图 8-30
作为“新通道”项目标志的“红织机”与致富带头人绣娘

■ 图 8-31
“新通道”项目中的民间面具设计

■ 图 8-32
“新通道”项目中的茶具设计

结语
继往与开来

党的十八大的召开，标志着中国特色社会主义进入了新时代。新时代的一个特征，是全国各族人民团结奋斗、不断创造美好生活、逐步实现全体人民共同富裕。到2035年基本实现社会主义现代化时，全体人民共同富裕必将迈出坚实步伐，人民生活更为宽裕，城乡区域发展差距和居民生活水平差距显著缩小，基本公共服务均等化基本实现；到21世纪中叶我国建成富强、民主、文明、和谐、美丽的社会主义强国时，社会主义优越性必将充分体现，我国人民将享有更加富裕、更加公平、更加安康的生活。[120]

习近平强调："实现中华民族伟大复兴是一项光荣而艰巨的事业，需要一代又一代中国人共同为之努力。"实现中华民族伟大复兴可以用中国梦来概括，这是一种形象的表达，意味着中国人民和中华民族的价值认同和价值追求，意味着每一个人都能在为中国梦的奋斗中实现自己的梦想。因此，中国梦具有广泛的包容性，不仅关乎中国的命运，也关系着世界的命运。新时代中国经济发展的基本特征，是由高速增长阶段向高质量发展阶段发展。高质量发展，集中体现了坚持以提高发展质量和效益为中心，是为了满足人民日益增长的美好生活需要的发展，是体现新发展理念的发展。[121]

从全球的角度来看，经过40多年的改革开放，中国国家实力得到极大提升，与世界的关系也发生了巨大的变化。以中国加入WTO为转折点，如果说此前的"开放"主要表现为中国向世界的开放，通过适应世界的既有规则，吸引资金、技术等要素进入中国，推动经济发展，那么此后的"开放"则更多地表现为世界对中国的开放。发展起来的中国在获得别国更大的市场和资源的同时，中国设计也必定进一步走向世界，与全球先进的设计同台竞技，中国设计走出国门，与世界其他国家和地区的交往不可能局限于经济层面，还必定切入政治、文化等更高层面。全世界不同文化、不同民族接受中国设计的理由、依据是什么？当中国需要全球配置资源并动用相应手段来维护自身利益时，设计可以有什么作为？这些都需要中国设计师做出回答。

从战略角度来看，设计创新不仅是技术的实现、支持制造的活动，设计需要创造中国话语权，这种话语权是一个国家软实力的重要体现。中国制造在走向世界的同时，需要切实维护国家利益，就必须构建自己的话语体系，确保国家的战略利益；而追求利益的行动，必须具有超越利益的理由。能够超越赤裸裸的利益追求，呼应人类的道义诉求，实现行动理由的"普适化"，不但有利于国家实现当下的利益追求，更可以通过树立大国道义形象，增进国家的长远利益。而设计话语能力无疑已经成了国家软实力的重要体现，一个国家的历史文化传统，可以通过“设计话语”进行解读，给出其存在的合理性和相对于其他国家的优越性，这是中国文化自信的重要组成部分。在新的历史条件下，作为中国对外开放和经济外交的顶层设计，共建丝绸之路经济带和21世纪海上丝绸之路的“一带一路”重大倡议，是把中国梦同沿线和世界各国人民的梦想结合起来，为全球发展合作提供了创新思路，为破解全球发展难题贡献了中国智慧、中国方案，彰显了中国社会主义道路自信、理论自信、制度自信、文化自信。而文化自信，是更基础、更广泛、更深厚的自信，是更基本、更深沉、更持久的力量。[122]

从战术的角度来看，中国设计话语体系必须走出“地方性”，随着中国日益深刻地融入世界，长期作为“地方性知识”的中国特色的设计以及相关话语必须升格为“全球话语”。近期有不少学者指出，要从西式设计话语体系中解套，真正形成独立的中国设计理论，首先要将西方国家宣扬的设计从普适性知识降级为地方性知识。这个观点尽管存在明显的逻辑不彻底的问题，但可以从中引申出有意义的思考。而其有价值之处则在于提出了一个重要问题：在将西方设计理论定位于“地方性知识”之后，必须继续追问，在中国提供的“地方性知识”中，是否存在可以为全人类共同运用，从而推动人类社会整体发展的普适性知识？这个问题可以转化为：从民族历史和当代实践中概括总结而成的“中国特色”设计理论和观点，是否具有对人类社会的普适性？能否给出符合逻辑的答案，不仅具有理论意义，而且具有实践价值，因为它直接关系着在风云诡谲的国际舞台上，中国设计能否提出自己的话语体系，能拥有多大的话语权，直接关系着在世界上占据多大的发展空间。

从中国设计话语体系的现实支撑来看，中国设计要真正获得自己的话语权，取得同西方设计在文化上的平等，不但需要跳出作为结论的西方设计成果，更要超越西方设定的具体标准和技术手段，进入“元理论”层面。不同国家的设计话语权的大小越来越多地取决于该国对人类社会共同问题的把握、解读和对策，而具有全球视野则是成为拥有国际设计话语权的先决条件。全球设计的话语离不开全球视野，但只有视野又是不够的。一个国家设计的话语权需要话语之外的支撑，那就是对全球问题提出自己的认知模型和解决方案。近年来，不少学者试图通过重新解读中国传统文化的重要理念，如天人合一、中庸、平衡等，使之升格为国际舞台上的中国设计话语，或直接作为支撑人类可持续发展的理由，其意可嘉，但仍须深化、细化。目标和思路都没错，但如何才能实现？中国式治理的技术方案在哪里？操作方案是什么？有效的机制是什么？如此，等等。如果缺乏新方法和新技术，最终停留在单纯话语的层面，仍然难以转化为国际的设计话语，乃至国际政治中的现实权力。

行百里者半九十，中国设计还正在前进的道路上。以史为鉴，中国创新设计未来的发展也必将体现奋斗目标、实现路径、前进动力的高度统一，体现历史传承、现实任务、未来方向的高度统一；必须体现设计新理论与新实践、新创意与新技术、新话语与新传播的深度互动，为 2035 年基本实现社会主义现代化到中华人民共和国成立 100 周年时建成社会主义现代化强国，从而实现中华民族伟大复兴的中国梦、实现人民对美好生活的向往而不懈奋斗。

参考文献

[1] 王乾厚 . 新中国工业化战略路径演变、反思与展望 [J]. 湖北大学学报（哲学社会科学版），2013（09）.

[2] 赵艺文 . 新中国的工业 [M]. 北京：统计出版社，1957：5.

[3] 武力，温锐 .1949 年以来中国工业化的“轻、重”之辨 [J]. 经济研究，2006（09）.

[4] 关于促进工业设计发展的若干指导意见 . [N/OL]. 2010-08-26，中华人民共和国工业和信息化部官网，www.miit.gov.cn.

[5] 中国口腔清洁护理用品工业协会 . 中国牙膏工业发展史 [M]. 北京：中国口腔清洁护理用品工业协会，2006：54.

[6] 上海地方志办公室 . 上海地方志（美术设计专业志）[M]. 上海：上海社会科学院出版社，2005：231.

[7] 上海轻工业系统的工业设计之周爱华采访 .2010.

[8] 创新设计发展战略研究项目组 . 创新设计战略研究综合报告 [M]. 北京：中国科学技术出版社，2016：6-8.

[9] 王国胜 . 服务设计：中国设计自信力建设的时代 [J]. 设计，2020.

[10] 毛泽东 . 论联合政府，毛泽东选集：第三卷 [M]. 北京：人民出版社，1991：1081.

[11] 中共中央文献研究室 . 建国以来刘少奇文稿：第一册 [M]. 北京：中央文献出版社，2008：30.

[12] 中共中央文献研究室 . 周恩来经济文选 [M]. 北京：中央文献出版社，1993：30.

[13] 中国社会科学院，中央档案馆 .1953—1957 中华人民共和国经济档案资料选编：固定资产投资和建筑业卷 [M]. 北京：中国物价出版社，1998：233-235.

[14] 洪向华 . 强国之路：中国共产党执政兴国的 30 个历史关键 [M]. 北京：九州出版社，2010：33-34.

[15] 鲁令杰 . 设计技术研究工作会议 [J]. 煤矿设计，1957（03）.

[16] 祝慈寿 . 中国现代工业史 [M]. 重庆：重庆出版社，1990：45-46.

[17] 第一汽车制造厂史志编纂室 . 第一汽车制造厂厂志（1950—1986）[M]. 长春：中国第一汽车集团公司志编纂室，1991：4.

[18] 同上：5.

[19] 王莉 .59 式坦克：中国国防史上的不朽传奇 [J]. 军工文化，2017（5）.

[20] 魏宸官 . 难忘的岁月：伴随“坦克设计与制造”专业成长的五十年 [M]. 北京：北京理工大学出版社，2010：51-53.

[21] 徐昌裕 . 为祖国航空拼搏一生 [M]. 北京：航空工业出版社，2006：106-107.

[22] 当代中国丛书编辑部 . 当代中国的航空工业 [M]. 北京：中国社会科学出版社，1988：23.

[23] 顾诵芬口述，顾诵芬，师元光 . 我的飞机设计生涯 [M]. 北京：航空工业出版社，2011：36.

[24] 当代中国研究所 . 新中国 70 年 [M]. 北京：当代中国出版社，2020.43.

[25] 沈阳第一机床厂编纂委员会 . 沈阳第一机床厂志 [M].1987：67.

[26] 彭敏 . 当代中国的基本建设 [M]. 北京：当代中国出版社，2009：235-236.

[27] 袁宝华 . 赴苏联谈判的日日夜夜 [J]. 当代中国史研究，1996（01）.

[28] 孙烈 . 制造一台大机器：20 世纪 50—60 年代中国万吨水压机的创新之路 [M]. 济南：山东教育出版社，2012：46.

[29] 孙烈，张柏春 . 沈鸿领导研制万吨水压机的社会因素 [J]. 企业科协，2006（5）.

[30] 上海人民出版社 . 万吨水压机的诞生 [M]. 上海：上海人民出版社，1965：32.

[31] 孙烈 . 中国技术创新的个案研究：上海万吨水压机 [D]. 中国科学院自然科学史研究所，2007.

[32] 林宗棠 . 历史曾经证明：万吨水压机的故事 [M]. 北京：中国青年出版社，1989：78.

[33] 李萌萌：毛泽东与新中国农业机械化事业 [N/OL]. 2020-09-25，中国共产党新闻网，www.cpcnews.cn.

[34] 周恩来 . 全国人大一届一次会议政府工作报告 . [R/OL] 2008-03-06, 中央人民政府门户网站 www.gov.cn.

[35] 大连机车车辆厂 . 大连机车车辆厂 [J]. 中国铁路，2000（01）.

[36] 赵燕春, 陈岩 . 建国以来大连机车车辆厂内燃机车产品简介 [J]. 铁道机车与动车, 1999(010).

[37] 桑恭 . 丰收 -35 型轮式拖拉机 [J]. 上海机械，1964（10）.

[38] 上海动力机厂 . 丰收 -35 拖拉机的结构与维修 [M]. 上海：上海人民出版社，1970：2-4.

[39] 中国当代设计文献展：许平主导的工程师黄敏口述记录 .2010.

[40] 中共中央文献研究室 . 毛泽东年谱（1949—1976）：第二卷 [M]. 北京：中央文献出版社，2013：116.

[41] 李忠杰 . 共和国之路 [M]. 北京：中共中央党校出版社，2019：16.

[42] 北京市人民委员会国资办 . 关于北京市对资本主义工业社会主义改造情况和当前任务的报告（1956 年）[A]. 北京市档案馆，033-001-001.

[43] 中国工业报社 . 中国工业大事记（1949—2009）[M]. 北京：机械工业出版社，2009：37.

[44] 胡西园 . 追忆商海往事前尘 [M]. 北京：中国文史出版社，2006：239-241.

[45] 国务院关于对私营工商业、手工业、私营运输业的社会主义改造中若干问题的指示 [J]. 湖南政报，1956（12）.

[46] 同 42.

[47] 贾庭三 . 对当前私营工业生产改组的几点初步意见（1956 年 1 月 27 日）[A]. 北京市档案馆，033-001-060.

[48] 北京市委统战部 . 对资本主义工业进行社会主义改造的情况和问题（1956 年 5 月 29 日）[A]. 北京市档案馆，033-001-050.

[49] 北京市粮食局 . 北京市公私合营面粉厂章程（草案）（1956 年 12 月）[A]. 北京市档案馆，033-001-006.

[50] 同 48.

[51] 中国工业报社 . 中国工业大事记（1949—2009）[M]. 北京：机械工业出版社，2009：39.

[52] 中共中央文献编辑委员会 . 陈云文选 [M]. 北京：人民出版社，2015：294.

[53] 同上：301.

[54] 沈农辞 . 陈之佛先生与江苏印花布图案设计 [J]. 美术与设计，2010（01）.

[55] 常州东风印染厂 . 常州东风印染厂厂志 [M]. 常州：东风印染厂，1988：58.

[56] 上海市轻工业局系统设计师采访，2000.

[57] 沈榆 . 设计外史建构中“图、文、物”互证的方法研究——以中国现代设计史为例 [J]. 装饰，2019（10）.

[58] 南京汽车制造厂 . 南汽车厂志（1947—1985）[M]. 南京：南京汽车制造厂，1987：9-10.

[59] 沈榆，张善晋，孙立 . 工业设计中国之路（交通工具卷）[M]. 大连：大连理工大学出版社，2017：96-97.

[60] 新华 . 全国设计工作会议 [J]. 科学通报，1965（05）.

[61] 李彩华 . 三线建设调整改造的历史考察 [J]. 当代中国史研究，2002（03）.

[62] 中共中央文献编辑室 . 邓小平年谱（1975—1997）[M]. 北京：中央文献出版社，2004：245. 287. 334. 336.

[63] 同 61.

[64] 刘之林，彭智福，彭穗宁 . 嘉陵牌摩托车经济联合体调查 [J]. 西南大学学报（社会科学版），1983（04）.

[65] 张顺昌 . 三线建设与西部大开发 [D]. 重庆：西南大学，2008.

[66] 陈弢 . 新中国对欧公共外交的开端——以莱比锡博览会为中心的考察 [J]. 中共党史研究，2018（2）.

[67] 李富春 . 关于发展国民经济的第一个五年计划的报告 [J]. 经济研究，1955（3）.

[68] 中共中央文献研究室 . 陈云年谱（1905—1995）（中卷）[M]. 北京：中央文献出版社，2000：164，337-338，353-357.

[69] 沈榆，葛斐尔 . 工业设计中国之路（电子与信息产品卷）[M]. 大连：大连理工大学出版社，2017：20.

[70] 中共中央文献编辑委员会 . 邓小平文选：第二卷 [M]. 北京：人民出版社，1994：237.

[71] 孙理军, 陈劲 . 改革开放以来中国低技术制造业的创新研究 [J]. 技术经济, 2008（11）:7-13.

[72] 同 70：135-136.

[73] 同上：241.

[74] 中共中央文献研究室 . 三中全会以来重要文献选编 [M]. 北京：中央文献出版社，2011：295-296.

[75] 袁志超 . 浅谈“三来一补”[J]. 国际贸易，1990（11）.

[76] 顾开信 . 外观设计专利在广东经济发展中的地位和作用 [J]. 广东经济，1999（03）.

[77] 刘彦华 . 发展工业设计是复关后市场效应的先导 [J]. 制冷，1994，（01）.

[78] 吴戈，毛礼镭，招国富，等 . 轻工设计的生机和活力从何而来——广东轻工业设计院改革经验谈 [J]. 开放时代，1985（02）.

[79] 中共中央文献编辑委员会 . 邓小平文选：第三卷 [M]. 北京：人民出版社，1994：77.

[80] 同上：210.

[81] 同上：216.

[82] 同上：226.

[83] 吕东 . 中国工业经济的改革与发展 . 北京：经济管理出版社，1992：138.

[84] 李春亭 . 为企业创造一个好的外部环境——谈怎样实现我国工业从粗放经营到集约经营的转变 [J]. 中国经贸导刊，1990（15）：4-5.

[85] 钱学森 . 科学技术现代化一定要带动文学艺术现代化 [J]. 科学文艺，1980（02）.

[86] 钱学森 . 对技术美学和美学的一点认识 [J]. 技术美学，1984（01）.

[87] 吴祖慈 . 论工业设计与科技发展的密切关系 [J]. 上海交通大学学报（哲学社会科学版）：1999（03）84-89.

[88] 金信 . 市经委提出今年本市工业设计工作新思路 [J]. 上海工业，1994，（02）.

[89] 中共中央文献编辑委员会 . 江泽民文选：第一卷 [M]. 北京：人民出版社，2006：464.

[90] 江泽民论有中国特色社会主义（专题摘编）[M]. 北京：中央文献出版社，2002：180.

[91] 同上：234.

[92] 同上：243-253.

[93] 高喜银，王乾 . 工业设计促进区域经济发展的研究与对策——以河北省保定市为例 [J]. 中国城市经济，2011（01）.

[94] 周济 . 智能制造——“中国制造 2025”的主攻方向 [J]. 中国机械工程，2015（17）.

[95] 中国工业机器人：乘科创板东风破千浪 [J]. 智能机器人，2019（03）.

[96] 佚名 . 工业防护等级的无人机 [J]. 工业设计，2017（09）.

[97] 路风 . 新火 [M]. 北京：中国人民大学出版社，2020：445.

[98] 梁习锋，张健 . 工业造型和空气动力学在流线型列车外形设计中的应用 [J]. 铁道车辆，2002（07）.

[99] 田红旗 . 中国列车空气动力学研究进展 [J]. 交通运输工程学报，2006（01）.

[100] 赵洪伦，成建民 . 高速铁道车辆车体设计的若干问题探讨 [J]. 上海铁道学院学报，1994，（02）.

[101] 陈喜红 . 高速列车外形及发展趋势 [J]. 电力机车与城轨车辆，1997（03）.

[102] 刘国伟 . 流线型结构特征造型方法及其在高速列车设计中的应用 [J]. 计算机辅助设计与图形学学报，2005（06）.

[103] 刘慧军 . 设计动车组 [J]. 设计，2015（12）.

[104] 吕望舒，刘洋 . 对高速铁路列车座椅的人机学分析 [C]. 国际工业设计研讨会暨全国工业设计学术年会，2013.

[105] 高楠 . 以工业设计为中心的跨界融合打开“中国智造”新通道 [J]. 设计，2019（6）.

[106] 潘友星 . 中国大飞机的工业设计 [J]. 大飞机，2019，055（01）.

[107] 程不时 . 天高歌长：我的飞机设计师生涯 [M]. 上海：上海人民出版社，2004.

[108] Yvette.C919 飞机驾驶舱 [J]. 设计，2019，32（02）.

[109] 李忠杰 . 共和国识别码——中华人民共和国全景通览 [M]. 北京：中共中央党校出版社，2019：274.

[110] 谭浩, 孙家豪, 关岱松, 等 . 智能汽车人机交互发展趋势研究 [J]. 包装工程, 2019, 40（20）.

[111] 李忠杰 . 共和国识别码——中华人民共和国全景通览 [M]. 北京：中共中央党校出版社，2019：271.

[112] 刘彦霞，郑炜，马利波 . 工程机械的绿色设计与制造分析 [J]. 科学与技术，2020（06）.

[113] 劳佛尔，叶胜男 . 中国篮子 [M]. 郑晨，译 . 杭州：西泠印社出版社，2014：5.

[114] 沈榆 . 中国现代设计观念史 [M]. 上海：上海人民美术出版社，2017：371.

[115] 王蓓蓓，李彦辰 . 基于竹集成材表面特性的家具产品设计研究 [J]. 家具与室内装饰，2017（10）.

[116] 毛怀艳，刘子建 . 现代家具设计中材料质感的研究 [J]. 艺术与设计，2009（08）.

[117] 曼奇尼，钟芳 . 设计，在人人设计的时代 [M]. 马谨，译 . 北京：电子工业出版社，2016：60-61.

[118] 季铁，潘英 . 基于社区和网络的设计与社会创新——从 UCD 到 CCD 方法 [J]. 装饰，2012（12）.

[119] 张朵朵，季铁 . 协同设计“触动”传统社区复兴——以“新通道 · 花瑶花”项目的非遗研究与创新实践为例 [J]. 装饰 2016（12）.

[120] 中共中央宣传部 . 习近平新时代中国特色社会主义思想三十讲 [M]. 北京：学习出版社, 2018：91.

[121] 同上：36-37.

[122] 同上：194.

附录
中国设计大事年谱（1949—2023）

◎ 1949—1952 年

1949 年元旦的《人民日报》社论指出：“在全国范围内建立无产阶级领导的以工农联盟为主体的人民民主专政的共和国。这样，就可以使中华民族来一个大翻身，由半殖民地变为真正的独立国，使中国人民来一个大解放，将自己头上的封建的压迫和官僚资本（即中国的垄断资本）的压迫一起掀掉，并由此造成统一的民主的和平局面，造成由农业国变为工业国的先决条件，造成由人剥削人的社会向着社会主义社会发展的可能性。”

1949 年 6 月 21 日，刘少奇率中共中央代表团离开北平赴苏联访问。代表团成员有高岗、王稼祥等。在 6 月下旬至 7 月上旬的初步会谈中，获得了苏联 3 亿美元的贷款，7 月 30 日，刘少奇和马林科夫分别代表中国和苏联签订贷款协定。8 月 14 日，刘少奇与来华苏联专家的负责人柯瓦廖夫及苏联专家 220 人一起离开莫斯科回国。此后，中苏两国专家共同研究苏联帮助中国建设的具体项目。

1949 年 7 月中旬，《人民日报》等报纸刊登了征求中华人民共和国国旗图案的通知。不到一个月，就收到了 2 992 幅国旗图案，曾联松的设计最终被选中。

1949 年 9 月，清华大学营建学系以林徽因、梁思成为首，中央美术学院以张仃为首，开始设计国徽图案。清华大学营建学系雕塑教授高庄承担了将国徽从平面图案做成立体浮雕模型的任务，使其更加符合应用环境。

1949 年 12 月，中央无线电器材有限公司南京厂更名为国营南京无线电厂，开始装配环球牌五灯收音机。

1950 年，上海市广告商同业公会成立。

1950 年 2 月 1 日，中华全国美术工作者协会机关刊物《人民美术》在北京中央美术学院创刊成立。1953 年，中华全国美术工作者协会改称中国美术家协会。1954 年，

《人民美术》更名为《美术》月刊，1954 年 1 月 15 日开始出版发行双月刊。

1950 年 2 月 14 日，中苏两国正式签订《中华人民共和国中央人民政府、苏维埃社会主义共和国联盟政府关于贷款给中华人民共和国的协定》。

1951 年，在党中央的直接领导下，由周恩来、陈云主持，开始编制第一个五年计划（1953—1957），到 1955 年 7 月经全国人大一届二次会议审议通过，历时 4 年完成总体规划，其间学习了苏联国家经济建设的模式，并且依靠苏联援助的 156 项工业建设项目来奠定中国的工业化的初步基础。

1951 年 8 月，中国派遣 370 名学生和 88 名干部赴苏联进行管理、操作和设计的学习。

1952 年，为试制 C620 车床，沈阳第一机床厂成立了试制室，下设设计组，在苏联专家帮助下，对苏联提供的原图纸修改了 800 多处，补充标件 240 种。该车床的原型机属于苏联 20 世纪 40 年代的产品。1955 年 8 月，设计组独立为设计科，开始根据苏联提供的全套图纸和技术资料，成功仿制苏联工厂的 1A62 车床（中国代号为 C620-1），后投入成批生产，头 5 个月即出产 2 200 台。

1952 年 7 月，青岛四方机车厂试制成功我国第一台蒸汽机车。

1952 年 7 月，华东人民广播器材厂建立，翌年改名为上海人民广播器材厂，重点发展电子管收音机、扩音机、电视机等产品。

1952 年年底，祝大年设计的青花斗彩缠枝牡丹纹中餐具和青花西餐具成为“建国瓷”中选方案，并在景德镇进行批量烧造。由此确立了国宴餐具的体系标准。经过设计、研制团队努力，在 1953 年国庆前夕，完成了第一批“建国瓷”的 50 个品种。

◎ 1953—1957 年（第一个五年计划）

1953 年，庞薰琹率领中央美术学院华东分院实用美术系的师生组建工艺美术研究室，为筹建中央工艺美术学院做准备，他写出了《中央工艺美术学院筹备计划草案》提交国务院。

1953年元旦，《人民日报》社论以《迎接一九五三年的伟大任务》为题指出："国家建设包括经济建设、国防建设和文化建设，而以经济建设为基础。经济建设的总任务就是要使中国由落后的农业国逐步变为强大的工业国，而要达到这个目的，就必须首先着重发展冶金、燃料、电力、机械制造、化学等重工业项目，因为正如斯大林同志在《第一个五年计划的总结》中所说，'只有重工业才能既改造并推进整个工业，又改造并推进运输业，又改造并推进农业'。工业化——这是我国人民百年来梦寐以求的理想，这是我国人民不再受帝国主义欺侮、不再过穷困生活的基本保证，因此这是全国人民的最高利益。全国人民必须同心同德，为这个最高利益而积极奋斗。"

1953年3月25日，南京无线电厂试制成功我国第一批全部国产化五灯中短波广播收音机，定名为红星牌502型。

1953年，上海亚明灯泡厂成功试制国产钨丝，保证了国产电灯泡的质量。

1954年9月2日，政务院第二百二十三次会议通过的《公私合营工业企业暂行条例》规定：对资本主义企业实行公私合营，应当根据国家的需要、企业改造的可能和资本家自愿，采取积极而又稳步的方针。

1954年6月，按照建筑师张开济的设计方案，改建了天安门两侧的临时观礼台为永久性观礼台，采用砖混结构，总占地面积为2 470平方米。

1955年1月，中国人民解放军北京第六汽车制配厂设计制造的井冈山牌摩托车参加了在民主德国莱比锡举行的国际博览会。

1955年，第二套人民币开始设计，由罗工柳、王式廓、周令钊、侯一民、陈若菊、邓澎等主持设计，张作栋、石大振、贾鸿勋、刘延年、沈乃镕等印制系统专业技术人员参加设计绘制。

1955年3月24日，五星牌手表试制成功，毛泽东批准投资900万设立天津手表厂。这是中华人民共和国成立后第一家手表厂，其产品被命名为东风牌。

1955年，第一机械工业部组织力量在上海自行车厂设计一辆新的28寸自行车，命名为"标定车"（标准定型的自行车）。1956年，上海自行车厂将标定车投入批量生产。

1956 年，蝴蝶牌 JA1－1 家用缝纫机成批出口，并由一开始年出口数千台发展到年出口数万台，位居中国缝纫机出口前列。

1956 年 1 月 1 日，《人民日报》登出启事，宣布其版式由竖版改横版，并使用简体字。

1956 年 1 月 11 日，毛泽东视察南京无线电厂。同年，“熊猫”商标诞生并在国际上注册，成为中国电子工业在国际上的第一个注册商标。1956 年 4 月 30 日，南京无线电厂试制成功全国产化熊猫牌 601 型六灯三波段收音机。次年，首批 4 万多台熊猫牌 601 型收音机率先进入中国港澳地区，以及东南亚和南美国际市场。

1956 年，全国基本建设会议以后，中国的设计机构开始广泛采用两阶段设计、标准设计和重复使用图纸的方法，这极大地节省了人力和行政资源，提高了设计效率。

1956 年 5 月 22 日，上海文化广场社会文化组改建为“上海美术设计公司”，隶属于上海市文化局，其任务是进行会场布置设计、模型设计制作、工业品美术设计，以及领袖像、海报、奖章奖状、戏剧道具、图书装帧等美术设计制作。

1956 年 5 月 25 日，我国第一台电子计算机在复旦大学试制成功。

1956 年，“现代工艺美术展览”在北京举行，展出 1953 年以来生产的工艺品 400 余件，分丝织品、漆器、陶器、雕塑四部分陈列。同年，全国政协文化组邀请中央美术学院、中央工艺美术学院、中国美术家协会的工艺美术家、美术家及其他有关单位人员座谈提高工艺美术品质量的问题。

1956 年 6 月 28 日，为向中国共产党成立 35 周年献礼，天津公私合营照相机厂生产出我国第一架标准小型折叠式 120 型照相机，并定名为“七一”牌。

1956 年 6 月，华东文化部和中国美术家协会华东分会在上海联合举办了“花布图案评选会”，邀请陈之佛在会上做《中国图案与花布图案改革工作报告》。

1956 年 7 月 13 日，第一批 10 辆国产解放牌载重汽车在第一汽车厂诞生，从此结束了中国不能生产汽车的历史。第一批下线的解放牌载重汽车还参加了 1956 年的国庆阅兵式。虽然是以苏联斯大林汽车厂出产的吉斯 -150 型载重汽车为蓝本制造的产品，但是中国工程师对其进行了多项改进设计。

1956 年 8 月，航空工业管理局下达命令，成立中国第一个飞机设计室。1956 年 10 月，飞机设计室正式在沈阳飞机制造厂成立。徐舜寿任设计室主任，叶正大、黄志千任副主任，程不时、顾诵芬也参与飞机设计室工作。工厂完成了对于苏联喷气式飞机米格 -17 的仿制，后来被命名为歼 -5 战斗机。

1956 年 9 月，天津公私合营照相机厂设计试制了一款简易照相机并投入生产，定名为幸福 I 型，并设计了改进型产品。

1956 年，航天工业部门开始组建火箭和导弹的科研机构。

1956 年，教育部、文化部、中央手工业管理局、中央美术学院联合组成“中央工艺美术学院筹备委员会”。是年，中央工艺美术学院成立。

1956 年，北京新华字模厂从日本陆续引进 30 台字模雕刻机，并请日本专家到厂里进行指导，提高了新闻出版的字体质量，改善了美观度。该项工作持续到 1958 年。

1956 年，常州东风印染厂设计和生产的新花型有 100 多种，许多花布图案设计都是从中国画、中国吉祥纹样中获得了创作灵感。东风印染厂建立了每月半天到郊外写生的制度。

1956 年，公私合营后，中国钟厂继续沿用三五品牌生产台钟，继承了之前山形台钟的设计风格，形成了标准化的系列产品，并特别推出了有公私合营纪念款标识的日历台钟。

1957 年，张慈中设计了《毛泽东选集》《列宁选集》《资本论》等封面。

1957 年 2 月，第二机械工业部第四局（航空工业管理局）把仿制苏联乌拉尔 M72 三轮摩托车任务下达给了洪都机械厂、湘江机器厂等七家下属单位，要求当年试制成功。产品定名为长江牌 750 型三轮摩托车。

1957 年，武汉通用机器厂（后来的武汉柴油机厂）试制成功了我国第一台小型手扶拖拉机。1958 年，毛泽东到武汉柴油机厂视察，留下一张和手扶拖拉机的合影。设计者黄敏曾是武汉柴油机厂的主任工程师。

1957 年 4 月，上海市内燃机配件制造公司组织召开三轮载货汽车选型试制方案讨论会，做出可行性分析。1957 年 5 月 6 日，该公司成立了三轮汽车工程办公室，设计工作从 1957 年 7 月上旬开始。1957 年 12 月 28 日，在上海汽车装修厂举行了三轮载货汽车试制成功剪彩典礼，后续的设计工作到 1958 年 1 月 15 日结束。

1957 年，上海公交公司试制成功 57 型公共汽车，是中国首次采用国产解放牌载重汽车底盘建造的公共汽车，结束了中国公交车用外国卡车底盘的历史。

1957 年 4 月 25 日，第一届中国出口商品交易会在广州开幕，成为中国冲破西方经济封锁与政治孤立、打开通向世界大门的重要窗口。周恩来亲自定下展会的简称——广交会。

1957 年，国际广告工作者会议在匈牙利首都布拉格召开，中国派代表参加。

1957 年 8 月，南京汽车制造厂开始仿制苏联嘎斯 70 轻型载重汽车。

◎ 1958—1962 年（第二个五年计划）

1958 年，东风型机车开始设计、研制，1964 年成批生产。后继的东风 2 型机车于 1964 年试制成功，热效率比蒸汽机车高三倍以上，后来又试制了东风 3 型一系列电传动内燃机车，以及东方红型液力传动内燃机车。

1958 年 1 月，使用 135 胶卷的上海牌 58-1 型照相机试制成功。为了批量化生产上海牌 58-2 型照相机，于 1958 年 11 月正式成立上海照相机厂。

1958 年 3 月，A-581 型机械手表注册“上海”牌商标，定型号“A-581”。4 月 23 日，上海手表厂建成。

1958 年 3 月 10 日，第一辆 NJ130 型 2.5 吨轻型载重汽车试制成功，命名“跃进”牌，这是继长春第一汽车制造厂解放牌汽车以后问世的我国第二种牌号的载重汽车。

1958 年 3 月 17 日晚上，我国电视广播中心在北京第一次试播电视节目，国营天津无线电厂设计研制的中国第一台电视接收机实地接收试验成功，定型为北京牌 820 型 35 厘米电子管黑白电视机，填补了我国电视机设计生产的空白。

1958 年 3 月，上海试制中型拖拉机，定名为红旗牌 27 型拖拉机，1959 年 2 月 15 日改名为丰收 -27 型拖拉机，1961 年产品定名为丰收 -35 型轮式拖拉机。该型号拖拉机使用的轮胎是由清华大学农机系、橡胶工业研究院等机构组成的研发团队专为中国华东华南地区广泛的水稻种植区所研发的轮式拖拉机专用轮胎。

1958 年，雷圭元率领中央工艺美术学院几十名师生，担负起首都十大建筑中的人民大会堂、历史博物馆、军事博物馆、民族文化宫、钓鱼台国宾馆等建筑的装饰设计任务。

1958 年 4 月，上海市石油公司杨树浦油库的机修工段试制成 300CC 350 型 4 冲程摩托车，命名为“海燕”牌。

1958 年 5 月 12 日，第一汽车制造厂东风牌轿车试制成功，并决定向党的八大二次会议献礼。

1958 年 6 月，第九届国际时装会议在罗马尼亚举行，中国派出观察员参加了会议，做了“社会主义新中国时装工作情况和发展趋势”的发言，并进行了中国时装表演。

1958 年 6 月 30 日，北京第一汽车附件厂设计、制造的井冈山牌小型轿车成功下线。

1958 年 7 月 20 日，中国第一辆东方红牌 54 型履带式大型拖拉机在洛阳的中国第一拖拉机厂下线。

1958 年 7 月，中央工艺美术学院《装饰》杂志创刊，张光宇任主编，张仃为创刊号设计封面，其衣、食、住、行的标识十分醒目。

1958 年 10 月 14 日，周恩来审查了专家组送交的由清华大学、北京建筑设计院和北京市规划局设计的三套方案，最后决定采用北京市规划局的设计方案建设人民大会堂。人民大会堂于 1958 年 10 月动工，1959 年 9 月建成。

1958 年，建筑工程部北京工业建筑设计院成立室内设计研究组，开展对室内设计、家居设计、灯具设计、五金构件设计、卫生陶瓷用品设计的研究。

1958 年 12 月 17 日，沈阳飞机制造厂制造的新一代喷气式战斗机首飞成功，后来正式命名为歼 -6 战斗机。

1958 年，南昌飞机制造厂在歼 -6 战斗机基础上开始延伸研制对地攻击机，总工程师陆孝彭汲取世界先进强击机设计理念进行了突破性的探索。1965 年 6 月首飞，年底通过初步设计定型，型号命名为强 -5，该机有多种改型，自 1968 年后成批生产。

1959 年 1 月，上海自行车厂生产了永久牌 81 型公路赛车。该车自重 14 公斤，车架选用优质无缝钢管，把手、前后轴皮、前后闸等零件均采用铝合金，传动部件采用高级合金钢，后轮为外四飞。在 1959 年 8 月的第一届全运会上，上海队依靠永久牌 81 型公路赛车以优异成绩夺冠。该车填补了国内赛车的空白。

1959 年，济南宝时造钟厂按轻工业部当年颁布的 N1 型统一机芯图纸组织生产，使用当年新注册的“北极星”商标，设计制造了机械闹钟。

1959 年，设计师顾世朋选用了红白两色作为主色调，设计“美加净”牙膏新包装，新设计的英文品牌“MAXAM”采用的是以“X”为中心的左右对称的字母排列方式，便于海外市场消费者辨识。

1959 年 2 月，中共中央批转李富春、李先念、薄一波在当年 1 月 25 日做的《关于市场情况和轻工业生产问题的报告》。

1959 年 3 月，上海金声制钟厂试制成功了机械秒表，开创了具有钻石品质的设计风格。

1959 年 4 月，第一汽车厂按图纸施工试制成功首辆红旗牌 CA72 型样车，并送往北京。

1959 年 5 月，南京无线电厂陆续设计、研制成功了一系列产品。其中，熊猫牌 1501 型落地组合音响属国内首创，由特级收音机、四速自动落片式电唱机和双速盘式磁带录音机组合，形成收、录、唱三用机。这是我国自己研制、设计、生产的第一代收音、录音、电唱三用机。

1959 年 9 月 28 日，上海试制成功中级小轿车，先期定名为“凤凰”牌，后来改为“上海”牌。

1959 年，由国营汉口无线电厂设计制造的东方红牌 82-Y 型收音机、上海广播器材厂设计制造的上海牌 133 型收音机等产品被认定为国标一级收音机。

1959 年，设计人员通过对苏联坦克进行部件、零件的研究，掌握了其原设计意图，积累数据以后首次试制成功了 59 式主战坦克。1959 年，在国庆十周年阅兵大典中，59 式坦克驶过了天安门广场。之后为全面测试坦克性能，筹建了中国第一批坦克试验台架。

1960 年 3 月 16 日，民主德国莱比锡国际博览会展出了红旗牌 CA72 型高级轿车，轿车受到了极大的关注和好评，之后相继参加了日内瓦展览会等重要展会。从此《世界汽车年鉴》中有了中华人民共和国的专栏。

1960 年 8 月，幸福牌 250 型摩托车试制成功。

1960 年，无锡轻工业学院创立，设“日用轻工业产品造型美术设计专业”。无锡轻工业学院是中国早期的产品设计高等教育机构。

1960 年，上海印刷技术研究所成立字体研究室，制定了《汉字印刷字体技术规范》。

1961 年 1 月 7 日，根据轻工业部党组 1960 年 12 月 30 日的报告，党中央对各中央局及各省、自治区、市党委作出了指示。“中央同意轻工业部党组《关于紧急安排日用工业品（主要是小商品）生产的报告》。现在转发给你们，请你们参照报告中所提的各项意见，切切实实地把日用工业品的生产供应工作抓起来，并且一直抓下去。最近时期许多地方日用工业品产量下降，供应紧张，甚至人民生活中每日不可缺的一些必需品和用具，如食盐、火柴、锅、盆、碗、筷之类，也买不到。这些商品的缺少主要是领导没有抓紧安排，它同农业的歉收并没有不可分的关系，只要好好地安排，狠狠地抓紧，就完全有可能迅速地增加上去。应当指出，在目前农业连续受灾，吃的、穿的主要商品供应不足的情况下，大力增加日用工业品的生产和供应，是满足人民群众需要，缓和市场紧张情况的重要措施之一。中央要求各级党委以高度关怀人民生活的态度，满腔热情地把这件事办好，一定要争取在较短的时间内做出显著的成绩来。”

1961 年 3 月，上海照相机厂研制出上海牌 58- Ⅳ型 120 双镜头反光相机。1963 年 9 月，“上海”牌更名为“海鸥”牌。1964 年，该产品首次参加广交会，开创了中国照相机出口的先河，以后改进设计定型为海鸥牌 4A 型。

1962 年 6 月 22 日，12 000 吨水压机进入试生产，标志着中国重大工业装备设计制造的重大突破。总设计师沈鸿总结了大型机器设计、研制的方法，提出了明确的规范。

1962 年，中央工艺美术学院在雷圭元原来设想的“图案班”的基础上，开拓招收日用工艺美术设计专业学生。

1962 年，上海丝绸印染各个工厂共计设计图案 1 086 张，一半以上出口海外。在外销的产品中，有 79% 的图案都是自主设计，已经形成“图案设计”“配色设计”“黑白稿制作”三位一体的工作机制。

◎ 1963—1965 年

1963 年，中国第一代 8 吨载重汽车在济南汽车制造厂试制完成，定名黄河牌 JN150 型。由此发展的 JN253 型成为我国首批导弹运载车辆。

1964 年，海鸥牌 DF 型单镜头反光照相机由上海照相机厂研制成功，于 1966 年开始批量生产，成为出口的主力产品。

1964 年，国民经济开始好转，上海轿车试制得以重新启动。上海牌 SH760 型中级轿车试制成功。

1964 年，上海自行车厂设计试制了永久牌 PA14 型高级自行车，其中 10 项指标达到英国兰翎牌自行车的质量要求，这是一款对中国自行车设计产生了巨大影响的产品。

- 1965 年 3 月 16 日至 4 月 4 日，在北京举行了全国设计工作会议。这是中国历史上绝无仅有的一次由中央部门牵头、国家领导人主持、中央各部门负责人参与的和设计师直接对话的全国性政策制定会议，会议深刻地影响了中国设计的发展。

- 1965 年年底，第二汽车制造厂开始正式筹建。同年 12 月，中国汽车工业公司决定成立新的二汽筹备处，提出了《第二汽车制造厂建设方针十四条》。1966 年 11 月，《二汽车身厂工厂设计纲要（第一版）》由二汽车身厂筹建人员在基地制定出来。

- 1965 年，BJ212 轻型越野车设计、试制完成。

◎ 1966—1970 年（第三个五年计划）

- 1966 年，上海确认内、外贸家用缝纫机的中、英文商标名称分别为“蝴蝶”“Butterfly”，并对其进行了新的设计。

- 1966 年，中国第一汽车制造厂经过多轮设计，一款三排座高级轿车应运而生，定名红旗牌 CA770 型。

- 1966 年，上海牌 SH761 型高级敞篷检阅车制造成功，满足了我国外事活动的需要。

- 1966 年 10 月 1 日，作为三线建设的战略项目之一，四川汽车制造厂同法国贝利埃汽车公司合作，引进军用重型汽车的设计和制造技术，通过消化吸收完成了两辆红岩 CQ260 重型越野汽车的生产。

- 1967 年，上海照相机厂设计海鸥牌 4B 型双镜头相机。1968 年，上海照相机厂正式使用“海鸥”注册商标。

- 1967 年 7 月 5 日，我国制成最新晶体管大型通用数字计算机。

- 1968 年 1 月 8 日，“东风号”万吨远洋轮设计、建造完成。

- 1968 年，南京汽车制造厂针对跃进牌 NJ130 型轻型载重车再次更新设计，诞生了跃进牌 NJ134 型新产品。

1968 年 9 月，建筑师钟训正设计南京长江大桥桥头堡，大堡塔楼高 70 米、宽 11 米，分立于大桥两侧。大堡高高凸出于公路桥面，顶端为高 5 米、长 8 米的钢制“三面红旗”。南京艺术学院保彬主导设计公路正桥两边栏杆上嵌着的 202 块铸铁浮雕，其中 98 块向日葵镂空浮雕、98 块风景浮雕、6 块国徽浮雕。在风景浮雕中有 20 块不重复的浮雕，都是描绘祖国山河风貌和歌颂社会主义中国的巨大成就的。

1968 年 12 月 30 日，延安牌 SX250 重型军用越野车第一轮设计完成，并制作了样车。在此基础上，1970 年 12 月 26 日进一步试制成功了面向量产的样车，并交部队测试。1974 年 12 月 27 日，国家车辆定型委员会批准样车设计定型。

1970 年 4 月 24 日 21 时 35 分，长征一号运载火箭从甘肃酒泉卫星发射中心发射了我国第一颗人造地球卫星“东方红一号”。

1970 年 12 月 26 日，我国第一台彩色电视机在国营天津无线电厂完成试制，从此拉开了中国彩电生产的序幕。

◎ 1971—1975 年（第四个五年计划）

1971 年，水轰 -5 飞机设计、试飞完成，主要作为中国海军的海上巡逻机、反潜机、轰炸机和运输机等多种用途。航空工业于 1968 年开始委托哈尔滨飞机制造公司和水上飞机设计研究所一起进行相关设计工作。

1972 年，红灯 711 型收音机设计、制造成功，以后不断推出迭代产品，其中红灯 711-2 是系列中产量最高、工艺技术最成熟的。产品创同期一种型号收音机产量最高纪录。

1973 年 6 月 4 日，国务院批准国家计划委员会《关于计划外从资本主义国家进口情况和意见的报告》。设想拟用三至五年时间从美国、联邦德国、法国、日本等发达国家，引进总价值为 43 亿美元的成套设备。亦称“四三方案”。

1973 年，外贸部、轻工业部报送国务院《关于发展首饰生产和出口的请示》。李先念等国务院领导批示同意。外贸部、轻工业部将此文转发各地。

1973 年，上海无线电十八厂设计试制成功飞跃牌 9DS51 型 23 厘米全晶体管电视机。

1973 年，华生牌 FT35-1 型电扇改型设计完成，形成一代全新的产品，并引进日本制造设备进行生产，产品出口到日本、欧美等地，也满足了国内市场的需求。

1974 年，中央号召赶超世界工业水平，汽车局要一汽设计更先进的轿车。根据此精神，一汽设计、试制了红旗牌 CA774 型新三排高级轿车。

1974 年 8 月 1 日，中国自行设计制造的第一艘核潜艇长征一号正式编入海军系列，自此，人民海军进入拥有核潜艇的时代。

1975 年，景德镇设计、烧制完成“7501 高级定制瓷”，其积累的设计、烧制技术对于提升行业的整体水平具有推动作用。

1975 年 6 月 15 日，第二汽车制造厂车身厂和各专业厂的两吨半越野车生产厂基本建成，改变了早期在简陋的厂房中调试产品的状况，已经设计完成的 EQ240 军用越野车正式投入生产。

1975 年 9 月至 1976 年 2 月，中央工艺美术学院举办了汽车美术培训班，学员主要来自全国各地汽车企业的“美工”。

◎ 1976—1980 年（第五个五年计划）

1976 年 10 月，毛主席纪念堂选址、建筑设计方案设计开始，在北京建筑设计院负责设计工作的柳冠中担任相关照明灯具的设计，采用模数组合和新型材料取得成功；上海油画雕塑创作室的李唐寿、王志强，四川美术学院的叶毓山等雕塑家设计创造毛主席座像以及广场雕塑；中央美术学院、中央工艺美术学院参加建筑装饰浮雕设计。1976 年 11 月 24 日，毛主席纪念堂奠基仪式在京举行。

1976 年，用新型钢结构设计的可容纳 18 000 名观众的上海体育馆建成。

1976 年，周恩来以中国总理名义赠送给非洲坦桑尼亚和赞比亚两国总统的礼物——政府公务车，庆祝坦赞铁路竣工，设计师以高规格设计了车厢的全景景观窗、家具以及室内装饰。

1977 年 6 月，国家第一机械工业部——机技字第 559 号文函批准湖南大学建立“机械造型及制造工艺美术研究室”。

1977 年，广州美术学院与香港理工学院、正形设计学院等教育机构建立联系，参照西方国家，以及中国港台地区的设计教育在工艺美术系进行专业教育改革，率先开设“平面构成”“立体构成”“色彩构成”的课程，这“三大构成”课立即在全国各美术院校中产生了很大影响。

1978 年 1 月 15 日，国务院批转轻工业部《关于大力发展日用工业品生产的报告》。

1978 年 3 月 3—4 日，“上海实用美术展览”在上海美术馆举办。

1978 年 12 月，中共十一届三中全会的召开，是中华人民共和国成立以来党和国家历史上具有深远意义的伟大转折。它标志着中国共产党从根本上冲破了长期“左”的错误思想的严重束缚，重新确立了正确的思想路线、政治路线和组织路线，开启了以改革开放为鲜明特征的社会主义现代化建设新时期。

1978 年，上海市轻工业局将发展包装装潢作为重点扶持的四大支柱产业，是年，赵佐良所在的上海日用化学品二厂接到外贸公司珍珠护肤品的开发委托。设计“上药牌珍珠膏”包装。其内销版定名凤凰珍珠霜。

1978 年，第二汽车制造厂启动“民用转向”工程，东风牌 EQ140 型中型载货汽车设计、试制完成，这是第二汽车制造厂的第一款民用货车。

1979 年 1 月，上海人民美术出版社《实用美术》杂志创刊。

1979 年，上海人民印刷七厂吴儒璋设计的茅台酒新包装方案首先被大量印刷，后来有多名设计师参与了各个时期的画面调整，但保持了基本的风格。

1979 年，南京汽车制造厂参照五十铃公司的 KS22 型汽车，进行轻型载重汽车系列的设计，1980 年，购买日方的五十铃 KS21 型驾驶室二手模具，1984 年 2 月，南汽完成了 NJ131 型汽车的设计试制，次年批量生产。

1979 年 3 月 15 日，在中国科协第二次全国代表大会上，钱学森提出了“科学技术现代化一定要带动文学艺术现代化”的思想，并且提出“科学文学艺术”概念来丰富与发展科普事业的内涵，并以宏观的视角谈到“工业艺术”这个概念。

1979 年 8 月，中国工业美术协会成立。1978 年 10 月，原第四机械工业部（电子工业部）的广播电视工业处及该部所属研究所的领导和技术人员、全国无线电行业的产品外观造型设计专业人员以及部分院校的老师发起，联名提出《关于成立全国工业美术家协会的倡议》，协会组建工作由轻工业部牵头，有关部委参加。最初倡议的组织名称是“中国工业美术协会”。

1979 年 9 月 15 日，嘉陵机器厂组装第一辆嘉陵 CJ50 成功，1979 年 10 月 1 日，5 辆嘉陵 CJ50 摩托车在天安门广场绕场骑行，标志着传统军工企业的成功突围。

1979 年 9 月 26 日，大型壁画群在北京机场落成，《哪吒闹海》《森林之歌》《泼水节——生命的赞歌》《科学的春天》《巴山蜀水》《白蛇传》《黛色参天》《民间舞蹈》《玉兰花开》《白孔雀》《北国风光》《黄河之水天上来》《北京风光》《屈子行吟》《祖国各地》《春夏秋冬四季花鸟》《南海落霞》《苏州水乡》《长城》《傣家风光》等，题材内容和艺术风格十分多样。这其中包括传统重彩画、传统水墨画、陶瓷拼镶画、腐蚀玻璃画、磨漆画、丙烯画、油画、贝雕画等一共 51 幅。

1979 年，景德镇人民瓷厂的“青花梧桐”系列餐具获莱比锡国际博览会金奖，后来发展成标准化的中、西式大型成套餐具在国际市场销售。

1979 年 11 月 30 日，中国自行设计和制造的第一艘万吨级远洋科学调查船“向阳红 10 号”正式交付国家海洋局使用。

1980 年 3 月，山东济南从意大利引进的国内第一条滚筒洗衣机流水线投产，生产小鸭牌洗衣机。

1980 年 8 月，上海洗衣机总厂组织相关技术人员设计开发具备普通家庭使用特点的单缸洗衣机，于当年试制成功并投入生产，注册商标为水仙牌。

1980 年 9 月 26 日 9 时 35 分，中国第一架大客机运 -10 飞机首飞成功。

◎ 1981—1985 年（第六个五年计划）

- 1981 年，中国包装技术协会、中国包装总公司主办的“全国包装展览会”，是中华人民共和国成立以后举办的首次包装展览。

- 1981 年 7 月—1983 年 7 月，中国首批 2 人赴日本学习工业设计：无锡轻工业学院张福昌赴日本千叶大学工业意匠学部，吴静芳赴日本筑波大学艺术设计系做访问学者。

- 1981 年 10 月 7 日，解放牌 CA141 型载重汽车设计、试制成功，1986 年 7 月 15 日投入试生产，同年 9 月 29 日老解放产品停产。

- 1981—1984 年，中央工艺美术学院柳冠中赴西德国立斯图加特设计学院工业设计系做访问学者。

- 1981 年，露美牌成套化妆品中重要的产品试制完成，当年 9 月部分产品（8 件）先行上市，引发消费者轰动，1983 年完成全套共计 16 件产品设计。这是根据 1980 年国家下达的指令性任务而完成的中国第一套成套高级化妆品。1984 年，该研发项目参与者之一邵隆图主持了中国人经营的第一家美容院——露美美容院。

- 1982 年，上海广播器材厂设计生产了红灯 2L-1400 四喇叭台式收录机。便携的红灯 2L-1420 收录机设计生产也迅速完成。

- 1982 年 1 月，教育部教高字 17 号文批准湖南大学成立机械造型与工艺美术系。1982 年秋季招收第一届该专业本科生。

- 1982 年 4 月 16—28 日，由文化部、轻工业部主办，中央工艺美术学院承办的“全国高等院校工艺美术教学座谈会”（又称“西山会议”）在北京军区第一招待所举办。参加会议的有 18 个院校的 118 位专家。中等工艺美术教育和职业教育研讨会、全国工艺美术交易会同时召开。

- 1982 年 9 月 12—13 日，十二届一中全会提出了“计划经济为主，市场调节为辅”的经济发展方针。

1982 年 12 月，上海打字机二厂设计制造了手提英文打字机，确定为英雄牌 110 型，以后设计了多种色彩的外壳供消费者选择。

1982 年，上海电视机一厂设计生产了 B35-1U 型全频道集成电路电视机，是我国第一代模拟立体声电视机。

1983 年，中国第一台每秒钟运算一亿次以上的“银河一号”巨型计算机由国防科技大学计算机研究所在长沙研制成功。填补了国内巨型计算机的空白，标志着中国进入了世界研制巨型计算机的行列。

1983 年，美国通用电气公司向中国铁道部转让 ND5 型内燃机车所需的七大类（12 项）设计、制造技术，进而推动了我国内燃机车的更新换代，相关工厂及研究所先后派出大量人员赴美考察并接受培训，改变了之前产品基本沿袭苏联技术路线发展的状态。

1984 年，美加净牌龙凤香水第一次出口到法国。

1984 年，上海工艺美术学校在南京西路 8 号原二轻局新产品展示厅举办了一次学生设计作品展，展品以包装、海报及工业产品为主，在行业内引起轰动，这是该校新办包装装潢、日用品造型一年后的第一次展览。

1984 年，广州引进我国第一条电冰箱压缩机生产线，成立广州市电冰箱压缩机厂，并由广州冰箱工业公司和广州市电冰箱压缩机厂组成新的广州电冰箱工业公司。

1984 年，上海电冰箱二厂建立，生产上菱电冰箱，1989 年改名上海上菱电冰箱总厂。

1984 年 3 月 15 日，广州汽车厂与法国标致汽车公司、中国国际投资公司、国际金融公司和巴黎国民银行签约，合资组成广州标致汽车公司，次年，北京、天津、南京均引进了汽车项目。

1984 年 10 月 10 日，由中德双方各出资 50% 组建上海大众汽车有限公司的合资协议在人民大会堂签署，并于 1985 年正式生效，上海大众汽车公司就此诞生。

1984 年 10 月，十二届三中全会通过了《中共中央关于经济体制改革的决定》，提出了“有计划商品经济”的改革方向，强调的是缩小指令性计划。

1984 年，广东省轻工业设计院开始实行技术经济责任制。

1984 年，青岛电冰箱厂购买德国利勃海尔技术，引进亚洲第一条四星级电冰箱生产线，次年，生产海尔牌电冰箱——一台具有速冻、深冷、节能等功能的四星级电冰箱。中国电冰箱生产技术一步跨入世界先进行列。当时，合同规定，为体现双方合作，海尔可在德国商标上加注厂址在青岛，“琴岛—利勃海尔”商标由此而来。当时，从冰箱装饰考虑，设计了象征中德儿童的吉祥物“海尔图形”，也就是后来大家熟知的海尔兄弟，寓意双方合作如两个小孩一样充满朝气、拥有无限美好的未来。

1984 年，仅有 15 年建厂历史的青岛电视机总厂，赶上了国家彩电定点的末班车。6 月，青岛电视机总厂耗资 500 万美元，从日本引进了首套彩电生产线，这也是全省首条彩电生产线。当年的 12 月 26 日，第一代青岛牌彩色电视机下线，实现了当年谈判、当年签约、当年安装、当年投产、当年见效的目标。1985 年，青岛电视机总厂更名为青岛电视机厂。

1985 年，中美两国就推进歼 -8 Ⅱ战斗机性能的升级设计进行合作。

1985 年，常州照相机总厂设计生产了红梅牌 JG304A 型照相机。这是一款物美价廉的普及型产品，深受广大消费者喜爱，其制造过程已逐步形成中国简易照相机的制造标准。

1985 年，上海电熨斗总厂运用技术改造贷款从日本松下公司引进蒸汽电熨斗生产技术和关键设备，设计了蒸汽电熨斗。

1985 年，《工业美术新潮》杂志在上海创刊，后改名为《设计新潮》。

1985 年，广州美术学院工艺美术系尹定邦主导组建集美设计工程公司，下设以室内环境艺术设计为主的集美设计室、以广告艺术设计为主的白马设计室，并考虑设立以工业产品设计为主的阳光设计室。

1985 年 4 月 1 日，《中华人民共和国专利法》实施。

◎ 1986—1990 年（第七个五年计划）

1986 年，浙江大学与浙江美术学院等单位联合成立浙江计算机美术研究中心。

1986 年，无锡轻工业学院工业设计系首次招收理工类生源学生，从而结束了我国艺术类学科单一招收文科类学生的历史。

1986 年，《技术美学》杂志社刊印广州美术学院王受之《世界工业设计史》一书。

1986 年，江苏盐城无线电厂设计、制造的燕舞牌 L-1500 型六喇叭调频调幅收录机、L-1541A 型便携式调频调幅收录机，因为与众不同的“劲歌劲舞”电视、广播、平面广告，风靡全国。

1987 年，国家计划委员委、国家经济委员会、总参谋部、国防科工委同意运 -8 飞机进行改进，改进工作要考虑经济性，兼顾军民两用和客货两用。此后，中国航空技术进出口公司在美国洛克希德公司的帮助下对项目进行了深化设计。

1987 年 5 月，中泰合资的上海易初摩托车有限公司创立，引进日本本田技术，生产 125 型摩托车，主打民用市场，之后自行设计、制造出多款新产品。

1987 年 5 月 22 日，《经济日报》的四个版面全部用激光照相排版，这是世界上第一张用计算机屏幕组版、用激光照排系统整版输出的中文日报。

1987 年 10 月，中共十三大把“三步走”的战略表述为：第一步，实现国民生产总值比 1980 年翻一番，解决人民的温饱问题，这个任务已基本实现；第二步，到本世纪末，使国民生产总值再增长一倍，人民生活达到小康水平；第三步，到下世纪中叶，人均国民生产总值达到中等发达国家水平，人民生活比较富裕，基本实现现代化。然后，在这个基础上继续前进。

1987 年 10 月，经国家科委和中国科协批准，中国工业美术协会更名为中国工业设计协会。钱学森发表讲话：“工业设计是综合了工业产品的技术功能的设计和外形美术的设计，所以使自然科学技术跟社会科学、哲学中的美学相汇合”，并强调“中国工业设计协会所从事的工作，是属于社会物质文明与精神文明建设的大事”。

- 1987 年，中国北方工业公司所属重庆市明光光学仪器厂等几家生产军用产品工厂的联合体与广州照相机厂就“珠江”商标使用权发生纠纷，最终后者以 40 万元人民币通过竞拍获得所有权。该案被中国司法部收入《中国的知识产权保护》一书。

- 1988 年 5 月 6 日，广东万宝电器公司校企合作组建万宝集团工业设计中心，广州大学万宝工业设计研究院成立。在此以前公司已经与中央工艺美术学院工业设计系进行了充分的合作。

- 1988 年 7 月，广州美术学院几位青年教师、研究生与广州企业家联合创办了改革开放以后首家民营设计机构——广州市南方工业设计事务所。

- 1988 年，广州美术学院设计研究室在《装饰》杂志第二期发表文章《中国工业设计怎么办？》，实际撰稿人是广州美术学院童慧明。

- 1988 年，中国工业设计协会主办的《设计》杂志创刊。

- 1988 年 8 月 3—23 日，由上海市轻工业局与香港经纬顾问研究有限公司合作举办了“现代产品包装装潢设计高级研讨班”，在深圳和香港授课，主要目的是学习新的包装设计理念和品牌运作经验。

- 1988 年，历经 8 年设计、试制的 80 式主战坦克定型。在其基础上开发了两个分支：一支是以 80-Ⅰ/88、88B、88A 式坦克为代表的部队定型车，一支是以 80-Ⅱ、85-Ⅱ、85ⅡM/AP 式坦克为代表的外贸车。

- 1988 年 12 月 14 日，飞豹双座双发超声速歼击轰炸机试飞成功。该机由西安飞机研究所设计，是一款全天候、多用途的战斗机，以后经过多轮改进正式装备部队。

- 1988 年，广东湛江市华侨电器企业公司设计生产的三角牌 CYESI 型保温式自动压力电饭煲荣获国家科技进步金龙腾飞奖。

- 1988 年，上海保温瓶一厂设计、试制出电加热气压出水保温瓶。

- 1989 年，创办深圳市蜻蜓工业设计公司。

1989 年，第四届大阪国际设计竞赛举办，主题是“火”，无锡轻工业学院何晓佑、过伟敏两人合作设计的“暖墙壁构造”方案，以及南京艺术学院谢燕松、陈世宁合作设计的五幅海报《火与人类》入选。

1989 年，《人民日报》正式使用北大方正的字体系统。

1990 年，山东浪潮电子信息产业集团公司研制出全球第一台中文寻呼机，并开发制定了全球第一个汉字寻呼标准，这一标准被沿用。

1990 年，华文字库创始人黄克俭从美国回国，在外交部、印刷学院、中科院等地做了 100 多场讲座，向国内介绍 PostScript 语言。凭借这种设计语言就能用曲线来构建字体，改变了以往汉字字库开发只能以折线设计的方式。这将使电脑屏幕上的汉字变得更加美观和完美。1991 年，黄克俭在江苏常州成立华文印刷新技术有限公司。

1990 年，第二汽车制造厂设计、制造了本厂的第一款重型汽车，型号为 EQ153 型 8 吨平头柴油车（简称八平柴），采用美国康明斯发动机和国际著名汽车零部件供应商的系统总成，特别适合在中国西南、西北高原行驶。

1990 年，黄海牌大客车由丹东汽车制造厂设计制造，产品质量达到同期国际水平，为中国众多的城市客车设计的升级换代奠定了基础。

1990 年 7 月，轻工部在郑州召开“全国轻工业工业设计座谈会”。

1990 年，苏州春花吸尘器总厂设计、制造的春花牌 XTW-80D 卧式吸尘器大量占领国内市场，设计人员在设计过程中大量研究了无锡轻工业学院张福昌在日本东芝公司实习和其他日本电器公司考察的报告。

1990 年 10 月，上海红星电熨斗厂的红心牌蒸汽电熨斗获得国家银质奖，同年获得国家轻工部出口金奖。1995 年获得“上海名牌产品”称号。1997 年，红心牌蒸汽熨斗保持全国市场占有率第一名。

◎ 1991—1995 年（第八个五年计划）

- 1991 年 4 月 1 日，广东省工业设计协会成立。

- 1991 年 5 月 25—30 日，华东化工学院（现华东理工大学）、上海工艺美术学校在上海主办“91 多国工业设计研讨会”。同年 10 月 21—23 日，在武汉举办了“中国国际工业设计研讨会”。两会均有国际著名设计师参会，都出版了会议论文集。

- 1991 年，一汽大众汽车有限公司成立；2000 年，一汽丰田有限汽车公司成立。

- 1991 年，深圳康佳电子集团、1993 年惠州德赛集团有限公司、1995 年顺德科龙电器有限公司、顺德美的电器有限公司、1998 年惠州 TCL 电器有限公司等珠三角家电与电子企业先后创建自己的产品设计部门。

- 1991 年，上海金星电视机厂邀请深圳市蜻蜓工业设计公司设计 28 英寸彩色电视机，傅月明任总设计师，上海金星电视机厂工程师陈梅鼎协助，产品命名为“金星 - 金王子”，投产后迅速成为该厂高端和拳头产品。

- 1991 年，联想推出 386 微型计算机，次年推出 486 微型计算机。

- 1991 年，小霸王电子工业公司推出小霸王游戏机，很快风靡全国，当年销售 300 万台，雄踞国内游戏机市场第一名。

- 1992 年 4 月 28—30 日，首届“平面设计在中国”大展在深圳举办，由王粤飞、王序、龙兆曙、陈绍华、韩家英等设计师在深圳嘉美设计有限公司的帮助下实施。该赛事首次按国际平面设计的学科分类进行作品征集和评审，聘请石汉瑞（Henry Steiner，美国）、余秉楠、王建柱、靳埭强、陈幼坚和尤惠励（Wei Yew，加拿大）担任评委。

- 1992 年 7 月，轻工部颁布《推进轻工业工业设计工作的若干意见》。

- 1992 年 12 月，由无锡轻工业学院工业设计系刘观庆团队设计改型的东风 11 准高速机车测试，1994 年开始在深广线投入运营。

- 1992 年，广东格兰仕集团有限公司开始设计、制造微波炉，其设计理念是“让微波炉进入百姓家庭”。

1993 年，电子工业部提出实施“大公司战略”，加快了彩电行业生产向大公司、大集团集中的过程，提高了彩电企业参与国际竞争的实力。

1993 年，联想进入“奔腾”时代，推出中国第一台 586 个人计算机。

1993 年，无锡小天鹅股份有限公司设计、制造小天鹅微电脑全自动洗衣机，强化了“爱妻型”洗衣机品牌的诉求和传播。

1993 年，广东顺德一家乡镇企业康宝电器厂设计研制出“电子消毒碗柜”，并申请了外观专利，后来被竞争对手抄袭，引发诉讼，成为一个典型的设计知识产权侵权案。

1993 年 9 月，万燕电子将 MPEG 技术成功地应用到音像视听产品上，研制出世界上第一台 VCD 机——VCD-320，从而开辟了一个全新的视听娱乐领域。

1993 年 12 月 26 日，新舟 60 飞机首飞，1995 年开始适航试飞，1998 年 5 月适航试验型飞机取得了中国适航当局颁发的型号合格证。是西安飞机工业公司在运 -7 短、中程运输机的基础上设计研制、生产的 50 至 60 座级双涡轮螺旋桨发动机支线飞机。

1993、1994 年，北京理工大学工业设计系庄虹在日本东京国际汽车设计竞赛上连续获奖。

1994 年 1 月 5 日，国家新闻出版署宣布：北大方正集团研制成功高档彩色出版系统。这一系统标志着一场彩色印刷革命的开始，同时宣告了外国公司独霸中国彩色印刷市场的历史结束。

1994 年 5 月，052 级导弹驱逐舰首舰服役，这是中国自行设计研制的第二代导弹驱逐舰，具有反潜、反舰、防空能力的多用途的驱逐舰，由上海江南造船厂制造。

1994 年 8 月 19 日，由青岛海尔与日本 GK 设计公司合资的青岛海高设计制造有限公司正式成立。

1994 年，上海市经济委员会在其主办的《工业技术进步》杂志创刊的第二期上撰文提出发展上海工业设计的思路。

1994 年，金长城 S500 型微型计算机推向市场，1995 年金长城 S400 型多媒体教育微型计算机推向市场。

1995 年 1 月，国家技术监督局和电子工业部联合发表公告：中国自行设计生产的大屏幕彩电已经达到了 20 世纪 80 年代末期国际同类产品水平，部分产品达到了 20 世纪 90 年代初期国际同类产品水平。3 月底在北京开幕的“1995 北京国际家电展”集中展示了中国家电业的整体实力。

1995 年 5 月，第三代解放牌 J3 型平头柴油载重汽车 CA150PL2 推向市场，实现了解放牌产品柴油化，同时丰富了产品线，实现了产品长头、平头产品并举的目标。

1995 年 9 月 25—28 日，党的十四届五中全会通过《中共中央关于制定国民经济和社会发展“九五”计划和 2010 年远景目标的建议》。

1995 年 9 月 28 日，在党的十四届五中全会闭幕时，江泽民发表《正确处理社会主义现代化建设中的若干重要关系》讲话。

1995 年，汉仪公司将第一批 56 款高品质系列中文字库——汉仪字库推向市场，得到广泛认可。

1995 年，深圳市蜻蜓工业设计公司设计小福星家庭轿车，由傅月明主持，是中国第一辆以家庭消费为目标设计的汽车，获得深圳工业设计市长杯奖。

1995 年，广州美术学院尹定邦主编的“白马设计丛书”陆续出版。

◎ 1996—2000 年（第九个五年计划）

1996 年，中国第一汽车制造厂恢复红旗牌轿车的生产，采用奥迪 100 型部件设计、生产红旗牌 CA7220 型中级轿车，并实现批量生产。该车被称为“小红旗”。1998 年，增加了 ABS、安全气囊、助力转向、中控门锁。

1996 年，海尔设计“小小神童”洗衣机，主打家庭小件衣物洗涤。

1996 年，新科牌 VCD-20C、1997 年爱多牌 IV-720 型 VCD、1998 年先科牌 AL-P700K 型 DVD 等产品先后上市。

1997 年 2 月，中国家用电器协会再次组团赴“科隆国际家用电器展览会”参展，成交近 5000 万美元。

1996 年 5 月，原中国人民保险公司实行分业经营，中国人民保险（集团）公司成立，导入新的视觉识别系统，由人民日报控股的诺贝广告公司中标设计，开启了中国大型国有企业更新企业形象的先河。

1997 年 6 月，“全国家用电器工作会议”在北京举行，与会企业共同提出《中国家用电器行业文明竞争公约》。

1997 年 7 月 28 日，国家计划委员会发布了彩电工业的发展状况和“九五”发展规划目标。

1997 年，上海海鸥照相机总厂邀请德国设计大师科拉尼主持产品设计，采用仿生设计形态，注塑外壳，产品定名为海鸥 DF5000 型相机。

1997 年，由中国邮政广告公司制作的中国第一大型户外霓虹灯广告牌——“柯达”霓虹灯广告在北京长安街竖立。全长 209 米，高 7.8 米，总面积达 1 590.7 平方米，用 4 万多支霓虹灯管制成，采用英特尔和摩托罗拉公司先进 CPU 中央控制系统，其规模、技术都处于国内领先地位。

1997 年 10 月，中国自主开发设计的首台超大屏幕（87 厘米）彩电在康佳集团通过了电子工业部主持的国家级设计生产定型。11 月，16 英寸（约 41 厘米）彩色等离子显示屏由电子工业部 55 所研制成功，填补了国内空白。同月，彩虹集团公司生产出中国首批 40 厘米彩色显像管。

1997 年，广东来自企业的专利申请量为 7 084 件，约占全年专利申请量 12 858 件的 55.1%，约为这一年全省职务发明创造专利申请 7 265 件的 97.5%。

1998 年，科信、东信、南京熊猫、康佳、波导等诸多企业开始设计生产手机。

1998 年，步步高推出 BK680 复读机，以后多次迭代。

1998 年 2 月，中国第一条自主开发设计的超大屏幕背投彩色电视机生产线在福建日立电视机有限公司投产，中央工艺美术学院工业设计系柳冠中团队设计了后续的产品。

1998 年 7 月 6 日，教育部颁布实施《普通高等院校本科专业目录》，将“工艺美术”专业改为“艺术设计”，研究生专业目录改为“设计艺术”。

1998 年 8 月，由吉利控股集团设计的第一辆轿车下线，其设计理念是“老百姓买得起的好车”。

1998 年 9 月 8 日，杭州西湖电子集团研制成功中国第一代全数字技术处理彩电并批量投放市场。

1998 年，联想推出天琴 1+1 家用电脑。

1998 年，全球前 10 名广告公司全部在中国设立了合资公司，包括盛世长城国际广告有限公司、麦肯光明广告有限公司、智威汤逊中乔广告有限公司、上海奥美广告有限公司、上海灵狮广告公司、北京电通广告有限公司、美格广告有限公司等。

1998 年，第一汽车制造厂采用福特汽车技术设计、生产红旗牌 CA7460 型高级礼宾车。

1999 年，第九届全国美术展览“艺术设计展”在深圳举办，首次将艺术设计纳入全国美术展体制中。

1999 年 11 月 20 日，中央工艺美术学院并入清华大学，改名清华大学美术学院。

1999 年，由中国兵器工业集团第二〇一研究所设计研制，中国北方工业公司生产的 99 式主战坦克在国庆阅兵式上正式亮相。该产品于 1996 年设计定型。

1999年12月18日，奇瑞设计、制造的第一辆轿车000001号“风云”下线，定位年轻人的第一辆轿车。

1999年，四川长虹电子集团公司设计生产了长虹牌DLP背投电视机。

◎ 2000—2005年（第十个五年计划）

2000年，广州工业设计促进会成立。

2000年8月23—28日，“2000中国平面设计大会”在珠海召开。

2001年1月1日，全球首家采用逐行扫描技术设计的中国第一台“精显”彩电在四川长虹电器股份有限公司隆重下线。

2001年7月1日，江泽民在庆祝中国共产党成立80周年大会上发表讲话，全面阐述了“三个代表”重要思想。

2001年7月13日，北京获得第29届奥林匹克运动会主办权，由此展开了围绕场馆、城市环境、视觉形象的一系列设计活动。

2001年10月26日，中央美术学院设计学院成立。

2001年12月11日，中国正式加入世界贸易组织，成为其第143个成员国。这是中国深度参与经济全球化的里程碑，标志着中国改革开放进入历史新阶段。

2002年3月1日，建设部颁布的《工程勘察设计收费管理规定》《工程勘察收费标准》《工程设计收费标准》正式施行，勘察收费提高120%，设计收费提高56%。

2002年4月15日，吴邦国副总理在时任中国工业设计协会理事长朱涛呈送的《工业设计有关问题》报告上做长篇批示。

2002年10月，中国美术学院视觉艺术学院成立象山校区。

2002 年 12 月 3 日，上海成功获得第 41 届世界博览会——中国 2010 年世博会举办权，并由此展开了为期三年的场馆建筑设计、主题展陈设计和城市相关规划设计。

2003 年，上海桥中设计咨询管理公司创始人黄蔚在上海发起了“设计管理高峰会”，2004 年编译出版了《设计管理欧美经典案例》。

2003 年，海尔洗衣机通过全球协作，设计首创不用洗衣粉洗涤的洗衣机，成为在家电行业唯一获得国家科技进步二等奖的项目，并通过国家标准审核。

2003 年 6 月 9 日，中国台湾著名工业设计机构在上海注册浩汉工业产品设计（上海）有限公司，展开全球工业产品设计业务，其公司结构、设计工作流程成为大陆工业设计公司学习的样板，总经理陈文龙也经常活跃在各种设计论坛、会议上。

2003 年 11 月，中国《家用电冰箱耗电量限定值及能源效率等级》标准实施。

2003 年，歼 -10 双座型飞机和“枭龙”飞机交付部队，成为先进的三代战斗机，创造了我国战斗飞机研制历史上的奇迹。歼 -10 项目于 1986 年立项设计，1994 年开始制造原型机，1999 年开始飞行测试，2003 年正式量产。“枭龙”飞机则是与巴基斯坦合作开拓国际市场的项目。

2004 年，无锡创办中国首个工业设计产业园。同年 10 月 18—20 日，中国工业设计周暨无锡工业设计博览会在无锡新体育中心隆重开幕，该活动由中国工业设计协会、江苏省科技厅、无锡市人民政府联合主办。

2004 年，海尔在与航天部门合作的基础上设计、制造中国第一台使用宇航材料隔热的变频对开门冰箱。

2004 年 12 月，上海 8 号桥创业园区竣工，这是中国城市开始将老厂房改造成为文创产业园的尝试，也是城市为生产型服务业（当时确定为 2.5 产业）提供物理空间的开始，因而成为中国文创产业园的先驱。

2005 年，被称为“平板电视年”，长虹、TCL、海尔、格力、美的、海信等主流品牌纷纷扩大生产能力，同时组建了企业的工业设计团队。

2005 年，方正字库与教育部、北京大学合作共建中国文字字体设计与研究中心，与北京大学计算机科学技术研究所共同承担具体工作。

◎ 2006—2010 年（第十一个五年计划）

2006 年，“中国创新设计红星奖”创立。

2006 年 3 月 17—19 日，“上海 2006 D2B（Design to Business，设计对企业）第一届国际设计管理高峰会”举办。这是 2003 年清华大学美术学院加入 Asia-Link 欧盟亚欧设计管理协作网后，成功进行了与欧洲和亚洲共八所院校的合作，联合上海交通大学媒体与设计学院共同举办的研讨活动，国内外多位专家参与了“设计管理研究与教育”“设计策略研究”“设计文化与文化诠释”“工业商业领域的设计管理实践”等主题的讨论。2009 年，又举办了同样的论坛，并持续出版了相关的著作。

2007 年 2 月，温家宝在时任中国工业设计协会理事长朱涛呈送的《关于我国应该大力发展工业设计的建议》报告上批示“要高度重视工业设计”。

2007 年 3 月 27 日，北京 2008 年奥运会奖牌正式发布，中央美院奖牌设计团队于 2007 年 1 月 6 日完成的北京奥运“佩玉”方案为最终方案。奥运火炬则由联想集团李凤朗主持设计。

2007 年 7—8 月，马岩松事务所中标天津响锣湾项目，受托完成三亚凤凰岛项目的设计。

2007 年 8 月，北京首都国际机场 3 号航站楼、国家游泳中心“鸟巢”、央视新楼入选英国《泰晤士报》评出的“当今世界最重要的十个在建建筑”。

2007 年 9 月 20 日，作为海尔高端品牌的卡萨帝在于北京举行的“现在，进入未来——Casarte 生活品鉴会”上正式发布。同年，卡萨帝洗衣机荣获德国汉诺威工业论坛设计中心颁发的拥有“设计届奥斯卡”之称的“iF 产品设计奖”（iF Product Design Award）。

2007 年 12 月 8 日，首届“深圳 - 香港双城双年展”开幕，主题为“城市更新”。

2007 年，同济大学设计创意学院娄永琪主持“设计丰收”项目，并在上海崇明岛仙桥村开展设计研究和原型实验，希望能从设计思维出发，发掘乡村传统生产和生活方式的潜力，促进城乡交流和互动，助力青年人创新创业，实现可持续发展。

2008 年 10 月，首届北京国际设计周开幕。

2008 年 10 月，由杭州市规划局组织编制的《杭州市钱塘江两岸色彩规划》完成。该规划重点注重杭州主城区色调与钱江两岸色调在“水墨淡彩”城市色彩“主旋律”的演绎下，形成有机的衔接。在中国美术学院宋建民主持的规划中，对钱江新城核心区块、萧山世纪城核心区块、新城二期核心区、滨江高新公建区、滨江 1 号区块、复兴凤凰城等重要规划节点严控区内建筑，制定了详细的屋顶色、墙面主调色、辅调色和点缀色的应用导则，拒绝标新立异的个性色彩。

2008 年 11 月 28 日，中国商用飞机有限责任公司 ARJ21-700 型支线飞机 101 架机在上海大场机场成功首飞。

2008 年 12 月，上海淮海路“灯光隧道”广告牌全部撤除。1986 年，由国庆节彩灯开始的，跨越马路两边的 37 条拱形彩灯广告形式曾经影响了许多城市的“亮化工程”。

2008 年 12 月 7 日，联合国教科文组织授予深圳“设计之都”称号。

2008 年，西南交通大学轨道交通人机环境系统设计研究所创建高速列车人机系统设计研究中心。

2008 年，“一分钟影像大赛”由上海广播电视台、华东师范大学设计学院联合创办，以影像为媒介，激发全球艺术家呈现创意。

2009 年起，湖南大学设计艺术学院先后在一些偏远地区少数民族聚居区展开了一系列名为“新通道”的设计与社会创新实践活动。

2009 年，上海青年设计师侯正光、刘传凯、丁伟发起“晒上海 Shine Shanghai”概念设计展，展览至今定期举办，并且建立了“晒上海”产品销售平台。

2009 年 3 月，上海市经济委员会、上海设计创意中心、上海工业设计协会举行“影响上海设计的 100 位（个）设计师与设计机构”评选活动。

2009 年，南京艺术学院何晓佑主持江苏省文化科研课题《中国传统器具设计智慧启迪现代创新设计研究》。这是《中国传统器具设计研究》的后继项目，各种创新设计成果获得广泛关注，荣获了江苏省优秀工业设计等多种奖项。

2009 年 10 月 24—28 日，世界设计大会于北京举行，这是中国首次获得世界设计大会的主办权，由教育部、文化部、北京市人民政府主办，中央美术学院、中国国家大剧院、北京工业设计促进会、北京歌华文化发展集团共同承办。

2010 年 2 月 8 日，上海世博会中国馆正式竣工。建筑师何镜堂的设计表现出了“东方之冠，鼎盛中华，天下粮仓，富庶百姓”的中国文化精神与气质，诠释了东方“天人合一，和谐共生”的哲学思想。

2010 年 2 月 10 日，联合国教科文组织正式批准上海加入“创意城市网络”，上海荣获“设计之都”的称号。

2010 年 3 月 12 日，在温家宝向十一届全国人大三次会议所做的报告中，“工业设计”被列为需要大力发展的七项生产性服务业之一。

2010 年 4 月 13 日，浙江省 13 个部门联合出台了《关于加快我省工业设计产业发展的实施意见》。杭州市则提前一年于 2009 年制定了《杭州市工业设计发展三年行动计划（2009—2011）》《杭州市工业设计发展相关政策汇编》等。

2010 年 4 月 23 日，在 IEC TC100 结束了 FDIS（最终国际标准草案）程序的投票，由海尔集团主导的《家庭多媒体网关通用要求》最终以高达 100% 的赞成票通过，标志着此项目已经正式成为 IEC 国际标准。该项目为中国在 IEC TC100 家庭网络领域第一个国际标准项目提案，此项目的成功标志着中国在 IEC 的家庭网络领域有了第一个自己主导的国际标准。

2010 年 5 月 1 日—10 月 31 日，第 41 届世界博览会中国 2010 年上海世界博览会（EXPO 2010）在上海举行。

2010 年 6 月 16—19 日，“未来的想象——2010 年上海世博会展示设计高峰论坛”举办，会聚了参与上海世博会展览展陈的全球设计师、策展人开展学术交流。

2010 年 7 月 5 日，由北京市科委和北京西城区政府共同建设的“中国设计交易市场”在北京中关村正式揭牌。

2010 年 7 月 22 日，国家工业和信息化部等 11 个部委联合发布了文件《关于促进工业设计发展的若干指导意见》。

2010 年 9 月 7 日，全球规划最大的工业设计产业基地——广东工业设计城在广东顺德北滘镇正式揭牌。

2010 年 12 月，中国工业设计博物馆在上海落成。

◎ 2011—2015 年（第十二个五年计划）

2011 年，中车株洲电力机车有限公司由高楠领衔设计的马来西亚城际动车组顺利交付。

2011 年 1 月 9—18 日，潘鲁生主持的“手艺农村——山东农村文化产业调研成果展”在中国美术馆成功举办。

2011 年 7 月 21 日凌晨三点，“蛟龙号”载人深潜器第一次 5 000 米试潜成功。“蛟龙号”是我国首台自主设计、自主集成研制的作业型深海载人潜水器，设计最大下潜深度为 7 000 米级，也是目前世界上下潜能力最强的潜水器，对于我国开发利用深海的资源有着重要的意义。西北工业大学工业设计团队参与极端条件下人员工作环境设计工作。

2011 年，品物流形设计团队以“余杭纸伞的未来”为主题参加米兰设计周卫星沙龙展，并获提名奖，纸椅“飘”获得了全球红点产品奖至尊奖。

2011 年 9 月，中国美术学院成立包豪斯研究院，由杭州市政府斥资引进的“以包豪斯为主体的西方现代设计收藏”临时展厅成立。

2012 年 6 月 15 日，联合国教科文组织正式批准北京加入“创意城市网络”，颁发给北京“设计之都”称号。

2012 年 6 月 16 日，“神舟九号”飞船发射升空，进入预定轨道，是中国载人航天工程发射的第九艘飞船，西北工业大学工业设计团队针对部分舱载设备和生活环境完成工业设计任务，以后的飞船核心舱内部分舱载设备的工业设计、工效设计与评价任务均由西工大载人航天工业设计团队承担。团队在充分考虑设备的便携性、易用性、防误设计、防飘设计等因素的情况下，开展产品的创新设计、人机工效仿真分析等研究工作。

2012 年，奥珀家具创始人朱小杰在米兰设计周策划“坐下来”中国当代坐具设计展。

2012 年 10 月 12 日，歼 -15 作为中国航母舰载机亮相，是由沈阳飞机工业集团设计、研制的第四代半战机。

2012 年 10 月 12 日，联想集团正式发布全球首款支持屏幕 360° 旋转的 YOGA 超级本电脑，2013 年 11 月，联想第二代 YOGA 超极本 YOGA2 Pro 正式发布。该系列产品由李凤朗团队设计。

2012 年 10 月 31 日，中国航空工业集团公司沈阳飞机工业集团公司设计研制的第五代双发中型隐形战斗机歼 -31 战斗机首飞成功。

2012 年 12 月 7 日，由文化部、深圳市人民政府联合主办的第一届“中国设计大展”开幕。以后每三年举办一届。

2012 年 12 月 10 日，习近平视察广东顺德北滘工业设计城。

2013 年 1 月 26 日，运 -20 首飞成功，标志着中国拥有了属于自己的大型运输机，是中国建设战略空军的一座里程碑。

2013 年 7 月 31 日，由大连科德制造的高精度五轴立式机床启运出口德国。工信部装备司副司长王卫明表示：“这一高档数控机床销往西方发达国家，是中国机床制造行业的重要里程碑。”此时，国产五轴联动数控机床在品种上已经拥有立式、卧式、龙门式和落地式的加工中心，适应不同大小尺寸的杂零件加工，加上五轴联动铣床和大型镗铣床以及车铣中心等的开发，基本覆盖了国内市场的需求。

2014年，锤子手机与Apple Watch两件产品在德国iF奖的通信产品中同时获得金奖。

2014年11月10日，亚太经合组织第二十二次领导人非正式会议21个成员经济体的领导人、代表及配偶，身穿为本次会议专门设计制作的中式服装。江苏高淳陶瓷股份有限公司设计、制作APEC国宴“国韵黄珐琅彩瓷冷菜盘”，这套餐具是以《诗经》中词句“和鸾雍雍，万福攸同”寓意为主题设计的，四年后获外观设计专利。2014年，APEC峰会在北京举行。此次会议使用的多套精美餐具，由多家团队设计，其中有“金秋颐和”“盛世如意”“国彩天姿”以及“丝路宝船”。

2015年5月8日，国务院印发《中国制造2025》文件，部署全面推进实施制造强国战略。

2015年，中国美术学院、浙江省人民政府创办中国设计智造大奖（DIA）。

2015年，同济大学创意设计学院娄永琪发起与上海市四平路街道合作的NICE2035未来生活原型社区项目。通过众筹众创，用点触式的社区“针灸术”细微却显著地改善周边环境。在与居民的深度合作中，他们发现了成千上万个问题，吸引了众多社会资源注入，也吸引了全球著名设计师的参与，同时与学院的设计教学相结合，通过设计为世界的未来找到更多的可能性。

◎ 2016—2020年（第十三个五年计划）

2016年1月9日，在由文化部、深圳市人民政府联合主办的第二届“中国设计大展”上，特别开辟了“中国现代设计文献展”专题展区。

2016年，在广州汽车集团广州车展上正式发布了全新智能互联电动概念车。

2016年，G20杭州峰会举办，宴请的餐具“西湖盛宴”的创作灵感来自水和自然景观。整套餐瓷体现出“西湖元素、杭州特色、江南韵味、中国气派、世界大同”的G20国宴布置基调。瓷面上的图案都是根据西湖实景绘制的“青绿山水”风格工笔山水，精细而雅致，如“三潭印月”“满陇桂雨”等。

2016 年，蔚来汽车发布了第一款概念车“蜗牛”。采用了多项创新技术，包括了自动驾驶和无线充电等。随后，蔚来汽车发布了第一款量产 7 座豪华 SUV ES8，配备了电动驱动系统和先进的自动驾驶技术，同时还具有高安全性和环保性能。ES8 的上市引起了广泛的关注和热烈的反响，为蔚来汽车在中国电动汽车市场的崛起奠定了基础。

2016 年，上海交通大学设计趋势研究所傅炯创办 CMF Shanghai 上海国际汽车 CMF 设计高峰论坛，旨在帮助企业，特别是全球汽车制造企业深挖用户需求，立足于消费者的生活形态及审美特征进行产品升级。

2016 年 12 月 14 日，在北京人民大会堂召开主题为“创新设计，绿色发展”的 2016 创新设计大会上，第十一届全国人大常委会副委员长、路甬祥院士做了《再论创新设计引领中国创造》报告。

2017 年，武汉申报联合国教科文创意城市网络“设计之都”成功。

2017 年 7 月 27 日，中国人民革命军事博物馆历时三年改扩建完成后开放，通过新的展示线索、新设计的展项内容和新的展示设计，将各种展品呈现给观众。

2017 年 9 月 13 日，党中央、国务院正式批复了《北京城市总体规划（2016—2035 年）》。时任北京市委书记蔡奇指出，首钢地区应成为城市复兴新地标。首钢老工业区建地面积 9 平方千米，是中国目前规模庞大的工业遗址。于 2019 年落成的首钢滑雪大跳台，被打造成为世界首个与工业遗产相结合的冬奥场馆。冬奥会结束以后，凭借工业遗存、冬奥遗产和现代会展的结合，将通过长期的打造形成“文化复兴、产业复兴、生态复兴、活力复兴”的新城区。

2017 年，创建于 1997 年的上海指南工业设计有限公司启动自主品牌“七次方”产品设计及销售，定位于餐饮场景的产品开发与创新，为城市青年消费者提供便捷、舒适的智能生活，涵盖了产品硬件、数字化程序、用户体验、产品制造、销售渠道各个环节，获得北极光为首的 A 轮融资，长江国弘 B 轮融资。首款产品是智能花式咖啡机。

2017 年，中国美术学院宋建民在韩国济州岛举办的“国际色彩学术大会”上，介绍了他主持的西安城市色彩规划、济南中央商务区城市色彩规划、九江八里湖新区色彩规划、襄阳城市色彩规划、北京城市色彩规划、上海张江科学城色彩规划案例，受到与会国际同行广泛认可。

- 2017 年 12 月 1 日，由工业和信息化部国际经济技术合作中心、武汉市经济和信息化委员会主办的“首届中国工业设计展览会”在武汉隆重开幕。

- 2017 年 12 月，广东顺德成功举办了首届军民融合卫勤装备发展促进会，多家工业设计公司参与了项目洽谈。

- 2018 年，在改革开放 40 周年之际，“大功率交流传动电力机车系统集成国家重点实验室”“轨道交通车辆系统集成国家工程实验室”“国家级工业设计中心”三大国家级科技创新平台在中车株机公司揭幕。中国首列商用磁浮 2.0 版列车在中车株机公司下线，同时中国火车头出口德国。

- 2018 年 1 月 10 日，小鹏汽车 G3 在美国 CES 国际电子消费展上面向全球首发。

- 2018 年年初，广州美术学院童慧明基于对即将到来的设计驱动型品牌创业大潮的预见，创建了 BDDWATCH（设计驱动型品牌观察）微信公众号。

- 2018 年 6 月 9—10 日，上合组织首脑级峰会在青岛举行。山东工艺美术学院设计团队担纲完成艺术创意设计，涉及国礼、国宴用品、视觉形象系统、艺术品与陈设、服装等 5 大领域。

- 2018 年 6 月，住建部批准《建筑信息模型施工应用标准》为国家标准，编号为 GB/T 51235—2017，自 2018 年 1 月 1 日起实施。建筑信息模型简称 BIM（Building Information Modeling）。2013 年 8 月，住建部曾经发布《关于征求关于推荐 BIM 技术在建筑领域应用的指导意见（征求意见稿）意见的函》，征求意见稿中明确，2016 年以前政府投资的 20 000 平方米以上大型公共建筑以及省报绿色建筑项目的设计、施工采用 BIM 技术；截至 2020 年，完善 BIM 技术应用标准、实施指南，形成 BIM 技术应用标准和政策体系。2015 年 6 月，住建部在《关于推进建筑信息模型应用的指导意见》中，也曾经明确发展目标：到 2020 年末，建筑行业甲级勘察、设计单位以及特级、一级房屋建筑工程施工企业应掌握并实现 BIM 与企业管理系统和其他信息技术的一体化集成应用。

2018 年 6 月，华东师范大学设计学院《上海制造中的设计》（*Made in Shanghai*）一书英文版由英国 ACC 出版公司出版，德国法兰克福书展首发，次年在英国伦敦书展被推荐。

2018 年 11 月，上海黄浦江两岸景观灯光提升改造完成，TS 倘思照明设计、十聿照明、美国 FMS、罗曼、同济大学、BPI 等国内外照明团队，在上海黄浦区灯景所所长的统筹下一起负责外滩核心区段的照明设计工作。设计内容主要包括外滩一线历史建筑、天际线建筑群背景、滨水岸线、纵深街道立面、路灯、城市景观、节假日特殊场景等全方位的夜景照明优化。

2018 年，伦敦设计博物馆“Beazley 年度设计”的提名奖被授予王澍、马岩松、周子书，其中中央美术学院周子书因为主导设计“地瓜社区”项目而获奖。该项目始于 2015 年，致力于通过社会创新设计将北京地下防空洞改造为社区的共享空间，在公益和商业之间找到平衡，并营造社区的青年文化，对接社区咖啡、儿童娱乐、阅览室、健身房等新的生活方式。后来，同名项目在成都展开，2019 年被美国帕森斯设计学院选为全球最佳社会创新案例之一。

2019 年 9 月 5 日，北京国际设计周主题展“中华人民共和国建国初期国家形象设计展”在中华世纪坛开幕。展览分为形象篇、建筑篇、民生篇共三大板块 40 个展项，呈现 200 多件文献和实物。展览由北京设计周组委会邀请清华大学美术学院共同策划。

2019 年 10 月，《工业设计中国之路》九卷丛书由大连理工大学出版社出版，由概论卷和轻工业一、二、三、四卷及交通工具卷、重工业装备产品卷、家用电器与信息产品卷、理论探索卷组成。这是一套记载中国工业设计发展历程的重要文献。

2018 年 11 月 23 日，在第二届中国工业设计展览会上，C919 大型飞机驾驶舱获评全国十大金奖设计作品。该机于 2017 年 5 月 5 日首飞成功。

2019 年，华为凭借 5GMateX 折叠屏手机获得 2019 中国设计红星奖最高奖项——至尊金奖。产品采用航天级别高分子材料，采用外折形式，创造性地使用鹰翼式铰链结构，很好地解决了折叠状态下机身的缝隙问题，折叠后的整体性更加出色，折叠状态下的厚度为 11 毫米，展开状态下机身最薄处只有 5.4 毫米。

2020 年 1 月 13 日，采用西南交通大学原创技术的世界首条高温超导高速磁浮工程化样车及试验线在四川成都正式启用。

2020 年 3 月 18—21 日，第 45 届中国（广州）国际家具博览会民用家具展在广州琶洲广交会展馆举行，由总策展人广州美术学院家具研究院院长温浩特邀著名设计师、策展人侯正光、宋涛、周宸宸联合共同策展，举办“设计之春”首届当代中国家具设计展（Design Spring 1st Contemporary Chinese Furniture Design Fair），以一票否决制方式设定准入门槛，将中国原创家具设计置于世界的水平线上进行重新审视、定义，深度挖掘中国原创家具设计所独有的文化价值、艺术价值、设计价值、品牌价值。展会上展出 46 个不同类型的品牌，集聚了从“50 后”至“90 后”5 个世代的 200 位设计帅、艺术家。奖项评委会由广州美院赵健为核心组成。

2020 年 7 月 31 日上午 10 时 30 分，“北斗三号”全球卫星导航系统建成暨开通仪式在人民大会堂举行，习近平宣布“北斗三号”全球卫星导航系统正式开通。以后，新进网手机中有 128 款支持北斗，出货量合计 1.32 亿部，出货量占比达 98.5%，华为大众智能手机 Mate50 系列是其中的代表；解决了中国铁路勘测完全依赖 GPS 的问题；北斗系统正式加入国际中轨道卫星搜救系统；北斗终端数量在交通运输营运车辆领域超过 800 万台，在农林牧渔业达到 130 余万台。

2020 年，清华大学美术学院赵超带领工业设计团队面向后疫情时期的社会需求，设计了家用快速核酸检测盒。同时，全球首个可以在一个半小时之内检测包括新型冠状病毒在内的六项呼吸道病毒的诊断系统，获得由中国工程院、中国创新设计产业战略联盟、中国机械工程学会联合颁发的中国创新设计领域的最高奖“好设计金奖”、红星奖。

◎ 2021—2023 年（第十四个五年计划）

2021 年 3 月 2 日，由百度和吉利组建的集度汽车有限公司正式成立。将推出的“集度”汽车，对于自动驾驶能力的要求为 L4 级，可以说是真正意义上的自动驾驶汽车了。在次年 12 月广州车展上，展出了集度 Robo-01 概念车。

2021 年 4 月 27 日，“成功之道——设计即战略”德国红点产品设计大奖获奖作品展开幕，由厦门市商务局、中国（福建）自由贸易试验区厦门片区管理委员会指导，厦门市湖里区人民政府、厦门文广传媒集团主办，厦门红点设计博物馆承办。

2021 年 5 月，“潇湘杯”工业设计大赛结果公布，三一集团有限公司三件作品获奖。其一是“升舱”——工程机械智能驾驶舱系列产品设计，是三一集团回应智能互联时代技术发展趋势与用户人性需求，面向矿山、市政、高空建筑、地下开采等多种工作场景，联合湖南大学设计开发的全场景工程装备智能驾驶舱系列产品，通过智能化技术的使用与人机交互体验的优化设计使用户拥有“升舱”式体验；其二是新一代矿山型液压挖掘机 SY485H，专为重载矿山设计，不仅拥有超大的挖掘力，还有着更加流畅的操控性，同时实现 5G 远程操控，可应对各种危险复杂工况的产品；其三是“会思考”的智能无人压路机，将无人驾驶与数字化施工相结合，全面实现压路机无人操控、智能操作，其前进感的造型语言，更是将智能压路机的工业美感体现得淋漓尽致。同年，三一集团研发管理总部工业设计中心副本部长黄胤发布全新的三一大罐高喷消防车，从美观度、工艺性、交互性、精细化等方面全面升级工业设计，为客户带来更多价值。

2021 年，随着“神舟十二号”航天员出舱成功，舱外服外观设计被媒体广泛报道。舱外航天服设计历时 8 年多。2001 年，东华大学在一无资料、二无实物的情况下，承担了舱外航天服最外层“盔甲”的关键材料研制任务。两套航天面罩由郑州大学设计研制，外观整体工业设计则是由已经入职湖南大学设计艺术学院的教师罗建平主持，湘潭大学的马秋成、清华大学的蔡军等专家在舱外服的机械结构和设计创新思维方面深度参与。团队中有的老师专门研究航天服的设计理念、策略，有的老师负责人因工效学的产品布局和人 - 服交互界面设计，包括如何根据中国人的身材比例来调整服装的整体布局，之前可参考的比例都来自美国、俄罗斯，并不适合中国，有的老师负责结构设计、产品装配等方案如何实现；还有的老师研究产品的色彩与装饰图形。东华大学设计团队已经持续为航天员设计了一系列专用服装，其中包括航天员在空间站工作生活的工作服、锻炼服、休闲服、失重防护服、睡具等，还有常服、任务训练服、专用服饰等地面任务服装等多个种类。

2022 年 11 月 11—13 日，以“设计链动未来”为主题的世界工业设计大会在烟台举办。大会由工业和信息化部与山东省人民政府共同主办，中国工业设计协会、山东省工业和信息化厅、烟台市人民政府等单位承办。

2022 年 6 月 21 日，理想汽车正式发布家庭智能旗舰 SUV 理想 L9。

2022 年 5 月 13 日，湖北省经济和信息化厅正式公布第五批省级服务型制造示范平台名单，浪尖设计集团打造的 D+M 工业设计小镇获批省级服务型制造示范平台。

自2015年浪尖实施区域设计产业发展战略以来，已经与多地实现了战略合作，以“全产业链设计创新”，在工业设计领域“强链、补链、延链”的过程中，放大投资、放大价值，助力区域服务业融入更加广阔的发展时空。

2022年9月13日，教育部发布新版研究生教育学科专业目录，即《研究生教育学科专业目录（2022）》。在目录里，艺术学中包含“设计”，交叉学科中包含“设计学”（可授工学、艺术学学位）。新版目录自2023年起实施。

2023年3月，上海联影智慧医疗有限公司发布新一代分子影像技术平台“uExcel Technology”和业界首款全芯无极数字PET-CT“uMI Panorama”，助力极微病灶精准诊疗，尤其在神经系统、心血管系统疾病的治疗和前沿研究中具有重要价值。PET探测器专用芯片是“uMI Panorama”系统的核心部件，打破了国内医疗器械行业对进口通用芯片的依赖，填补了国产超高端医疗装备专用芯片的空白，同时产品硬件的设计也不断更新换代。之前的联影高端心时空128层螺旋CT技术性能处于国内领先水平，它以临床需求为导向，以提高图像质量、降低辐射剂量为目标，已经是具备先进技术和全面临床应用的高端螺旋CT。

2023年4月10日，比亚迪正式发布智能车身控制系统云辇，该系统由比亚迪全栈研发，这也标志着比亚迪成为首个自主掌握智能车身控制系统的中国车企。“云辇”一词出自《魏书》，命名灵感源于中国古代的帝王座驾“辇”。“云”象征着以智能化技术创造更轻盈、平稳的驾乘体验。比亚迪率先拿出的车辆垂直方向系统化解决方案则突破了原有的硬件局限，在垂直方向为车辆实现电动化，并在电动化的基础上，赋予了云辇强大的感知和决策能力，从而实现对车身的全方位的智能控制。在安全性方面，云辇能够有效抑制车身姿态变化，极大地降低车辆侧翻风险，减小驾乘人员坐姿位移。同时，云辇系统还可以在雪地、泥地、水域等复杂路况下，有效保护车身，避免因地形造成的整车磕碰损伤，确保整车安全性和稳定性，实现对人和车的双重保护。真正做到从整车垂直方向系统化控制出发，实现安全升级。

2023年5月18日，深圳大疆创新科技有限公司发布了大疆Matrice350 RTK旗舰无人机。

2023 年，清华大学建筑学院徐卫国团队用自主研发技术，在 160 小时内于河北武家庄建成了中国第一幢完全由 3D 混凝土打印的民居。

2023 年，浙江省良渚新城拥有的全国首个工业设计小镇——梦栖小镇已集聚省级工业设计研究院 1 家，省级工业设计中心 7 家。

2023 年 6 月 26 日，广汽集团发布了广汽飞行汽车 GOVE。该产品利用分离式机体构型，飞行舱和底盘可自由分离或组合，在动态一体中达到飞行和地面行驶、飞机和汽车两大场景利用。同时，集团还发布了搭载氢电混合系统的整车、全球首款乘用车氨发动机以及广汽魔方场景共创平台等一批科技成果。

2023 年 6 月 29 日，世界工业设计日暨中外设计价值峰会在深圳举行，以“世界设计 · 中国力量”为主题，通过线上线下相结合的形式，搭建工业设计国际交流与合作平台，推进工业设计、赋能城市及产业高质量发展。

2023 年 7 月 6 日，国际建筑师协会三年奖为同济大学建筑与城市规划学院袁烽颁奖，表彰其在从事机器人建造建筑方面所取得的成果，这是中国建筑师首次获奖。袁烽 2022 年完成的成都瑞雪展示中心智能建造率已达 90%。

2023 年 7 月 8 日，上海大界机器人科技有限公司联合创始人 & 首席问题官胡雨辰受邀出席了 2023 世界人工智能大会（WAIC），并发布生成式 AI 新产品——RoBIM Cloud。历时三年研发，形成了一款云原生的智能机器人柔性生产平台，致力于帮助制造业从业者快速搭建和部署可执行生产的机器人解决方案。

2023 年 7 月 13 日，国家网信办联合国家发展改革委、教育部、科技部、工业和信息化部、公安部、广电总局七部门联合公布《生成式人工智能服务管理暂行办法》。

2023 年 7 月，湖南南岳电控（衡阳）工业技术股份有限公司成功设计、研制出了全球首套氨氢融合复合动力燃料供给系统。目前，装载该系统的一汽解放液氨直喷零碳内燃机实现成功点火。这标志着我国在商用车氨氢融合内燃机研发领域取得重要进展，相关技术达到世界领先水平，提供具有成本优势的碳中和商用车解决方案。同年，康明斯东亚研发中心研发的氢内燃机平台正式点火，意味着康明斯传统内燃机的零碳技术实现突破。

2023 年 8 月 29 日，华为技术有限公司 HUAWEI Mate 60 Pro 智能手机上市。

2023 年 9 月 15—17 日，世界工业设计大会暨中国优秀工业设计奖颁奖展示活动在山东烟台举办。本届大会以“设计 · 新工业文明”为主题，由工业和信息化部及山东省人民政府共同主办，中国工业设计协会、山东省工业和信息化厅、烟台市人民政府承办。

图片版权信息

除以下单独列出版权信息的图片外，本书所用图片均为作者自摄或收藏。

图 1-7 中国飞机杂志社 . 环球飞行杂志社 . 中国飞机珍藏版 [M]. 北京：中国飞机杂志社，2009：563.

图 2-1 孙烈 . 制造一台大机器：20 世纪 50—60 年代中国万吨水压机的创新之路 [M]. 济南：山东教育出版社，2012：97.

图 2-6 胡西园 . 追忆商海往事前尘 [M]. 北京：中国文史出版社，2006：8.

图 5-8 郭秋惠提供

图 5-10 顾传熙提供

图 5-11 顾传熙提供

图 7-6 张福昌提供

图 7-7 傅月明提供

图 7-8 赵佐良提供

图 7-10 中国飞机杂志社，环球飞行杂志社 . 中国飞机珍藏版 [M]. 北京：中国飞机杂志社，2009：745.

图 8-2 https://www.sohu.com/a/343526940_120338968

图 8-3 刘国伟 . 流线型结构特征造型方法及其在高速列车设计中的应用 [J]. 计算机辅助设计与图形学学报，2005（06）. 作者重画 .

图 8-8 罗甬提供

图 8-11 上海木马工业设计有限公司丁伟提供

图 8-12 深圳浪尖设计集团公司高洁提供

图 8-13 深圳浪尖设计集团公司高洁提供

图 8-14 图 8-22 庄稼提供

图 8-24 中国设计红星奖委员会 . 中国设计红星奖年鉴 2022[M]. 北京 : 北京工艺美术出版社，2020：14.

图 8-25 杨文庆提供

图 8-27 陈金明提供

图 8-28 陈金明提供

图 8-29 陈金明提供